Erfolg internationaler Innovationen

Europäische Hochschulschriften

Publications Universitaires Européennes
European University Studies

Reihe V
Volks- und Betriebswirtschaft

Série V Series V
Sciences économiques, gestion d'entreprise
Economics and Management

Bd./Vol. 3177

PETER LANG
Frankfurt am Main · Berlin · Bern · Bruxelles · New York · Oxford · Wien

Shirley Bortfeldt-Herkendell

Erfolg internationaler Innovationen

Die Akzeptanz deutscher Innovationen im US-amerikanischen Markt

PETER LANG
Europäischer Verlag der Wissenschaften

Bibliografische Information Der Deutschen Bibliothek
Die Deutsche Bibliothek verzeichnet diese Publikation in der Deutschen Nationalbibliografie; detaillierte bibliografische Daten sind im Internet über <http://dnb.ddb.de> abrufbar.

Zugl.: Potsdam, Univ., Diss., 2005

517
ISSN 0531-7339
ISBN 3-631-54910-5

www.peterlang.de

Für André

Für Vincent & Louis

VORWORT

Die wachsende Bedeutung von Produktinnovationen für Unternehmen sowie auch die zunehmende Internationalisierung von Unternehmen sind heute unumstritten. Der Fakt, dass jedoch viele Innovationen, die im Inland Erfolg haben, im Ausland scheitern, veranlasste mich zu weiterführenden Recherchen. Da diese zeigten, dass es sich hierbei nicht um Einzelfälle handelte und es bislang an theoretisch fundierten, zukunftsorientierten und praktisch einsetzbaren Instrumentarien zur Verbesserung der Akzeptanz von Innovationen im Ausland mangelte, untersuchte ich das Problem genauer und wissenschaftlich fundierter. Ergebnis ist die vorliegende Dissertation, deren Ziel es ist, die Determinanten zu bestimmen, die für den Erfolg internationaler Innovationen verantwortlich sind und ein interkulturelles Adoptionsmodell für internationale Innovationen zu entwickeln. Um im Hinblick auf die eigenen Unternehmens- und Innovationsziele die Bedürfnisse ausländischer Kunden in einem hohen Maße zu erfüllen, ist die Identifikation entscheidender Determinanten unabdingbar. In der Praxis soll es nun Unternehmen durch das Adoptionsmodell und die abschließenden Implikationen besser gelingen, die Akzeptanz ihrer Innovationen im Ausland zu steigern. Diese Arbeit ist ein erster Versuch, die Determinanten der internationalen Adoption darzustellen.

Mein besonderer Dank gilt meinem Doktorvater, Herrn Professor Dr. Ingo Balderjahn, der mich stets unterstützte und durch konstruktive Gespräche immer ein Stück weiterbrachte. Seine freundliche und herzliche Art haben zudem die Zeit der Dissertation sehr angenehm gemacht. Auch meine Integration am Lehrstuhl als externe Doktorandin sowie die Teilnahme an diversen Doktorandenseminaren sind ihm zu verdanken. Hiermit ist auch ein Dank an die Doktorandinnen und Doktoranden des Lehrstuhls und die Sekretärin Frau Ines Belitz verbunden. Bedanken möchte ich mich ebenfalls bei Herrn Professor Dr. Dieter Wagner für die Übernahme des Zweitgutachtens und die konstruktiven Hinweise im Doktorandenseminar.

Weiterhin gilt mein Dank der Siemens AG für die Unterstützung während der empirischen Untersuchung und hier insbesondere Herrn Dr. Klaus Wucherer, Herrn Timothy Shepherd, Herrn Matthias Rebellius, Herrn Jörg Westerholt und Frau Shimei Liu sowie allen deutschen und amerikanischen Mitarbeitern, die zur Dissertation beigetragen haben.

Ganz besonders möchte ich mich bei meinen lieben Eltern Karin und Heinrich bedanken. Mit ihrer Erziehung haben sie den wesentlichen Grundstein für diese Arbeit gelegt. Mein lieber Ehemann André hat mich über die Zeit der Dissertation unterstützt, ermutigt und angeregt. Auch ihm gilt mein besonderer Dank. Dies gilt ebenfalls für meine Schwester Claire Bortfeldt, für Frau Kerstin

Schikorra und für all die anderen, die an der Dissertation Anteil hatten. Diese Arbeit wurde weiterhin ermöglicht durch ein Promotionsstipendium der Konrad-Adenauer-Stiftung e.V., verbunden mit einer ideellen und finanziellen Förderung.

Inhaltsverzeichnis

ABBILDUNGSVERZEICHNIS

Tabellenverzeichnis

Abkürzungsverzeichnis

Abb.	Abbildung
AG	Aktiengesellschaft
Asw	Absatzwirtschaft
Aufl.	Auflage
BDI	Bundesverband der Deutschen Industrie
bzgl.	bezüglich
bzw.	beziehungsweise
d.h.	das heißt
DIN	Deutsche Industrienorm
EBIT	Earnings Before Interest
et al.	et alii
etc.	et cetera
EU	Europäische Union
e.V.	eingetragener Verein
f.	folgend
ff.	fortfolgend
F&E	Forschung & Entwicklung
Ga.	Georgia
GmbH	Gesellschaft mit beschränkter Haftung
H.	Heft
HMI	Human Machine Interface
Hrsg.	Herausgeber
Jg.	Jahrgang
K.O.	Knock Out
LCD	Liquid Crystal Display
multinat.	multinationale
No.	Number
Nos.	Numbers
Nr.	Nummer
OECD	Organisation for Economic Co-operation and Development
OHG	Offene Handelsgesellschaft
o.Jg.	ohne Jahrgangsangabe
o.O.	ohne Ortsangabe
o.V.	ohne Verfasserangabe
PC	Personal Computer
PIMS	Profit Impact of Market Strategies
QFD	Quality Function Deployment
S.	Seite
SWOT	Strength Weakness Opportunity Threat
Tab.	Tabelle
TV	Television
u.a.	und andere
u.a.	unter anderem
US	United States
USA	United States of America
vgl.	vergleiche
Vol.	Volume
vs.	versus

1 EINLEITUNG

1.1 PROBLEMSTELLUNG UND ZIELSETZUNG

Produktinnovationen sichern die Existenz und das Wachstum von Unternehmen. Es existiert allgemeine Übereinstimmung darüber, dass Innovationen Voraussetzung für die zukünftige Wertschöpfung von Unternehmen sind. Deutsche Unternehmen investierten im Jahr 2003 44,5 Milliarden Euro in den Ausbau der Innovationskraft (o.V. 2004b, S. 86). Dabei sind insbesondere internationale Innovationen sehr komplexe Aktivitäten, und oft verfehlen sie den Kundenbedarf im Ausland. Für viele Unternehmen bieten sowohl der Binnenmarkt als auch die nationalen Rahmenbedingungen die Grundlage, um Innovationen zum Markterfolg zu verhelfen. Komplexe Transaktionen können im vertrauten Umfeld realisiert werden. Erst in der darauf folgenden Stufe, der Verlagerung des Fokus der im Inland gut anlaufenden Innovationen auf das Ausland, treten häufig Akzeptanzprobleme seitens der Nachfrager auf (vgl. Brück 2002, S. 50 f.; Gorgs/Holzner 2001, S. 82 ff.; Hirn 2002, S. 58 ff.; o.V. 2004a, S. 14). Es stellt sich somit die Frage, wie eine bessere Akzeptanz von Innovationen im Ausland erreicht werden kann.

Der Länderfokus der empirischen Untersuchung richtet sich auf die USA, da die Vereinigten Staaten von Amerika mit einem Bruttosozialprodukt von elf Billionen US-Dollar (2003) den größten Einzelmarkt der Welt darstellen und somit von hoher Bedeutung für international agierende Unternehmen sind. Vielfach gelten die USA als der härteste Markt der Welt (Gersemann 2003, S.22 ff.).

Die Bedeutung des US-Marktes für die deutsche Wirtschaft wird eher noch zunehmen (o.V. 2002b, S. 16; Seiwert 2001, S. 14 f; Afhüppe et al. 2002, S.24 f.). Der US-amerikanische Markt ist bereits für viele deutsche Unternehmen der größte und wichtigste Markt. Vielfach wird er jedoch unterschätzt, da von einer ähnlichen Akzeptanz von Innovationen wie in Deutschland ausgegangen wird. Das hat zur Folge, dass viele deutsche Unternehmen im US-Markt scheitern.

Für Unternehmen, die ihre Innovationen nicht nur erfolgreich in den deutschen, sondern auch in den US-amerikanischen Markt einführen wollen, ergeben sich demzufolge viele Fragen: Was wissen wir über dem amerikanischen Markt? Wie unterscheidet er sich von dem unsrigen? Was brauchen wir, um bestehen zu können? Welche kulturellen Unterschiede gilt es zu berücksichtigen?

Das Ziel der Arbeit ist es, Determinanten zu finden, die die Adoption von internationalen Innovationen beeinflussen und diese dann konkret für den US-Markt zu bestimmen. Denn die Akzeptanz einer Innovation ist nicht nur von deren Eigenschaften, sondern noch von einer Vielzahl anderer Faktoren abhängig. Der Neuwert der Arbeit wird in der Entwicklung eines Modells liegen, mit dem die Adoption von internationalen Innovationen erklärt werden kann. In der Praxis soll es Unternehmen die Möglichkeit geben, die Akzeptanz ihrer Innovationen im Ausland und insbesondere im US-Markt zu verbessern.

Die Arbeit bezieht sich auf Investitionsgüter und Produkte für den Massenmarkt. Der Schwerpunkt der betrachteten Innovationen soll auf „echten" Innovationen (Relativität), Verbesserungsinnovationen (Innovationsgrad), Produktinnovationen (Innovationsart), Market Pull Innovationen (Innovationsauslöser) und komponierten Innovationen (Komplexitätsgrad) liegen. Ebenso wie der Ausgangspunkt der Arbeit, bezieht sich die Fallstudie auf eine erfolglose deutsche Produktinnovation in den USA, die zuvor erfolgreich in Deutschland eingeführt worden war. Aspekte der Organisation bei Innovationen gehören nicht zum Schwerpunkt der Arbeit und werden daher nicht weiter betrachtet (vgl. Pay 1990, S. 131 ff.); ebenso wie der generelle Widerstand gegenüber Innovationen (vgl. Hauschildt 1999, S. 1 ff.; Nelkin 1986, S. 46 ff.; Peter et al. 1986, S. 85 ff; Renn 1997; Warfel 1984, S. 103 ff.), der in dieser Arbeit keine Berücksichtigung findet.

In dieser Arbeit werden Amerika bzw. der amerikanische Markt als die USA bzw. der US-amerikanische Markt definiert.

1.2 Aufbau der Arbeit

Nach der Einleitung, in der Fragestellung, Zielsetzung und Vorgehensweise der Arbeit vorgestellt werden, wird im zweiten Kapitel auf die Grundlagen des Innovationsmanagements problemorientiert eingegangen. Hierzu werden kurz die Anfänge der Innovationsforschung dargestellt und anschließend der in der Arbeit verwendete Innovationsbegriff definiert. Weiterhin wird auf die wachsende Bedeutung von Innovationen und die deutsche Innovationsperformance hingewiesen. Abschließend wird ein 10-stufiger internationaler Produktinnovationsprozess mit Inhalten und Methoden entwickelt.

Den Schwerpunkt des dritten Kapitels bildet der internationale Aspekt von Innovationen. Gründe für internationale Innovationen, insbesondere für den US-Markt, werden analysiert. Weiterhin wird auf die Besonderheiten eingegangen, die das internationale Innovationsmanagement ausmachen. Das betrifft insbesondere die Frage nach der Standardisierung bzw. Differenzierung. Zu den internationalen Rahmenbedingungen gehört auch ein veränderter Vermarktungsprozess der Innovationen, auf den eingegangen wird. Schließlich soll die Frage beantwortet werden, welche Determinanten es für den Anbieter gibt, um mit internationalen Innovationen erfolgreicher zu agieren.

Die Adoption, welche die Annahme einer Innovation durch ein Individuum oder eine Organisation beschreibt, ist Gegenstand des vierten Kapitels. Neben der Definition und Abgrenzung des Adoptionsbegriffs wird zunächst auf die Adoption im internationalen Innovationsmanagement eingegangen. Weiterhin werden die Adoptionsphasen dargestellt und die Integration des Adoptionsprozesses in den Produktentwicklungsprozess diskutiert. Anschließend werden die Determinanten der Adoption detailliert in produkt-, adopter-, anbieter-, kultur- und umweltbezogenen Determinanten auf ihre internationale und US-spezifische Relevanz untersucht. Die relevanten Determinanten werden ermittelt, um sie im empirischen Teil weiter zu analysieren. Das Kapitel schließt mit der Erfassung und Prognose von Adoption.

Das fünfte Kapitel widmet sich der empirischen Untersuchung zur Adoption deutscher Innovationen im US-Markt. Dazu wird zunächst ein Überblick zur innovativen Performance deutscher Unternehmen im US-Markt gegeben. Anschließend werden Ziel, Forschungsdesign und Durchführung von Expertengesprächen und Fallstudie dargestellt. Es folgt die Auswertung der Ergebnisse der Expertengespräche anhand der ermittelten relevanten Determinanten. Die sich anschließende Fallstudie beschreibt dann den Innovationsprozess, insbesondere die Markteinführung eines deutschen Produktes in den USA, das in Deutschland bereits erfolgreich im Markt ist. Die zu untersuchenden Determinanten werden auch hier gesondert ausgewertet, um zu sehen, ob die theoretischen Annahmen gestützt werden können.

Im sechsten Kapitel der Arbeit werden die theoretischen und empirischen Ergebnisse zusammengeführt und ein interkulturelles Adoptionsmodell dargestellt sowie Handlungsempfehlungen gegeben.

Die Arbeit schließt im siebten Kapitel mit dem Fazit und dem Ausblick.

Die Arbeit verfolgt einen theoriegeleiteten, explorativen und qualitativen Ansatz. Nach der literaturgestützten Bestandsaufnahme und der Auswertung der einschlägigen Literatur zum Thema erfolgt die theoretische Konzeptualisierung. Der theoretische Teil bildet dann die Grundlage für die Entwicklung eines Interviewleitfadens und die Ausarbeitung der Fallstudie. Im Ergebnis des theoretischen und empirischen Teils wird ein interkulturelles Adoptionsmodell mit allgemeinen und US-Markt spezifischen Determinanten und Handlungsempfehlungen entwickelt.

Der Aufbau der Arbeit ist in Abbildung 1.1 dargestellt.

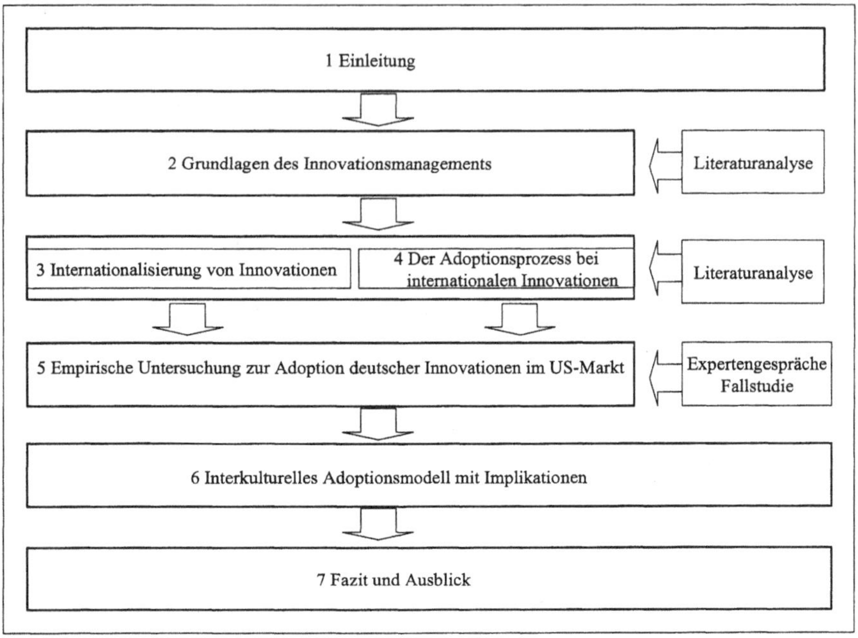

Abbildung 1-1: Aufbau der Arbeit
(eigene Darstellung)

2 Grundlagen des Innovationsmanagements

Innovationsmanagement umfasst alle Aktivitäten des Wertschöpfungsprozesses bis hin zur Markteinführung der Neuheit. Bausteine wie Trends, Produktstrategie, Wirtschaftlichkeit, Ressourcen, Anforderungen, Projektziele, Time to Market, technische Möglichkeiten und F&E Budget müssen optimal gestaltet werden. In diesem Kapitel wird auf den Stand der Innovationsforschung anhand der Innovationstheorie und Innovationsdefinition, der wachsenden Bedeutung von Innovationen und der deutschen Innovationsperformance sowie des internationalen Produktinnovationsprozesses eingegangen. Aspekte wie Innovations-strategien, organisatorische Gestaltung von Innovationen und innovationsfördernde Unter-nehmenskultur werden nicht näher betrachtet, da sie nicht Schwerpunkt der Arbeit sind. Erfolgsfaktoren von Innovationen sind Gegenstand der Kapitel 3 und 4.

2.1 Anfänge der Innovationsforschung und Definition des Innovationsbegriffs

Der österreicherische Nationalökonom Schumpeter (1883-1950) war maßgeblich für die **Anfänge der Innovationsforschung** verantwortlich. Er definierte (industrielle) Innovation als die „Durchsetzung neuer Kombinationen wirtschaftlicher Möglichkeiten" (Höfler/Fritschi 1999, S. 71), ohne dabei den Begriff Innovation zu verwenden (Vahs/Burmester 1999, S. 6 f.). Schumpeter (1939, S. 84 ff.) unterschied drei Phasen des Innovationsprozesses: Invention, Innovation und Diffusion bzw. Imitation. Die Invention kann als Erfindung und Entdeckung von Ideen und Problemlösungen gesehen werden und sorgt für den technologischen Fortschritt. Während der Innovationsphase werden anschließend aus der Erfindung neue Produkte und Verfahren generiert und wirtschaftlich angewendet. Schließlich folgt während der Diffusions- bzw. Imitationsphase die Verbreitung im Markt. Die Diffusion richtet sich sowohl an Abnehmer als auch an Wettbewerber. Letzteres kann zu einer Übernahme der neuen technologischen Problemlösungen und somit zur Imitation führen (Milling/Maier 1996, S. 18 f.). Nach Schumpeter ist es die Aufgabe des Unternehmers, neue Kombinationen von Produktionsmitteln zu erkennen und diese durchzusetzen (Ackermann 2004, S. 32). Schumpeter versteht hierunter neue Produkte und Produktionsqualitäten als auch neue Technologien oder Absatz- und Beschaffungsmärkte. Dabei ist es nicht notwendig, dass der Unternehmer selbst die Ideen entwickelt. Er muss nur ihre Vorteilhaftigkeit wahrnehmen und die Realisierung gegen verschiedene Widerstände erreichen. Schumpeter sieht im Kopieren „der geschaffenen Vorlage" keine besondere Tat mehr. Er definiert den Unternehmer als eine Persönlichkeit, die in der Lage ist, dem Neuartigen zum Durchbruch zu verhelfen (Plinke 2000, S. 65).

Schumpeters Unternehmer ist immer zur Risikoübernahme bereit und zeigt Mut zur Innovation (Grupp 1997, S. 55 f.). Weiterhin stehen ausreichende Finanzierungsmöglich-keiten im Schumpeterschen Wachstumsprozess zur Verfügung (Vahs/Burmester 1999, S. 4). In seinen späteren Arbeiten wird der technische Erfindungsprozess zum Gegenstand planvollen Handelns, um im Konkurrenzkampf Wettbewerbsvorteile zu erzielen (Grupp 1997, S. 55 f.). Nach Schumpeter sind neue Kombinationen von Produktionsmitteln von zentraler Bedeutung für die Entwicklung der Wirtschaft. Durch die „schöpferische Zerstörungskraft“ der Innovationstätigkeit, welche unregelmäßig auftritt, wird die Wirtschaftsentwicklung vorangetrieben (Schumpeter 1987).

Im Folgenden soll näher auf die **Definition des Innovationsbegriffs** eingegangen und für die Arbeit relevante Aspekte betrachtet werden.

Eine Invention beschreibt die Erfindung, ist zeitpunktbezogen und notwendige Vorstufe der Innovation. Eine Innovation bezieht sich dann auf die wirtschaftliche Umsetzung und erstreckt sich über einen Zeitraum. Vahs/Burmester (1999, S. 1) verstehen unter einer Innovation die zielgerichtete Durchsetzung von neuen technischen, wirtschaftlichen, organisatorischen und sozialen Problemlösungen, die darauf gerichtet sind, die Unternehmensziele zu erreichen. Sie charakterisieren Innovation (1999, S. 49 ff.) durch Neuheitsgrad, Unsicherheit, Komplexität und Konfliktgehalt. Je höher der Neuheitsgrad bzw. die Komplexität der Innovation ist, desto mehr sind die Aktivitäten durch Unsicherheit geprägt. Die Folge sind Konflikte im positiven und negativen Sinne. Trommsdorff (1995, S. 2 f.) versteht Innovationen als Querfunktion im Unternehmen, die durch hohe Chancen, Risiken sowie enorme Komplexität gekennzeichnet sind und alle Unternehmensbereiche tangieren. Nach Hüttel (1998, S. 178) zeichnen sich Innovationen durch die fünf Merkmale Neuheitseffekt, bessere Problemlösungsfähigkeit, bessere Bedürfnisbefriedigung durch die Anpassung an die Zielgruppe, leichtere oder erweiterte Anwendbarkeit und größere Stiftung von Zusatznutzen aus.

Diese kurze Darstellung zeigt bereits, dass der Innovationsbegriff sehr uneinheitlich definiert wird (vgl. Brockhoff 1994, S. 281; Rogers 1995; Trommsdorff/Schneider 1990, S. 3). Hauschildt (1997, S. 3 ff.) gibt hierzu einen Überblick unterschiedlicher Definitionsansätze. Es fällt jedoch auf, dass die Merkmale Neuartigkeit und Verbesserung fast durchgängig sind. Weitere Merkmale, die im Zusammenhang mit Innovationen aufgeführt werden, sind Unsicherheit und Risiko. Im Rahmen dieser Arbeit wird davon ausgegangen, dass eine Innovation letztlich das ist, was die adoptierende Person oder Organisation als neu empfindet. Insbesondere bei internationalen Innovationen ist die Wahrnehmung des Neuen und der Verbesserungen von Bedeutung, da sie die Grundvoraussetzung der Adoption darstellt und schwerer zu erreichen ist als bei nationalen Innovationen.

Die hier betrachteten Innovationen sollen nun anhand von Relativität, Innovationsgrad, Innovationsart, Innovationsauslöser und Komplexitätsgrad charakterisiert werden:

- **Relativität**: Eine Innovation ist von einer relativen Neuartigkeit geprägt, denn bereits am Markt Eingeführtes kann für ein Unternehmen etwas Neues darstellen. Innovationen müssen daher nicht absolut, sondern nur aus der Sicht der Betroffenen neu sein. Unternehmen sind jedoch in der Regel bestrebt, „echte“ Innovationen hervorzubringen, die aus Unternehmens- als auch Marktperspektive neu sind. Die

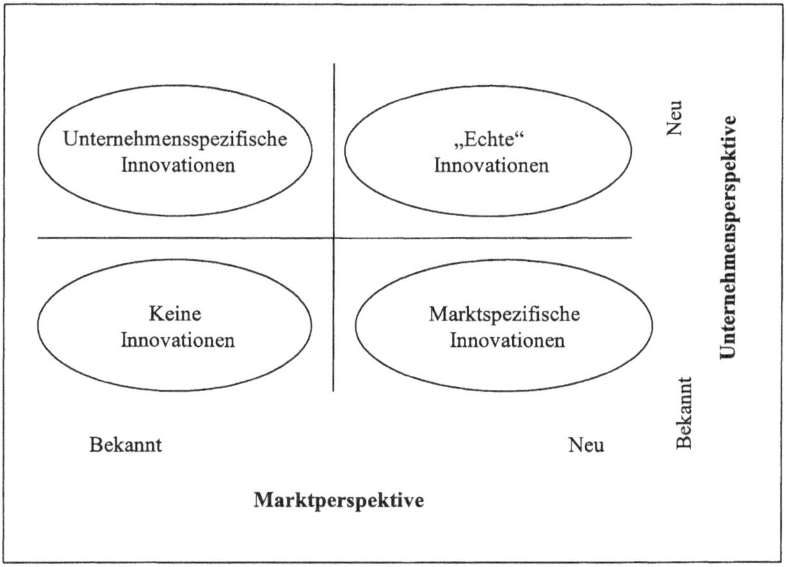

Abbildung 2-1: Innovationen aus Markt- und Unternehmensperspektive
(in Anlehnung an Bantleon 2001, S. 31; Morner 1997, S. 19)

Matrix (Abb. 2.1) zeigt weitere Perspektiven auf den Bekanntheitsgrad von Innovationen. Unternehmensspezifische Innovationen sind im Markt bekannt, aber für das Unternehmen neu. Das hat unternehmensinterne Auswirkungen auf das Innovationsmanagement. Handelt es sich aus Markt- als auch aus Unternehmensperspektive um bereits Bekanntes, liegt keine Innovation vor. Marktspezifische Innovationen liegen vor, wenn neue Produkte durch die Änderung von Kundenfunktionen im Bewusstsein der Kunden entstehen. Es handelt sich um neue Verwendungszwecke eines gleichen Produktes. Durch die spätere Einführung einer Innovation in den ausländischen Markt kann es ebenfalls zur marktspezifischen Innovation kommen. Diese Raumdimension spielt insbesondere bei internationalen Innovationen eine erhebliche Rolle. Etwas bereits im nationalen Markt Bekanntes kann im Ausland durchaus noch eine Innovation darstellen. So kann der Gesamtproduktlebenszyklus verlängert werden. Es wird jedoch davon ausgegangen, dass die Einführung der Innovation im Ausland nur kurze Zeit später als im Inland erfolgt, so dass es sich noch um „echte" Innovationen handelt. Im Rahmen dieser Arbeit wird von „echten" Innovationen ausgegangen.

- **Innovationsgrad**: Man kann zwischen Basis- (Radikal-) und Verbesserungsinnovationen (Inkrementalinnovationen) unterscheiden. Erstere stellen einen technologischen Durchbruch dar (z.B. Flugzeug, Glühbirne, Gentechnologie), letztere lediglich eine Verbesserung oder Weiterentwicklung (Generationen von Computerchips, neues Automodell). Der Großteil der Innovationen stellt Verbesserungsinnovationen dar. Vahs/Burmester (1999, S. 79) unterscheiden zusätzlich Anpassungsinnovationen (Hierbei werden Leistungen an spezielle Kundenwünsche angepasst.), Imitationen (Nachahmen von Lösungen, die bereits existieren) und Scheininnovationen (Diese Innovationen stellen keinen wirklichen Zusatznutzen dar.). Bei internationalen Innovationen spielt die Produktanpassung an nationale Bedürfnisse eine große Rolle. Da diese in den meisten Fällen keine Neuerungen im eigentlichen Sinne darstellen, sollen sie hier nicht zum Begriff Innovationen gezählt werden. Der Fokus der Arbeit wird sich auf Verbesserungsinnovationen richten, da Basisinnovationen in den vergangenen dreißig Jahren Seltenheitswert hatten. Die Hersteller verbesserten bestehende Produkte nur inkrementell und erweiterten Produktlinien. Zudem wird unterstellt, dass sich Management und Prozess für Basisinnovationen erheblich von denen für Verbesserungsinnovationen unterscheiden.

- **Innovationsart**: Neben unterschiedlichen Ansätzen in der Literatur sollen hier Produkt-, Prozess- und Sozialinnovationen unterschieden werden. In der Praxis lassen sich Produkt- und Prozessinnovationen nicht immer trennen (z.B. bei Dienstleistungsangeboten). Produktinnovationen treten nach außen am deutlichsten hervor. Diese sind neue Produkte oder Dienstleistungen, welche die Organisation herstellt, verkauft oder vergibt. Hier ist jedoch wieder der subjektive Blickwinkel des Verbrauchers zu betrachten, denn für diesen muss die Produktinnovation der Organisation keine sein. Oft hat eine Produktinnovation einen verbesserten Prozess zur Folge (Prozessinnovation). Ziel von Produktinnovationen sind Sicherung und Ausbau der Wettbewerbsposition, Ziel von Prozessinnovationen sind Produktivitätssteigerungen. Als Sozialinnovationen werden menschliche Verhaltensänderungen gesehen (z.B. umweltorientiertes Konsumentenverhalten). Vahs/Trautwein (2000, S. 22 f.; vgl. auch Damanpour/Gopalakrishnan 2001, S. 45 ff.) untersuchten die Bedeutung der einzelnen

Innovationsarten in Unternehmen. Auf einer Skala von 1 bis 6 erreichten Produktinnovationen einen sehr hohen Stellenwert (1,2). Geringere Bedeutung wurde den Prozess- (2,1) und Sozialinnovationen (2,5) beigemessen. Diese Arbeit wird sich auf Produktinnovationen beziehen.

- **Innovationsauslöser**: Neuheiten können unterschiedliche Auslöser haben. Sie können zum einen vom Markt, durch konkrete Bedürfnisse der Kunden, hervorgerufen werden (Market Pull) oder durch neue Technologien entstehen (Technology Push) (vgl. Gerybadze 1999 S. 16 ff.; Müller 1997, S. 42 ff.). Letztere haben geringere Erfolgsaussichten, da die Anwendungen und der Markt noch zu finden sind. Morner (1997, S. 27 ff.) beschäftigte sich mit Krisen als auslösendes Moment für Innovationen. In Krisen ist der psychologische Druck verantwortlich für die Offenheit der Unternehmen gegenüber Neuem und einer stärkeren Fokussierung auf eine Innovationspolitik. Wenn die Handlungsfähigkeit von Unternehmen gefährdet scheint, wird verstärkt nach Ideen gesucht. Diese Krisen können durch den Produktlebenszyklus oder den technologischen und marktlichen Wandel antizipiert werden. Auch Perlitz/Löbler (1985, S. 424) gehen davon aus, dass Innovationen durch Faktoren wie Gewinnerwartungen in der Zukunft oder aktuelle Krisen bestimmt werden. Nach Wieandt (1994, S. 6) kommt es verstärkt in Unternehmen mit starkem Wettbewerbsdruck und ausgeprägter strategischer Orientierung zu Innovationsbemühungen. Es gibt heute Beweise dafür, dass auch kulturelle Unterschiede für das Hervorbringen von Innovationen verantwortlich sind (Albach 1994, S.61). Diese Arbeit wird sich auf Market Pull Innovationen beziehen.

- **Komplexitätsgrad**: Im Rahmen dieser Arbeit werden Investitionsgüter-Innovationen betrachtet. Daher ist die Unterscheidung der Komplexitätsgrade von Innovationen bedeutsam, wie sie von Clark/Fujimoto (1991, S. 8 ff.) vorgenommen wird (Abb. 2.2). Die erste Dimension beschreibt die externe Komplexität, d.h. die Schnittstelle zwischen Kunde und Produkt, die sich durch Anzahl und Umfang der Anforderungen charakterisiert. Die zweite Dimension beschreibt die interne Komplexität, d.h. die Anzahl der verschiedenen Komponenten und Produktionsstufen, die das Produkt ausmachen. Die meisten Investitionsgüter bewegen sich in den Bereichen der komponierten und komplexen Produkte. Insbesondere bei komplexen Produkten stellt sich das Problem, dass Kunden bei der Produktentwicklung ihre Bedürfnisse nicht oder nur ungenau artikulieren können. Man kann davon ausgehen, dass sich Innovationsprozesse in Abhängigkeit der Komplexitätsgrade der Produktinnovationen sehr unterschiedlich gestalten. Diese Arbeit betrachtet komponierte Innovationen.

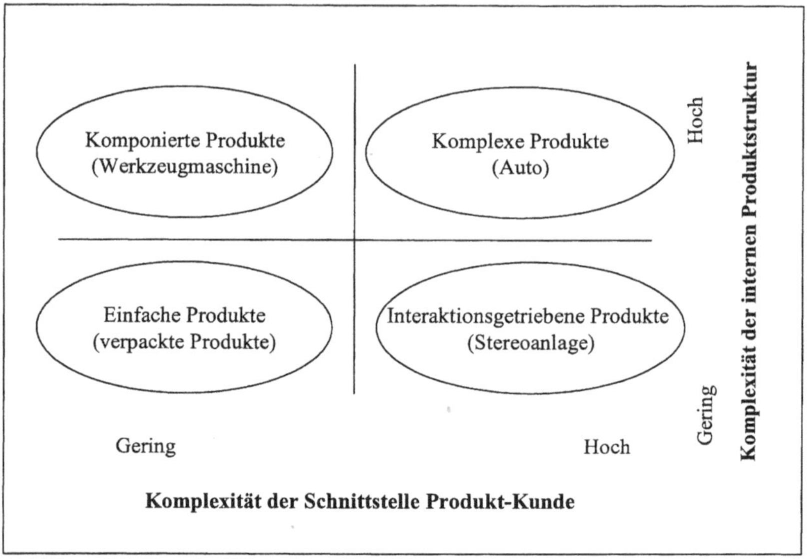

Abbildung 2-2: Komplexitätsgrad von Produkten
(in Anlehnung an Clark/Fujimoto 1991, S. 11)

Cooper (1998, S. 493 ff.) geht davon aus, dass die verschiedenen Innovationsdimensionen nicht losgelöst voneinander auftreten, sondern ein multidimensionales Konzept darstellen (Abb. 2.3). Er unterscheidet zwischen radikaler und inkrementeller Innovation, Produkt- und Prozessinnovation sowie zwischen administrativer und technologischer Innovation. Administrative Innovationen beziehen sich hierbei auf Neuerungen, die Politik und Ressourcenverteilung beeinflussen, wobei technologische Innovationen eine Veränderung des Hauptoutputprozesses hervorrufen. Er weist darauf hin, dass es weitere Dimensionen geben kann, die in seinem Modell nicht vorkommen.

Zusammenfassend wird bei den im Rahmen dieser Arbeit betrachteten internationalen Innovationen von „echten" Innovationen ausgegangen (Relativität), von Verbesserungs-innovationen (Innovationsgrad), von Produktinnovationen (Innovationsart), von Market Pull Innovationen (Innovationsauslöser) und von komponierten Innovationen (Komplexitätsgrad). Weiterhin werden internationale Innovationen aus dem Bereich der Investitionsgüter betrachtet, die zunächst in den deutschen Markt und dann in den US-amerikanischen Markt eingeführt werden.

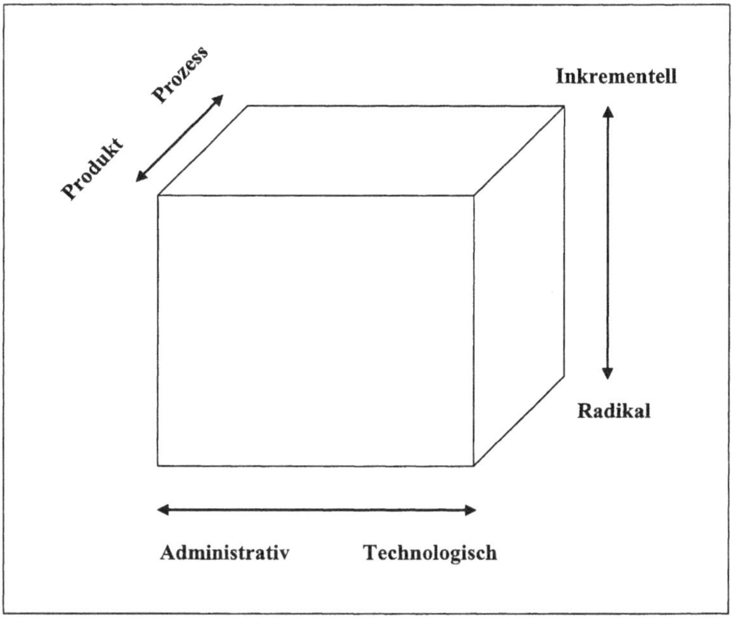

Abbildung 2-3: Ein multidimensionales Modell von Innovationen
(in Anlehnung an Cooper 1998, S. 500)

2.2 Die wachsende Bedeutung von Innovationen und die deutsche Innovationsperformance

Es existiert beinahe einmütige Vorstellung darüber, dass Innovationen der eigentliche Motor des Wachstums und die treibende Kraft für zukünftige Wertschöpfung sind. Die enorme Bedeutung des Innovationsmanagements wird zudem durch eine inzwischen unüberschaubar gewordene Anzahl an Veröffentlichungen zu diesem Thema unterstrichen (vgl. Archibugi/Michie 1997, S. 121 ff.; Bertuglia et al. 1997, S. 3 ff.; Call/Völker 1999, S. 58; Cleemann/Pfeiffer 1992, S. 113; Dogson 2000, S. 1 ff.; Ritz 1998, S. 77 ff.; Urbaniak 2001, S. 628 ff.). Dass die Bedeutung der Innovationen erkannt wird, hat jedoch noch lange nicht ihren Erfolg zur Folge. Viele Innovationen schaffen es nicht bis zur Markteinführung oder scheitern kurz danach.

Im Folgenden soll die **Bedeutung von Innovationen** in den Bereichen Betriebswirtschaft und Volkswirtschaft gezeigt werden. Weiterhin wird auf die deutsche Innovationsperformance eingegangen.

Generell kann davon ausgegangen werden, dass in der Betriebswirtschaft die Strategie der Produktinnovation auf die Sicherung des Unternehmenswachstums zielt. Verschiedene Gründe für die Notwendigkeit von Innovationen zur Sicherung der Unternehmenszukunft werden aufgeführt (vgl. Witt 1996, S. 1 f.):

- Innovationen ersetzen veraltete Produkte und verlängern Sortimentslebenszyklen.
- Innovationen schaffen zusätzliche Nachfrage und führen so zu Mehrumsätzen.
- Innovationen sorgen für ein dynamisches und fortschrittliches Unternehmensimage.
- Innovationen fördern die Dynamik des Betriebsgeschehens und steigern die Arbeitsmotivation der Mitarbeiterinnen und Mitarbeiter.

Nieschlag et al. (2002) sehen in Produktinnovationen, die vom Markt akzeptiert werden, deswegen eine große Bedeutung für den Erfolg des Unternehmens, weil es so für einen gewissen Zeitraum einen Vorsprung vor dem Wettbewerb hat und eine vorübergehende monopolähnliche Stellung einnimmt. Das Unternehmen hat zudem die Möglichkeit, in dieser frühen Phase entscheidenden Einfluss auf die Preispolitik zu nehmen und hohe Margen abzuschöpfen. In späteren Phasen nimmt der Preiswettbewerb in der Regel zu, und es wird schwerer, ihm auszuweichen. Darüber hinaus kann die Fokussierung auf Produktinnovationen aus gesamtwirtschaftlicher Sicht einen wichtigen Beitrag zum wissenschaftlich-technischen und wirtschaftlichen Fortschritt leisten. Eine Unternehmer Befragung (Neumann 2000, S. 106 ff.) über die wahrscheinlichen Erfolgskriterien der Unternehmen im Jahr 2010 ergab die Innovationskraft als wichtigstes Kriterium (Abb. 2.4).

Arthur D. Little (Sommerlatte/Jonash 2000, S. 150 ff.) führte eine weltweite Studie in unterschiedlichen Branchen zu verschiedenen Innovationsaspekten durch. Danach stimmten 84% der 669 befragten Unternehmen der Aussage zu, dass Innovationen in ihrem Unternehmen heutzutage als ein viel wichtigerer Faktor für den Unternehmenserfolg angesehen werden als noch vor fünf Jahren. Auch Porter (1980) unterstreicht die Bedeutung von Innovationen für die Sicherung von Wettbewerbsvorteilen. Trommsdorff (1995, S. 1) sieht Innovation als „antizipierten Zukunftswettbewerb" und als eine unternehmerische Herausforderung ersten Ranges. Denn neue Produkte und Prozesse brauchen wegen der strategischen Chancen, der Investitionssummen, -risiken und -barrieren sowie der ungewöhnlich komplexen und meist weichen Informationsbasis besondere Managementzuwendung. Die Grundlage dieses Zukunftswettbewerbs sieht er als ein enormes Bündel an Kompetenzen: Sensibilität für schwache Signale, fundiertes technologisches und betriebswirtschaftliches Wissen, Sinn für den Ausgleich zwischen technisch Machbarem und wirtschaftlich Vertretbarem, psychologisches Verständnis für

Kunden, Wettbewerber und Mitarbeiter, sowie hartes ökonomisches Kalkül, Kreativität beim Aufspüren latenter Kundenbedürfnisse und Wettbewerberstrategien und letztlich straffes Organisationstalent, insbesondere im Projektmanagement.

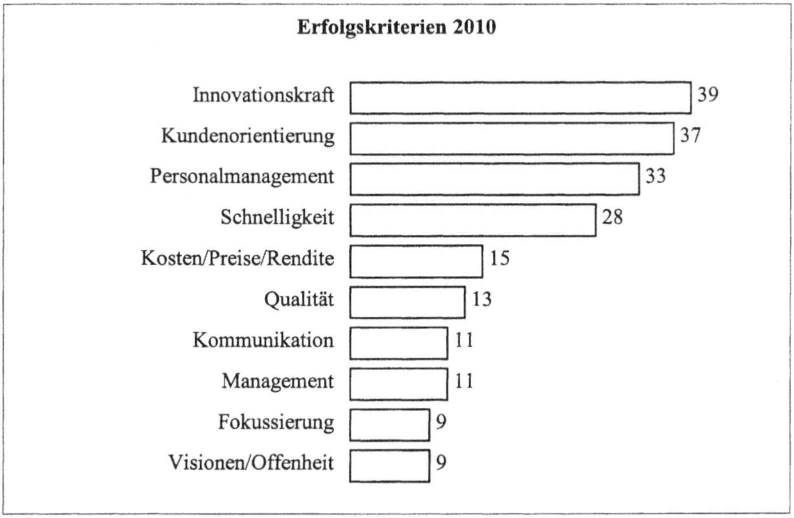

Abbildung 2-4: Erfolgskriterien der Unternehmen im Jahr 2010
(in Anlehnung an Neumann 2000, S. 107), Angaben in Prozent, Mehrfachnennungen möglich

Diese Ausführungen zeigen, dass Innovationen im Kampf um die Existenz auf nationalen und vor allem auf internationalen Märkten immer wichtiger werden. Insbesondere im Rahmen der wachsenden Globalisierung steigt die Notwendigkeit des Innovierens, da sich Unternehmen zusätzlich zum einheimischen dem ausländischen Wettbewerb konfrontiert sehen. Globaler Wettbewerb bezieht sich heutzutage auf Innovationswettbewerb (Albach 1994, S. 14). Vernon (1966, S. 190 ff.) erklärte mit der Produktzyklustheorie die Phasenfolge von Innovationen auf dem Weltmarkt, welche auch heute noch teilweise Anwendung findet. Demnach wird in der ersten Phase das innovative Produkt für den heimischen Markt hergestellt. Nachdem Erfahrungen gesammelt wurden, wird das Produkt in der zweiten Phase exportiert und im ausländischen Markt angeboten. Hierbei tritt oft ein Mangel an Wissen über den neuen Markt auf. In der dritten Phase werden die Prozesse verbessert und von ausländischen Herstellern übernommen. Erst in dieser Phase treten ausländische Anbieter auf, der Wettbewerb wird größer. In der vierten Phase importiert der Innovator dann selbst das inzwischen zur Marktreife gelangte Produkt. Der technologische Vorsprung geht mehr und mehr verloren. Die Produktzyklustheorie zeigt, dass Unternehmen nur wettbewerbsfähig bleiben, wenn sie in frühen Phasen Innovationen von gewisser Qualität und Quantität hervorbringen können.

Durch den erhöhten Zeit- und Wettbewerbsdruck verkürzen sich die Produktlebenszyklen immer mehr, was verstärkten Druck auf die Erfindung und Herstellung von Innovationen ausübt. Das heutige Ziel heißt: Von der Technologie direkt in den Markt. Dabei verkaufen sich Innovationen nicht von selbst. Der Bedeutung von Innovationen für den Unternehmenserfolg steht die Tatsache gegenüber, dass die Einführung neuer Produkte meist mit einer hohen Floprate einhergeht (vgl. Shaw 1965, S. 9 ff.). Eine Studie (Booz, Allen & Hamilton 1982, S. 3 f.) in etwa 700 amerikanischen Unternehmen ergab, dass durch die Einführung neuer Produkte ein um 33% höherer Wachstumsbeitrag und ein um 40% höherer Gewinnbeitrag für die folgenden fünf Jahre erwartet wurden. Dieselbe Studie zeigte neben der Bedeutung von Innovationen und den verbesserten Wachstumsaussichten jedoch auch das Risiko des Misserfolgs. Demnach wird nur jede zwanzigste Produktidee bis zur Markteinführung vorangetrieben. Hinzu kommt, dass nicht jede im Markt eingeführte Produktidee erfolgreich ist. Nach Cooper (2003, S. 166) wird nur eines von vier Entwicklungsprojekten zu einem wirtschaftlichen Erfolg. Nach Crawford (1979, S. 9 ff.) scheitern etwa ein Drittel aller Markteinführungen (vgl. Ronkainen 1985, S. 97 ff.). Bereits Anfang der 1960er Jahre zeigten Cochran/Thompson (1964, S. 11), dass ein Drittel der am Markt eingeführten Innovationen nicht den Erwartungen entsprachen. Erstaunlich ist, dass trotz neuer Erkenntnisse in der Innovationsforschung die Floprate neuer Produkte nicht gesunken ist. Aufgrund der Schwierigkeiten, Innovationen bereits im Inland erfolgreich einzuführen, stellt die erfolgreiche Markteinführung im ausländischen Markt für Unternehmen somit eine besondere Herausforderung dar.

Innovation kann als endogene Größe des Wachstums angesehen werden. Eine aktive Innovationspolitik steigert nicht nur das Wachstum eines einzelnen Unternehmens, sondern stabilisiert auch die Volkswirtschaft. Schon Kondratieff (1984, S. 1 ff.) zeigte die volkswirtschaftliche Bedeutung von Innovationen anhand der „long wave cycles“. Demnach sorgen Basisinnovationen (z. B. Dampfmaschine, Fernseher, Elektrizität) für eine 50 bis 60 jährige wirtschaftliche Aufschwungphase. Diese wird auch durch Zusatzinnovationen, die im Zusammenhang mit der Basisinnovation getätigt werden, hervorgerufen. In der Wachstums- und Konjunkturtheorie existiert eine stark positive Korrelation zwischen der Innovationstätigkeit und dem gesamtwirtschaftlichen Wachstum (Vahs/Burmester 1999, S. 5). Die volkswirtschaftliche Notwendigkeit von Innovationen, dass „Stagnation = Mangel an gewichtigen Innovationen“ ist, wurde auch von Porter (1990, S. 73) unterstrichen: „A nation’s competitiveness depends on the capacity of its industry to innovate and upgrade.“. Stagnierende Märkte, der sich beschleunigende technische Fortschritt und der wachsende Wettbewerbsdruck verdeutlichen daher die Notwendigkeit einer systematisch angelegten Innovationspolitik (Witt 1996, S. 2).

In der Gesellschaft führen gesättigte Märkte zu immer ausgefalleneren Bedürfnissen, die nur mit Innovationen zu befriedigen sind (Vahs/Trautwein 2000, S. 20). Innovationen ziehen jedoch mitunter massive Kritik auf sich. Beispiele hierfür sind die Gentechnik, die Kernkraft oder medizinische Präparate. Daher muss die häufige Gleichsetzung von „innovativ = erfolgreich“ an der unterschiedlichen Zielsetzung der Betroffenen relativiert werden (Jakob 2001, S. 36 ff.).

Innovationsmarketing	⟹	Klare Signale für die Shareholder Es besteht ein positiver Zusammenhang zwischen Innovationsstärke und Börsenwert eines Unternehmens. Eine aktive Kommunikation der Innovationskraft wird daher zu einem wichtigen Faktor.
Corporate Venture Management	⟹	Mehr Innovationskraft durch Start-up-Förderung Im Gegensatz zu unternehmensinternen F&E Abteilungen zeichnen sich Start-up's oft durch Flexibilität, Risikobereitschaft und Qualifikation aus. Ziel ist es, dadurch in frühen Phasen „Breakthrough Innovationen“ hervorzubringen.
New Pacing	⟹	Neue Qualität der Prozessbeschleunigung Die Verkürzung von Innovationsprozessen soll die „Time to market“ und die „Time to money“ beschleunigen.
Innovation Scorecard	⟹	What you measure is what you get Die Innovation Scorecard stellt sich als ein zukunftsorientiertes und operatives Planungs-instrument dar.
Innovationsportal	⟹	e-Wissensplattformen für Innovationspotenziale Die schnelle Verfügbarkeit von qualifiziertem Wissen stellt einen wesentlichen Erfolgsfaktor zu Steigerung der Innovationsleistung dar.

Corporate Research	⟹ Die Renaissance des Think Tank Auf der Suche nach ganzheitlichen Szenarien mit dem Ziel, die richtigen Technologiefelder zu besetzen, wirkt das Corporate Research als Treiber für die Bündelung von Wissen.
Geschäftssysteminnovation	⟹ Potenziale durch neue strategische Positionen Innovationspotenziale werden nicht nur bei Produkten gesehen, sondern auch bei Neupositionierungen im Geschäftssystem.
Corporate Innovation Programs	⟹ Innovationsleistung schnell mobilisieren Corporate Innovation Programs fokussieren die Innovationskultur, besonders die Steigerung von Motivation und Kreativität.

Abbildung 2-5: Aktuelle Trends im Management internationaler Innovationen
(in Anlehnung an Droege & Comp. 2001a, S. 2)

Die Abbildung 2.5 zeigt aktuelle Trends des Innovationsmanagements im internationalen Kontext. Die deutsche Unternehmensberatung Droege & Comp. (2001a, S. 2) untersuchte diese in einer internationalen Studie. Neben der nach wie vor großen Bedeutung des Innovationsmanagements in Unternehmen und den mit ihr verbundenen Themen und Aktionen in allen Unternehmensbereichen wird letztlich wieder der positive Zusammenhang zwischen der Innovationsstärke und dem Börsenwert des Unternehmens deutlich.

Wie sieht nun die **deutsche Innovationsperformance** (Abb. 2.6) aus (Dürand/Kempkens 2001, S. 100 ff., vgl. Dürand 2003, S. 65 ff.; Dürand et al. 2004, S. 64 ff.)? Die Investitionen deutscher Unternehmen in ihre Innovationen belaufen sich jährlich auf ca. 44,5 Milliarden Euro (o.V. 2004b, S. 86; vgl. Bunk 2001, S. 44). Trotzdem rangiert Deutschland in Hinblick auf die Innovationskraft im Mittelfeld - weit hinter den USA (vgl. auch Groothuis 1998, S. 98 ff.; Keck 1993, S. 115 ff.; Mowery/Rosenberg 1993, S. 29 ff.). Dabei machen die Deutschen ein Vielfaches mehr an Erfindungen. Allein im Jahr 2000 wurden beim Deutschen Patent- und Markenamt mehr als 110 000 Innovationen angemeldet (o.V. 2002a, S. 19). Wenn man sich jedoch ansieht, was trotz der positiven Patentbilanz an neuen Geschäften, Arbeitsplätzen und innovativen Unternehmen entsteht, sieht es schlecht aus. Gründe hierfür werden in der schwerfälligen deutschen Bürokratie, der nicht ausgeprägten Marktorientierung, der Ängstlichkeit und dem fehlenden Marketing in der Wissenschaft gesehen.

Eine weitere Schwäche ist das Fehlen von Vorreiterrollen in neuen Märkten. Hier ist eher die „Fast Follower“ Strategie zu beobachten. Deutschlands Stärken liegen generell im Entwickeln von systematischen und technologieintensiven Verbesserungen nach definierten Trends. Da es den Deutschen nicht an Ideen sondern an der Umsetzung dieser in marktfähige Produkte zu mangeln scheint, stellt sich die Frage, ob Deutschland trotz breiter Wissensbasis und Vielseitigkeit immer genügend Zeit für die Adoption und Diffusion seiner Innovationen bleibt.

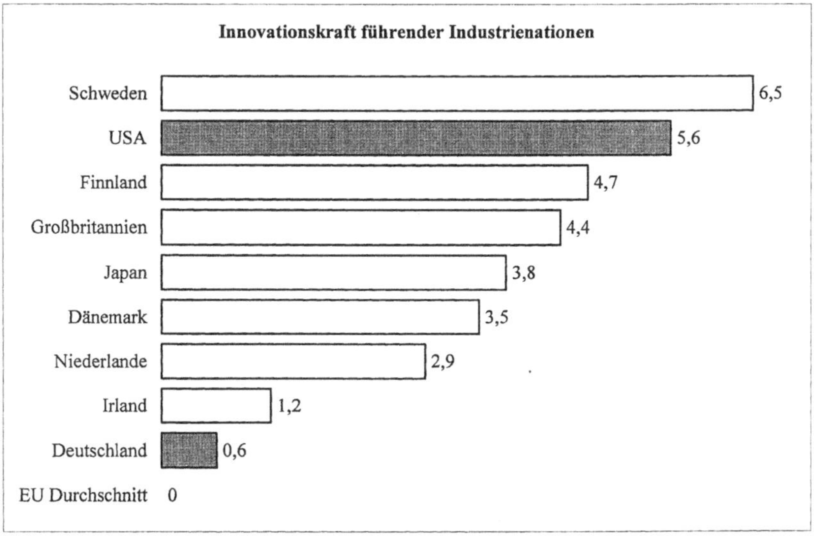

Abbildung 2-6: Innovationskraft führender Industrienationen

(in Anlehnung an Europäische Kommission, in Dürand/Kempkens 2001, S. 103), Die Innovationskraft wurde durch die Bewertung von 17 Indikatoren (z.B. Beschäftigte in High Tech Unternehmen, Patentanmeldungen, Ausgaben für F&E, Produktinnovationsrate) errechnet.

Legler et al. (2000, S. 6 f.; vgl. Afhüppe/Koenen 2002, S. 28) untersuchten Deutschlands technologische Performance bezüglich der kurz-, mittel- und langfristigen Aussichten:

- Short term: Deutschlands Innovationssystem ist durch einen hohen Grad an Effektivität geprägt. Know-How wird schnell in patentierte Innovationen umgesetzt und die Innovationsaktivitäten nehmen zu. Wesentlicher Grund hierfür ist die ausländische Nachfrage nach F&E intensiven Produkten.
- Medium term: Der Aufschwung scheint nicht zu genügen, um Produktions-kapazitäten und Know-How ausbauen zu können. Zunehmen werden Outsourcing Aktivitäten mit Start-up’s und die

Intensität von gemeinsamer F&E, wenngleich sich letztere auf zu geringem Niveau bewegt. In den Branchen Biotechnologie und Automobil sind verstärkt Aktivitäten zu verzeichnen. Der Dienstleistungssektor bleibt immer noch weit hinter anderen entwickelten Nationen (z.B. den USA) zurück.

- Long term: Auf lange Sicht machen die Autoren Deutschlands Innovations- und Wettbewerbsstärke vom Bildungs- und Forschungssystem abhängig. Innovationen werden als die Früchte einer erfolgreichen Politik gesehen. Langfristig sehen die Autoren folgende Aspekte: Reformen im Bildungswesen sind überfällig, durch Innovationen werden nicht genügend neue Arbeitsplätze geschaffen, und es fehlt an Know-How intensiven Dienstleistungen.

Die Innovationsperformance bezüglich der Innovationszeiten und -kosten in unterschiedlichen Branchen unter dem interkulturellen Aspekt untersuchten Albach et al. (1991, S. 309 ff.). Im deutsch-amerikanischen Vergleich kamen die Befragungen und Interviews in 300 Unternehmen zu folgenden Ergebnissen (Tab. 2.1): Geht man von einem Index = 100 aus, ergeben sich in Deutschland längere (>100) oder kürzere (<100) Zeiten von der Idee bis zur Produkteinführung bzw. höhere oder geringere Innovationskosten im Verhältnis zu den USA. Im Querschnitt aller Unternehmen sind die Innovationszeiten und -kosten etwa gleich (101). Es zeigt sich jedoch, dass kürzere Innovationszeiten nicht immer mit geringeren Innovationskosten einhergehen.

Branche	**Innovationszeiten Deutschland/USA**	**Innovationskosten Deutschland/USA**
Elektrotechnik	113	105
Chemie	106	99
Automobil	101	104
Metallverarbeitung	94	107
Maschinenbau	91	95
Alle befragten Unternehmen	101	101

Tabelle 2-1: Verhältnis von Innovationszeiten und -kosten in Deutschland zu denen in den USA

Index = 100, (in Anlehnung an Albach et al. 1991, S. 314)

Abschließend kann festgehalten werden, dass die Bedeutung der Innovationen und der deutschen Innovationskraft dadurch unterstrichen wird, dass Deutschland eine Exportnation ist und daher insbesondere auf die internationale Akzeptanz der Exportgüter angewiesen ist. Deutschland ist der weltgrößte Exporteur von Spitzentechnologien mit einem Anteil von 18% am Weltmarkt. Die USA folgen an dritter Stelle mit knapp 13% (Legler et al. 2000, S. 10). Die Wirtschaft der Bundesrepublik Deutschland ist mit einer Gesamtexportquote von etwa 30% des Bruttosozialproduktes überaus erfolgreich im Export. Am Welt-Exporthandel erreicht sie einen Anteil von 9,4% und wird nur noch von den USA mit einem Anteil von 12,6% übertroffen (Busch 2001, S. 264). Im Jahr 2003 war Deutschland sogar weltgrößter Exporteur und löste damit die USA ab (Ackermann 2004, S. 20 ff).

2.3 Der internationale Produktinnovationsprozess

Der Innovationsprozess hat die Aufgabe, eine Idee mit den verfügbaren Ressourcen zeitgerecht in ein marktfähiges Produkt umzusetzen (Vahs/Burmester 1999, S. 131). Ausgangspunkt des Innovationsprozesses ist dabei die Entscheidung des Unternehmens für eine Neuentwicklung. Der Endpunkt ist ein für den Konsumenten neuartiges Eigenschaftsbündel (Berger 1998, S. 33). Dieses sollte dann so bedarfsgerecht gestaltet sein, dass es von den Kunden adoptiert wird.

Innovationen durchlaufen einen mehr oder weniger umfangreichen Entstehungsprozess, der sich in mehrere Schritte unterteilen lässt (Pleschak/Sabisch 1996, S. 24 f.). Dieser Prozess kann durch unterschiedliche Phasenmodelle verdeutlicht werden. Neben der Begriffsdefinition ist jedoch auch die Einteilung der Innovation in Phasen nach Anzahl, Inhalt und Abgrenzung der einzelnen Phasen in der Literatur sehr uneinheitlich (vgl. asw 2001, S. 55 f.; Backhaus 1999, S. 334; Balderjahn et al. 1996, 300 ff.; Booz, Allen & Hamilton 1982; Brockhoff 1994, S. 29; Helbig 1997; Kleinschmidt et al. 1996, S. 52 f.; Pleschak/Sabisch 1996, S. 24; Vahs/Burmester 1999; Witt 1996, S. 10). Es gibt Modelle, die drei Phasen (u.a. Thom 1976) und auch welche die 67 Phasen (Gisser 1965) unterscheiden. Winkler (1999, S. 9 ff.) gibt einen Überblick über verschiedene in der Literatur vorherrschende Prozessansätze.

Die heutigen Phasenmodelle unterscheiden sich von den konventionellen Modellen der 1960er und 1970er Jahren in zwei Punkten: Zum einen haben die Phasen heute multifunktionalen Charakter und werden nicht mehr von einzelnen Funktionsbereichen durchgeführt. Zum anderen laufen die Phasen parallel und nicht sequentiell ab (Kleinschmidt et al. 1996, S. 53). Nach Gerybadze (1997, S. 77) hat sich seit den 1980er Jahren der Verlauf des Innovationsprozesses deutlich verändert. Impulse für Innovationen kommen seitdem verstärkt aus dem Ausland. Aufgrund der vorteilhaften Bedingungen werden die Innovationen jedoch zunächst im Stammland durchgesetzt, so dass auch hier die Innovationsprozesse für internationale Innovationen stattfinden.

Im Rahmen dieser Arbeit wurde das „10-S-Modell" entwickelt, das einen idealtypischen Innovationsprozess dargestellt (Abb. 2.7). Aufgrund der Fragestellung der Arbeit wurden insbesondere internationale Besonderheiten berücksichtigt. Wegen der besonderen Bedeutung der Vermarktung internationaler Innovationen, wird auf diesen Punkt im Kapitel 3.5 gesondert eingegangen.

Phase	Inhalte	Methoden
Strategy	Bestimmung des Suchfeldes, um die Ideenfindung konzentriert und realistisch zu gestalten, dabei Erweiterung um länderspezifische Gesichtspunkte. Anhaltspunkte sind die Kernkompetenzen und die Unternehmensziele.	▪ Brainstorming ▪ Produktlebenszyklus ▪ SWOT Analyse ▪ Strategieportfolios ▪ Dreidimensionaler Bezugsrahmen
Searching	Integration ausländischer Geschäftseinheiten beim markt- (Market Pull) und technologie-induzierten (Technology Push) Vorgehen zum Entwickeln und Sammeln von Ideen aufgrund von: ▪ Kundenanforderungen ▪ Wettbewerbsaktivitäten ▪ Internen Erfahrungen und Unternehmenspotenzialen ▪ Zukünftigen Technologien/ Trends/Patenten ▪ Umwelteinflüssen/Krisen	▪ Situations-/Problem-analysen ▪ Morphologische Methode ▪ Funktionsanalyse ▪ Brainstorming ▪ Methode 6-3-5 ▪ Synektik ▪ Sekundärdatenanalyse ▪ Focus Groups ▪ Quality Function Deployment ▪ Delphi Methode ▪ Befragungen von (Lead)Usern ▪ Vorschlagswesen
Screening	Berücksichtigung von internationalen Faktoren, insbesondere Standardi-sierungsmöglichkeiten bei der Vorauswahl von Produktideen nach: ▪ Basis-, Leistungs- und Begeisterungsmerkmalen ▪ Erwarteter Marktgröße ▪ Positionierung im bisherigen Leistungsspektrum ▪ Wettbewerbsvorteilen ▪ Realisierbarkeit, Kompetenz ▪ Trends	▪ Punktwert-Verfahren ▪ Konzepttest (Diskussion, Befragung, Verhaltenstest) ▪ Focus Groups ▪ Lead User ▪ Einstellungsmessung ▪ Strategieportfolios ▪ Produktlebenszyklus ▪ Delphi Methode ▪ Quality Function Deployment

Sample	Erarbeitung von Zielmarkt/-gruppen konformen Produktkonzepten unter Berücksichtigung kultureller und rechtlicher Einflüsse und: ▪ Zielgruppen ▪ Kundennutzen ▪ Leistungsinhalte	▪ Conjoint Analyse ▪ Konzept Test ▪ Quality Function Deployment
Selection	Betrachtung der Produktideen unter Wirtschaftlichkeitsaspekten, Berücksichtigung länderspezifischer Anforderungen	▪ Break-Even-Analyse ▪ Schätzung von Marktvolumen, -anteil, -wachstum ▪ Target Costing
Schedule	Erstellung eines Business Plans, der auf den Zielmarkt zugeschnitten ist mit folgenden Inhalten: ▪ Geschäftsmodell ▪ Produkt ▪ Wettbewerber ▪ Kunden ▪ Kompetenz ▪ Marketing/Vertrieb ▪ Risiko Management ▪ Strategie ▪ Implementierung ▪ Finanzplan	▪ Primäre und sekundäre Marktforschung
Standar-dization	Erarbeitung von Prototypen und Erzeugnisbeschreibungen, Entwicklung bis zur Marktreife	▪ Simultaneous Engineering
Simu-lation	Akzeptanztests beim Verbraucher in den Zielmärkten	▪ Absatzprognose ▪ Produkt-, Markt-, Storetest ▪ Focus Groups
Show	Gestaltung des landesspezifischen Marketing Mix bezüglich der mit der Innovation verfolgten Strategie (what, where, when, why, how)	▪ Entwicklung von Produkt-, Preis-, Vertriebs- und Kommunikationskonzept ▪ Positionierung ▪ Primäre und sekundäre Marktforschung ▪ Adoptionsforschung

Selling	Überprüfung des Marketing-konzeptes und Akzeptanzkontrolle, Erfahrungsaustausch zwischen Mutter- und Auslandsgesellschaften, eventuell Anpassung von Strategie und Instrumenten	▪ Primäre und sekundäre Marktforschung

Abbildung 2-7: Internationaler Produktinnovationsprozess

(eigene Darstellung)

Während des Prozesses können folgende Entscheidungen getroffen werden: „Go“ (= Beginn der Vermarktung, da Anforderungen und Ziele erfüllt werden), „No“ (= keine Vermarktung, da Anforderungen und Ziele nicht erfüllt werden) oder „On“ (= weitere Tests sind durchzuführen, da bisheriger Kenntnisstand weder für „Go-“ noch für „No-“ Entscheidung reicht) (Charnes et al. 1966, S. 805 ff.; Urban 1967). Der Prozess kann in Abhängigkeit von Unternehmensgröße und Branche differieren. Es ist ebenfalls zu unterstellen, dass auch der kulturelle Hintergrund Einfluss auf den Ablauf des Innovationsprozesses hat. Das hätte zur Folge, dass Verlauf und somit auch Ergebnisse der Prozesse differieren (vgl. Song/Parry, 1997 S. 1 ff.). So können veränderte Gegebenheiten im Ausland, wie politische Stabilität, wirtschaftliche Entwicklungen, Währungsrisiken, Sprache, Kultur, Stimuli, Konsumentenverhalten oder Distributionswege den Innovationsprozess verändern (Busch 2001, S. 265 f.; Fischer 2002, S. 30). Hierbei ist die Bereitschaft der Beteiligten gefordert, vieles bisher im eigenen Markt Bewährte für den Auslandsmarkt zunächst in Frage zu stellen und nicht den einfachen aber gefährlichen Rückschluss vom eigenen Markt auf den Auslandsmarkt zu zulassen.

Ein Phasenmodell eines Innovationsprozesses kann jedoch nur den Ordnungsrahmen bilden. Es könnte sich die Frage stellen, inwiefern ein standardisierter Prozess bei Innovationsprojekten, die von Natur aus viel mit Kreativität, Diskontinuität und Dynamik zu tun haben, überhaupt sinnvoll und umsetzbar ist.

3 INTERNATIONALISIERUNG VON INNOVATIONEN

3.1 GRÜNDE FÜR INNOVATIONEN MIT INTERNATIONALEM SCHWERPUNKT

Eines der Stichworte für die Veränderungen, welche die Weltwirtschaft und Politik der letzten Jahre charakterisiert, heißt Internationalisierung. Internationalisierung bedeutet dabei mehr als nur den Import und Export von Waren und Dienstleistungen. Sie lässt sich vielmehr als Prozess der weltweiten Vernetzung ökonomischer und sozialer Aktivitäten verstehen (vgl. Choi 1999, S. 3 ff.). Menschliches Verhalten sowie politische und wirtschaftliche Aktivitäten nehmen überregionalen Charakter an. Aufgrund der zunehmenden Internationalisierung entsteht ein System vernetzter Volkswirtschaften. So ist seit 1950 das Weltsozialprodukt jährlich um durchschnittlich 4% gewachsen, der Welthandel jedoch um über 6%. Die Summe, die Unternehmen jährlich im Ausland investieren, hat sich seit den achtziger Jahren vervierfacht (Berger 1997, S. 19). Internationalisierung wird durchaus als Motor des wirtschaftlichen Wachstums und der Steigerung der internationalen Wohlfahrt betrachtet (Kumar/Graf 2000, S.20). In den Unternehmen ist eine langfristig angelegte und alle Bereiche betreffende Strategie erforderlich, um den Aufbau von weltweiten Unternehmensnetzwerken erfolgreich zu gestalten. Inwieweit sich die zunehmende Internationalisierung in der Produktstrategie auf den Innovationserfolg auswirkt, wird im Kapitel 3.6.2 betrachtet.

Auch die deutsche Wirtschaft hat Anstrengungen unternommen, um sich besser auf den internationalen Wettbewerb einzustellen. Nach Berger (1997, S. 22 f.) betrifft das vor allem folgende Entwicklungen:

- Konzentration auf Kernkompetenzen, mit denen in den anvisierten Märkten Spitzenpositionen eingenommen werden können
- Reduzierung der Fertigungstiefen und Integration von Zulieferern, um Zeit und Kosten zu minimieren
- Statt des deutschen „Overengineering" Konzentration auf kürzere Entwicklungszeiten und das Anbieten von Kundennutzen zum günstigen Preis
- Globalisierung der Wertschöpfungskette und dabei Nutzung von Wettbewerbs-vorteilen der einzelnen Länder
- Verkürzung von Durchlaufzeiten und Senkung von Stückkosten durch interne Reorganisation nach Prozessen anstelle von Funktionen
- Dezentralisierung der Organisation, um flexibler auf die jeweiligen Markterfordernisse reagieren zu können
- Reduzierung von Hierarchie-Ebenen und damit Verkürzung von Informationswegen, Steigerung der Mitarbeitermotivation und Zunahme

der Qualität der Entscheidungen des Top- Managements

Dass diese Entwicklungstendenzen jedoch noch lange nicht ausreichend sind und noch nicht konsequent umgesetzt werden um international erfolgreich zu agieren, wird der empirische Teil dieser Arbeit, insbesondere das Kapitel 5.1, zeigen.

Welches sind nun die Gründe, die zu einer Verstärkung der Auslandsaktivitäten führen? Folgende Entwicklungen können als ausschlaggebend für eine Internationalisierungsstrategie angesehen werden:

- Vollendung des Europäischen Binnenmarktes und Bildung von regionalen Wirtschaftszonen
- Deregulierung von Branchen
- voranschreitende Homogenisierung der Nachfragebedingungen in einigen Bereichen
- Zunahme des technologischen Fortschritts, insbesondere im Bereich der Informations- und Kommunikationsmöglichkeiten
- Gesättigte Inlandsmärkte der führenden Wirtschaftsnationen
- verstärkter internationaler Wettbewerb
- Akquirierung neuer Kundengruppen und damit Risikostreuung
- Kostenvorteile
- größere Marktnähe
- Weggang wichtiger Kunden oder Wettbewerber ins Ausland
- Kaufkraft- und Wechselkursverschiebungen

Diese generellen Gründe für die Internationalisierung der Weltwirtschaft gelten natürlich auch für deutsche Unternehmen. Was ihre verstärkten Aktivitäten in den USA angeht, so sind z.B. die Direktinvestitionen deutscher Unternehmen in den USA von 1995 bis 2000 um 282% gestiegen. Im Jahr 2000 betrugen sie ca. 140 Milliarden Euro. Die USA sind inzwischen zweitwichtigster Abnehmer deutscher Waren. Der Anteil der Gesamtausfuhren in die USA lag im Jahr 2001 bei 10,65% nach Frankreich mit 11,1 %. Dabei konnte Deutschland seine Ausfuhren in die USA seit 1995 um 141% steigern. Mit 96% wuchsen die Importe aus den USA weit weniger stark. Die deutsche Wirtschaft beschäftigt in den USA ca. 800000 Menschen. Allein die 65000 Menschen, die in den USA für die Siemens AG arbeiten, erwirtschaften einen Umsatz von 16,6 Milliarden US Dollar (2004) (Droege & Comp. 2001b, S. 15 f.; Hilleke 2000, S. 117, Meyer-Larsen 2000, S. 234).

Neben den oben gezeigten allgemeinen Internationalisierungsgründen für Unternehmen gibt es für deutsche Unternehmen noch folgende Gründe, den US-Markt zu priorisieren:

- Die Größe des US-Marktes ermöglicht Umsatz-Wachstumsmöglichkeiten jenseits deutscher/europäischer Grenzen. 5% Marktanteil in den USA ergeben die gleiche Ertragsrate wie 16% Marktanteil in Deutschland.
- Die Realisierung von economies of scale versprechen neue Effizienzdimensionen.
- Die USA sind der größte einsprachige Weltmarkt.
- Die Unabhängigkeit von der deutschen Konjunktur wird durch ein starkes Standbein in den USA angestrebt.
- Das Wirtschaftssystem ist sehr stabil.
- Die Steuergesetzgebung ist relativ liberal und unternehmerfreundlich.
- Globale Wettbewerbsfähigkeit lässt sich nur realisieren, wenn ein Unternehmen auch in den USA bestehen kann.
- Viele Technologien und Innovationen werden in den USA entwickelt. Schnellen Zugang gibt es nur vor Ort.
- Der US-Arbeitsmarkt bietet Zugang zu hoch ausgebildeten und flexiblen Arbeitskräften.
- Ein erfolgreiches US-Geschäft hilft, das Image zu verbessern. Über Assoziationen, die mit dem Unternehmen verbunden werden, entscheidet auch das US-Geschäft.

Neben den vielen Vorteilen und der großen Bedeutung des Standortes USA existieren jedoch auch viele Schwierigkeiten für deutsche Unternehmen, die zu berücksichtigen sind, wie die empirische Untersuchung zeigen wird. Die Mehrzahl der Gründe sprechen jedoch für den internationalen Weg und insbesondere den Weg in den US-Markt. Dass sich der Schritt in den internationalen und insbesondere in den amerikanischen Markt von dem in den deutschen Markt unterscheidet, zeigen die Besonderheiten, die das internationale Innovationsmanagement bereithält. Das folgende Kapitel wird diese näher untersuchen.

3.2 Besonderheiten im internationalen Innovationsmanagement

Die Besonderheiten im internationalen Innovationsmanagement resultieren weniger aus den veränderten Aufgabeninhalten gegenüber dem „nationalen" Innovationsmanagement, sondern vielmehr aus ihrer Komplexität. Ein Unternehmen mit internationalen Ambitionen sieht sich neuen soziokulturellen, rechtlich-politischen, technologischen und makroökonomischen Bedingungen gegenübergestellt, die in ihrem Zusammenwirken zu einem erhöhten Maß an Ungewissheit, zusätzlichen Risiken und zu erweitertem Informations- und Koordinations-bedarf führen (vgl. Meffert/Bolz 1998, S. 22 f.).

Das internationale Innovationsmanagement ist durch folgende Besonderheiten gekennzeichnet (vgl. Backhaus et al. 2003; Mennicken 2000, S. 17):

- Bearbeitung von mindestens zwei Ländermärkten durch das Unternehmen
- Verstärkter Koordinationsbedarf der Innovationsentscheidungen
- Hohe Komplexität des Unternehmensumfeldes und der Entscheidungen durch die Vielzahl von Ländermärkten und damit Erweiterung und Veränderung der Aufgabeninhalte der Innovationsentscheidungen
- Zunehmende Bedeutung der kulturellen Umwelt der Unternehmung
- Hoher Informationsbedarf
- Besondere Bedeutung der Entscheidungsvorbereitung
- Hohes Entscheidungsrisiko/hohe Unsicherheit

Internationales Innovationsmanagement wird meist geprägt durch einen veränderten soziodemographischen Hintergrund, kulturelle Trägheit und differenzierte Bedürfnisse der internationalen Märkte. Verschiedene Studien zeigen, dass unterschiedliche Länder in unterschiedlicher Weise auf Produktinnovationen reagieren (Farley/Lehmann 1994; Ganesh et al. 1997; Gatignon et al. 1989; Gebhardt/Hatzold 1978, S. 26 ff.; Gerwin/Höcherl 1995, S. 17 ff., S. 217 ff.; Heeler/Hustad 1980; Helsen et al. 1993; Mahajan/Muller 1994; Nabseth 1978, S. 352 ff; Takada/Jain 1991). In den Regionen herrscht ein unterschiedliches Verständnis hinsichtlich Innovationen. Was hier zulande als Innovation deklariert wird, muss in einem anderen Markt nicht als solche angesehen werden. Ein häufiges Problem ist der Rückschluss vom eigenen Markt auf den ausländischen Zielmarkt. Oft wird fälschlicherweise davon ausgegangen, dass Maßnahmen, die sich im Inland bewährt haben, auch im Ausland angewendet werden können. Internationales Marketing bedingt internationales Innovationsmanagement (vgl. Ridderstrale 1996). Dabei ist ein Blick über die Ländergrenzen hinaus notwendig (vgl. Malhotra et al. 1996, S. 7 ff.). Folgende Beispiele illustrieren das: Es beginnt damit, dass die Sprache im Ausland meist eine andere ist, und so kann der Markenname anders gesprochen werden und auch eine ganz andere Bedeutung annehmen. Z.B. bedeutet die amerikanische Chevrolet Marke „Nova“ im Spanischen „geht nicht“. Hinzukommt die unterschiedliche Bedeutung von Farben und Symbolen. In China steht die weiße Farbe für Trauer, der Drache stellt ein Glückssymbol dar. In Deutschland steht die weiße Farbe für Reinheit und Ursprünglichkeit, und der Drache weckt eher negative Assoziationen. In verschiedenen Kulturen reagieren die Verbraucher unterschiedlich auf bestimmte Stimuli. Das hat zur Folge, dass z.B. Werbung anders wahrgenommen und in einem veränderten Verbraucherverhalten resultiert, so dass Produkte anders oder gar nicht angewendet werden. Auch die Distributionswege können differieren. So werden in den USA Kontaktlinsenpflegemittel im Supermarkt, in Deutschland aus Vertrauensgründen beim Optiker gekauft. Das impliziert, dass in den USA der erhöhte Preis nicht akzeptiert werden würde, der in Deutschland beim Optiker zu zahlen ist (Busch 2001, S. 265 f.). Zu berücksichtigen sind zudem in den

USA anders geltende Maße für Temperaturen (Fahrenheit), Längen (inch, foot, yard, mile), Flächen (square, acre), Volumen (pint, quart, gallon, barrel) und Gewichte (ounce, pound). Unterschiede der deutsch-amerikanischen Kultur werden in den Kapiteln 4 und 5 näher behandelt.

Diese knappen Ausführungen zeigen bereits, dass internationales Innovationsmanagement weitaus komplexer ist als das nationale. Daher ist es wichtig, sich mit diesen Besonderheiten auseinander zu setzen, bevor man sich auf ausländisches Terrain begibt. Dabei stellt sich immer wieder die Frage, ob Konzepte und Inhalte an die ausländischen Marktbedingungen angepasst werden sollten oder ob man sie auf die ausländische Zielgruppe bzw. den ausländischen Zielmarkt übertragen kann. Inwiefern Märkte also standardisiert bzw. differenziert bearbeitet werden können, wird im folgenden Kapitel behandelt.

3.3 STANDARDISIERUNG VS. DIFFERENZIERUNG

Es sind zwei Bewegungen zu beobachten. Einerseits gibt es die globalen, standardisierbaren Produkte, die gleiche Verbrauchsmuster weltweit ansprechen, z.B. Coca Cola, Hotelketten oder Parfüm. Andererseits haben Verbrauchsmuster kulturelle Wurzeln und sind daher oft verschieden. Es gibt die lokalen Produkte, die auf spezielle Kulturen und ihre Eigenheiten angepasst sind und sich nicht für eine weltweit standardisierte Vermarktung eignen. Als Beispiel soll hier die Verpackung dienen. Aufgrund unterschiedlicher Essensgewohnheiten muss diese den kulturellen Gegebenheiten angepasst werden. Zum Beispiel Polystyrol (Albach 1994, S. 273 f.): Für den hohen Fischverbrauch in Japan wird dieses Material eingesetzt, da es auch mit wenig Eis den Fisch haltbar macht und den hygienischen Anforderungen entspricht. In Deutschland und den USA, Ländern mit einem deutlich geringeren Fischverbrauch, spielt das Material als Fischverpackung eine untergeordnete Rolle. In den USA wird Polystyrol eher als Verpackung für Getränke genutzt. Es ist nicht ungewöhnlich, auf einer Cocktailparty einen Amerikaner mit Champagner im Polystyrolbecher zu treffen, während ein Deutscher diesen wohl eher aus einem Glas trinken würde.

Bei der Frage nach der Standardisierung bzw. Differenzierung lassen sich folgende Vorgehensweisen hinsichtlich der Ausrichtung der Unternehmensaktivitäten im Ausland unterscheiden (Wieselhuber/Raffel 2000, S. 40):

- Multiple Übertragung der Standardleistungen des Heimatmarktes auf andere Ländermärkte (ethnozentrisch)
- Auf die Gegebenheiten der einzelnen Länder ausgerichtete Leistungsbündel (polyzentrisch)
- Ausrichtung auf bestimmte Ländergruppen (regiozentrisch)

- Länder- und regionenübergreifende Bestimmung des Leistungsangebotes (geozentrisch)

Die polyzentrische/regionzentrische Ausrichtung sollte gewählt werden, wenn die Branchen stark von der jeweiligen Landeskultur beeinflusst sind. Mit zunehmender Angleichung der Bedarfe und des Konsumentenverhaltens verlieren jedoch die positiven Effekte der geographischen Anpassungen gegenüber den Effekten der Mengendegression an Bedeutung.

Die Frage nach der Vereinheitlichung internationaler Produkte geht auf die 1960er Jahre zurück (Buzzell 1968; Dichter 1962; Elinder 1965). Der propagierte „world consumer" (Dichter 1962) und die These, wonach internationale Unternehmen nur mit Standardisierungsstrategien überleben würden (Levitt 1983), fanden Befürworter und Kritiker. Zu dieser Zeit ging man vom situationsadäquaten Standardisierungsbegriff aus, der besagt, dass ein höherer Standardisierungsgrad angestrebt werden kann, je ähnlicher die betrachteten Ländermärkte bezüglich der Situationsfaktoren sind. Die meisten Untersuchungen kommen jedoch zu dem Schluss, dass eine vollkommene Standardisierung nicht möglich ist (Meffert/Bolz 1998, S. 32). Die Vorteile einer Standardisierungsstrategie liegen jedoch auf der Hand: Effektivitätssteigerungen durch Konzentration von Ressourcen sowie Effizienzsteigerungen durch die Ausnutzung der economies of scale und Lern - und Synergieeffekte.

Bei unterschiedlichen Bedürfnissen ist Differenzierung unabdingbar. Die internationalen Unterschiede in der Bedarfsstruktur zeigen sich u.a. in international unterschiedlich gekauften Gütern. Terpstra/David (1991) schlagen drei Bestimmungsfaktoren für die regionalen Unterschiede vor. Da diese Bestimmungsfaktoren zum einen die Bedarfsstruktur beeinflussen und zum anderen von Land zu Land variieren, entstehen unterschiedliche Bedarfe und unterschiedliche Innovationen in den einzelnen Ländern.

- **Materielle Faktoren**: Die Determinante drückt sich in Geographie, Ökologie, Umwelt und Klima des Landes aus. Diese Faktoren beeinflussen die Leistung von Maschinen, Instrumenten, Fahrzeugen und Materialien. Wenn z.B. das Klima von einem zum anderen Land stark variiert, so hat das unterschiedliche regionale Anforderungen an das Produkt zur Folge. Je mehr die materiellen Gegebenheiten eines Landes sich von einem anderen unterscheiden, desto mehr werden sich auch die Anforderungen an das Produkt unterscheiden.
- **Kulturelle Faktoren**: Religion, Werte und Traditionen beeinflussen die regionalen Bedarfstrukturen. Kultur wird als Methode der Problemlösung von Nationen definiert. Das hat zur Folge, dass Innovationsaktivitäten, mit denen ein Problem gelöst werden soll, von Land zu Land variieren.

Auf den kulturellen Aspekt wird wegen der enormen Bedeutung im Kapitel 4.3.4 gesondert eingegangen.

- **Motivationale Faktoren**: Sie werden insbesondere durch Anerkennung und Leistung bestimmt. Motivation kann von persönlichem Erfolg, persönlicher Sicherheit und Gruppenzugehörigkeit abgeleitet werden. Nach Hofstede (1991) variieren diese Faktoren von Land zu Land. Die Kulturdimensionen und die deutsch-amerikanischen Ausprägungen werden ausführlicher im Kapitel 4.4.4 behandelt.

Auch das Globalisierungsniveau einzelner Branchen kann nach Integrations- und Differenzierungsvorteilen unterteilt werden (Abb. 3.1). Integration ist bei homogenen Bedürfnissen, weltweiter Produktbekanntheit oder einheitlichem Vorgehen der Wettbewerber möglich. Je mehr sich der Hauptwettbewerber an globalen Konzepten orientiert und je dynamischer die Technologie ist, desto stärker wird auch der Reaktionszwang zur raschen Globalisierung sein. Differenzierung wird bei hohem nationalen Wettbewerb, politisch-rechtlichen Beschränkungen oder Zwang zum lokalen Kundendienst erforderlich.

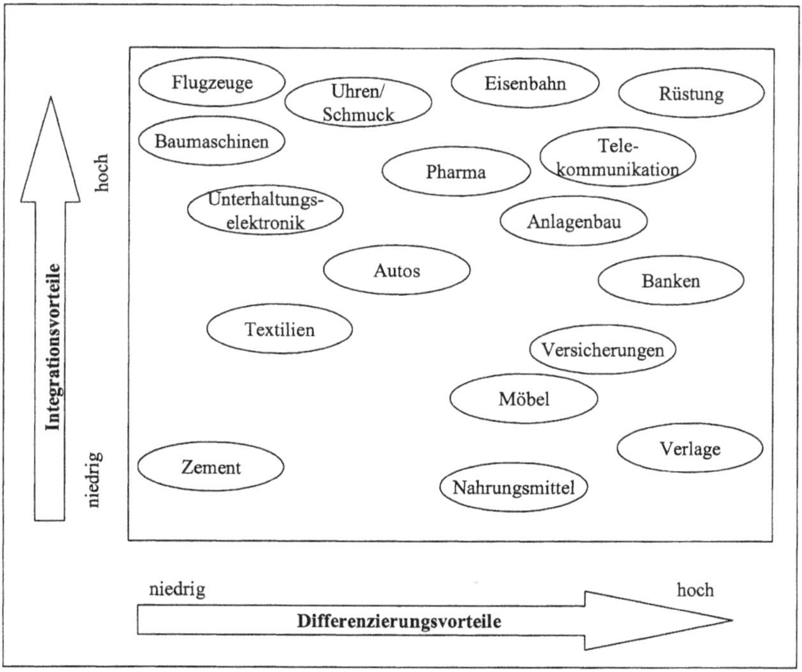

Abbildung 3-1: Globalisierungsniveau unterschiedlicher Branchen

(Meffert/Bolz 1998, S. 64)

In Bezug auf die Produktstandardisierung sind Entscheidungen hinsichtlich der Länder und Regionen, die einheitlich betrachtet werden sollen, zu treffen. Weiterhin ist zu entscheiden welche Inhalte und Prozesse wie stark standardisiert werden und an wen (Konsumenten, Absatzmittler) sich die Standardisierung richtet (Meffert/Bolz 1998, S. 155 ff.). Neben der Diskussion Standardisierung vs. Differenzierung, zielt die Frage der Organisation in eine ähnliche Richtung. Hierbei hat das Unternehmen zu entscheiden, ob das Innovationsmanagement von der Zentrale aus betrieben oder ob es vor Ort tätig wird. Die zentrale Steuerung erlaubt eine große Einheitlichkeit im internationalen Auftritt und schafft Geschwindigkeit wenn es darum geht, neue Initiativen weltweit umzusetzen. Nachteile sind, dass nationale Interessen oft nicht berücksichtigt werden können und dass der Rückkopplungseffekt aus dem Markt an die Zentrale zeitverzögert oder gar nicht erfolgt. Bei der dezentralen Organisation verteilen sich die Kompetenzen auf die verschiedenen Länder. Nicht selten führt die starke Berücksichtigung nationaler Marktinteressen zu einem verwaschenen Marktauftritt und aufgeblähten Produktportfolios, was höhere Kosten und höheren organisatorischen Aufwand zur Folge hat. Vielfach wird versucht, die Vorteile beider Organisationsformen zu verbinden, was sich in der Praxis jedoch als schwer erweist. Das Problem liegt in der Balance zwischen Einheitlichkeit im Marktauftritt und der Berücksichtigung nationaler Marktanforderungen (Kricsfalussy et al. 2002, S. 34 ff.). Generell sollte jedoch derjenige, der in einem ausländischen Markt verkaufen will, auch dort investieren.

Im Rahmen dieser Arbeit wird davon ausgegangen, dass eine zunehmende Standardisierung von Produkten nicht zum weltweiten Erfolg verhilft. Das standardisierte Angebot wird nicht zu einheitlichen Bedürfnissen der Konsumenten führen. Insbesondere kulturelle Eigenheiten sind ausschlaggebend dafür, dass eine Standardisierung nicht möglich ist. Allein die Angleichung der Rahmenbedingungen (z.B. Angleichung von Rechtsvorschriften in Wirtschaftsregionen) reicht für die hier betrachtete Produktkategorie der Investitionsgüter nicht aus.

3.4 Das Lead Market Konzept

Wie bereits oben dargelegt, sehen sich Unternehmen oft mit einer unterschiedlichen Marktakzeptanz ihrer Produkte in verschiedenen Regionen und nationalen Präferenzen für Spezifikationen der Innovation konfrontiert. Auf der anderen Seite steht die Forderung nach standarisierten, global einsetzbaren Produkten, verbunden mit den bereits genannten Vorteilen. Beise (2001, S. 1 ff.) schlägt vor, dass Unternehmen dem Lead Market Konzept folgen sollten. Es würden Standards gesetzt werden, gefolgt von der Diffusion in andere Regionen. Das Lead Market Konzept geht von drei Punkten aus:

(1) Marktchancen der Innovation sind nationen-spezifisch, weil die Rahmenbedingungen des Marktes von Land zu Land variieren. Es wird davon ausgegangen, dass Lead Markets aufgrund von Präferenzen und Rahmenbedingungen, die von Land zu Land variieren, existieren und nicht aufgrund international unterschiedlicher Verfügbarkeit von technologischem Wissen und der Fähigkeit, Innovationen zu entwickeln. Obwohl die Globalisierung der Märkte durch die Homogenisierung der nationalen Bedürfnisse verkörpert wird, gibt es neben dem pro Kopf Einkommen nationale Unterschiede in Wirtschaft, Industrie, Umwelt, Politik und Sozialstruktur, die diese verschiedenen Anforderungen bestimmen. Gleichzeitig gibt es bei vielen Technologien keine internationalen Unterschiede mehr (zumindest in den industrialisierten Ländern), weil sich das Wissen so schnell über die Landesgrenzen hinweg verbreitet. Globales Innovations-Know-How und variierende nationale Rahmenbedingungen führen zu einer Vielzahl national präferierter Technologien. Lokale technische Anpassungen entstehen nicht nur wegen verschiedener Anforderungen, sondern auch wegen unterschiedlicher Faktorpreise, der unterschiedlichen Verfügbarkeit von komplementären Teilen und verschiedenen Wettbewerbsformen. Diese Unterschiede geben lokalen Konsumenten den Anreiz, die Produkte zu adoptieren und den Firmen diese herzustellen. Das hat unterschiedliche Innovationsprodukte zur Folge. Die Ansammlung von Wissen bezüglich eines Innovationsdesigns, lokale Netzwerke und andere Rahmen-bedingungen bestätigen und verstärken die nationale Wahl des Innovationsproduktes. Als Ergebnis folgen Länder verschiedenen technologischen Wegen und die Firmen betrachten diese für lohnend.

(2) Eine international standardisierte Innovation taucht auf, wenn sich die Bedarfsstrukturen eines Landes an die eines anderen anpassen oder wenn die Unterschiede im Bedarf des anderen Landes durch geringere Preise, Informationsvorteile oder zusätzlichen Nutzen an der Innovation kompensiert werden können. Fünf Gruppen von nationalen Vorteilen stellen sich dar:

- Der Markt, der einen internationalen Trend der Veränderung von Kundenbedürfnissen und Rahmenbedingungen darstellt, ist ein Lead Market. In diesem Sinne ist ein Lead Market ein regionaler Markt, der zukünftige, globale Bedürfnisse erkennt.
- Internationale Preisunterschiede bewirken unterschiedliche Adoptionsraten. Länder mit einer internationalen Preisführerschaft haben hohe Penetrationsraten und werden zum Lead Market. Der Preisunterschied kann den Unterschied im Kundenbedarf kompensieren.
- Informationen zum wahren Nutzen der Innovation und der internationale Transfer von Bedürfnissen kann die weltweite Attraktivität der Innovation steigern.
- Wenn es keine Unterschiede in der Bedarfstruktur gibt, dies aber nicht bekannt ist, können die Informationen über den wahren Benutzer

variieren. Im Lead Market werden diese Informationen eher bekannt, z.B. durch den lokalen Wettbewerb.

- Unterschieden in der Bedarfsstruktur kann durch Usability Tests oder Anpassung an lokale Bedürfnisse gerecht werden. Der Lead Market setzt Anreize für lokale Firmen, die Anwendung für ausländische Nutzer nationaler Innovationen zu verbessern.

Die Lead Market-Vorteile unterstützen die Reduzierung der internationalen Vielfalt von Innovationen und die weltweite Adoption des Lead Market-Designs als global Einsetzbares.

(3) Spezielle nationale Bedürfnisse können effizienter durch lokale Firmen wahrgenommen werden.

Multinationale Firmen sind mit unterschiedlichen internationalen Bedarfsstrukturen und Marktbedingungen konfrontiert, die den Erfolg globaler Produkte hemmen. Gleichzeitig unterliegen sie aber dem Druck, diese Produkte weltweit abzusetzen, um ecomonies of scale zu realisieren und die enormen Summen der F&E zu rechtfertigen. Mit Hilfe des Lead Market- Konzepts könnte es Firmen gelingen, globale Innovationen in verschiedenen Ländern einzuführen.

3.5 Die Vermarktung internationaler Innovationen

Ausgangspunkt des Vermarktungsprozesses internationaler Innovationen sind die **Analyse und Prognose** internationaler Marktchancen mit dem Ziel, entscheidungsrelevante Informationen zur Sensibilisierung, Alternativenbewertung und Steuerung der internationalen Aktivitäten zur Verfügung zu stellen (Abb. 3.2) (vgl. Busch 2001, S. 271; Meffert/Bolz 1998, S. 35 ff.). Grundlage der Analyse sind die ökonomische, kulturelle, politisch-rechtliche und natürliche Umwelt einerseits sowie Wettbewerb, Handel und Konsument andererseits. Mit Hilfe der internationalen Marktforschung können diese Informationen bedarfsgerecht aufgearbeitet werden. Angesichts der besonderen Risiken im internationalen Geschäft kommt oft die Risikoanalyse hinzu. Die Analyseergebnisse sind im Rahmen der Prognose um Vorhersagen wahrscheinlicher Ergebnisse und Entwicklungen auf den internationalen Märkten zu ergänzen. Entscheidungen im internationalen Innovationsmanagement besitzen tendenziell langfristigen Charakter. Deshalb kommt fundierten Prognosen eine wichtige Funktion zu.

Die **strategische Planung** in der nächsten Phase legt die Verhaltensprinzipien für die Auswahl der Märkte und die Schwerpunkte für den Einsatz der absatzpolitischen Instrumente in verschiedenen Ländern für einen längeren

Zeitraum fest. Den ersten Schritt dabei bildet die Formulierung von Zielen, die sich auf ein bestimmtes Bezugsobjekt richten. Die strategischen Geschäftsfelder stellen die Basis für Strategien und Bezugsobjekt der Marktziele dar. Je

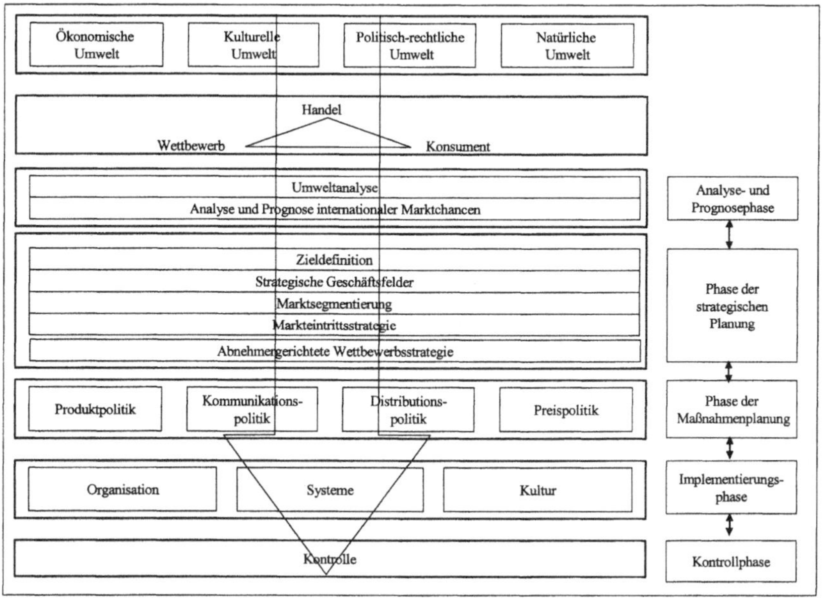

Abbildung 3-2: Der Vermarktungsprozess internationaler Innovationen
(in Anlehnung an Busch 2001, S. 271; vgl. Meffert/Bolz 1998, S. 36)

breiter der Markt definiert wird, desto mehr Marktsegmente und Abnehmerbedürfnisse entstehen. Bei der Marktsegmentierung werden dann Unterschiede zwischen den Käufern in den Ländermärkten offen gelegt und der heterogene Gesamtmarkt in homogene Teilmärkte unterteilt (vgl. Peterson/Malhotra 2000, S. 56 ff.). Dazu können internationale (Geographie, Sprache, Klima, Bruttosozialprodukt) oder intranationale (Geschlecht, Alter, Einkommen, Kaufverhalten) Kriterien herangezogen werden. Die ermittelten Kunden- und Ländersegmente sind dann unter Berücksichtigung der Marketingziele durch geeignete Verfahren zu bewerten. Anschließend ist über eine Markteintrittsstrategie zu entscheiden. Dabei stehen die Frage des Timing und der Form (z.B. strategische Allianzen, Export, Joint-Venture, Vertriebsniederlassungen, Auslandsproduktion, Lizenzierung, Tochtergesellschaften) im Vordergrund. Die international abnehmergerichtete Wettbewerbsstrategie (z.B. Innovations-, Qualitäts- oder Kostenorientierung) bestimmt dann den schwerpunktmäßigen Einsatz aller Marketinginstrumente.

Die Gestaltung und der konkrete Einsatz aller Marketinginstrumente werden im

Rahmen der nächsten Phase der **Maßnahmenplanung** erfolgen. Sie beinhalten die Festlegung von Art, Intensität und Abfolge der operativen Marktbearbeitungsmaßnahmen in den einzelnen Ländern bzw. Segmenten. Im Vordergrund steht die Entscheidung, ob die Märkte standardisiert oder differenziert bearbeitet werden (vgl. Kapitel 3.3). Zur Verfügung stehen auch hier die Instrumente des Marketing Mix:

- Produkt: Produkt/Leistung, Sortiment, Marke, Kundendienst
- Kommunikation: Werbung, Verkaufsförderung, Direktkommunikation, Public Relations, Sponsoring
- Distribution: Absatzkanäle, Logistik
- Preis: Preis, Rabatte, Kredite, Liefer- und Zahlungsbedingungen

In der dann folgenden Phase der **Implementierung** steht die Umsetzung der strategischen und operativen Aktivitäten im Vordergrund. Hierzu sind leistungsfähige Organisationsstrukturen notwendig.

Die letzte Phase bildet die internationale **Kontrolle**. Dabei wird untersucht, ob gesteckte Ziele mit dem Einsatz der geplanten Strategien und Instrumente erreicht wurden.

Auf den US-Markt bezogen, ergibt sich dort folgender vereinfachter Vermarktungsprozess von deutschen Innovationen, der Abbildung 3.4 zu entnehmen ist und im Folgenden erläutert wird (vgl. Hilleke 2000, S. 117 ff.). Die Nachfragerstruktur in den USA weicht in vielen Bereichen von der in Deutschland ab und so können Konzepte in den seltensten Fällen eins zu eins übertragen werden. Daher ist im ersten Schritt eine detaillierte **Analyse relevanter Bereiche des US-Marktes** notwendig, um die Gegebenheiten und Unterschiede zu kennen und bedarfsgerechte Produkte anzubieten. Marktstruktur, Marktattraktivität, Wettbewerber, Zielgruppen, deren Bedürfnisstruktur, Distributionskanäle, wirtschaftliches Umfeld etc. werden untersucht. Die Durchführung dieser Analyse sollte in Zusammenarbeit mit einem amerikanischen Marktforschungs- bzw. Beratungsunternehmen erfolgen. Folgende Informationsquellen stehen dazu zur Verfügung (Abb. 3.3):

Im nächsten Schritt geht es um die **Produktadaption**. Produkte, die sich in Deutschland wie von selbst verkaufen, können in den USA zu Ladenhütern werden. Die Anpassung kann von einer leichten Modifizierung bis zur Entwicklung einer neuen Produktreihe gehen. Oft sind deutsche Produkte für Amerikaner zu komplex und damit auch zu teuer. Teilweise handelt es sich um Kleinigkeiten, die bei Nichtbeachtung jedoch zum Verhängnis werden können.

Eine eventuell andere Wahrnehmung des Produktes erfordert im nächsten Schritt eine **differenzierte Positionierung**. Das kann dazu führen, dass z.B. ein in Deutschland umweltorientiertes Produkt in den USA als High-Tech Produkt positioniert wird. Um diese Feinheiten ausfindig zu machen ist wiederum die Marktanalyse notwendig.

Informationsquellen zur Untersuchung des US-amerikanischen Marktes
▪ Deutsch-Amerikanische Handelskammern ▪ German-American Trade Center Corporation Atlanta, Georgia ▪ Andere deutsche Handelskammern ▪ Vertretungen der deutschen Bundesländer in den USA ▪ Vertretungen der amerikanischen Bundesstaaten in Europa ▪ Örtliche Handelskammern in den USA ▪ Messen ▪ Vertretungen deutscher Messen in den USA (Hannover Messe in Princeton, Düsseldorf Messe in Chicago) ▪ Branchenverbände (Informationen z.B. im Verzeichnis „The Capital Source“, herausgegeben vom „National Journal“ in Washington) ▪ Branchen- und Fachzeitschriften ▪ US-Botschaft in Deutschland ▪ US Department of Commerce (Handelsministerium) ▪ Europäische Unternehmen mit Aktivitäten im amerikanischen Markt ▪ Interessante US-Unternehmen ▪ Jahresberichte und Finanzdaten von US-Unternehmen ▪ Statistisches Material über die USA (z.B. „Statistical Abstract of the United States“, spezielle Konsumenten- und Branchenstatistiken) ▪ USAforum in Tübingen ▪ Wirtschaftsförderungsbüros in den USA ▪ Unternehmensberatungen, Marktforschungsinstitute, Datenbankverzeichnisse

Abbildung 3-3: Informationsquellen zur Untersuchung des US-Marktes

(in Anlehnung an Knower et al. 2000, S. 415 ff.; Otte 1996, S. 80)

Im nächsten Schritt steht die **Entwicklung der Servicestrategie** im Mittelpunkt, die in den USA eine viel größere Rolle spielt als in Deutschland. Servicebereitschaft und Freundlichkeit sind sehr entwickelt. Dazu gehören gut geschultes Personal vor Ort, Garantien, kurze Servicewartezeiten und kundenfreundliche, schnelle Problemlösung. Teilweise wird in den USA jedoch die Freundlichkeit des Personals durch ungenügende fachliche Kompetenz getrübt. Bei technischen Produkten, insbesondere den komplexen deutschen sollte auf das Personal ein besonderes Augenmerk gelegt werden.

Im nächsten Schritt kommt es zur **Identifizierung und Unterstützung der Kundenziele**. Amerikanische Manager werden oft an quantitativen Zielen (Kosten-, Qualitäts-, Zeitzeile etc.) gemessen und suchen sich dementsprechend ihre Lieferanten aus, die am besten zur Zielerreichung beitragen können. Daher müssen Verkaufsstrategie und Argumentationsweise entsprechend ausgerichtet werden. Anders als in Deutschland, spielen in den USA demzufolge nicht die technischen Vorteile, sondern die wirtschaftlichen Erfolgsfaktoren eine wesentliche Rolle.

Bei der **regionalen Konzentration** geht es im darauf folgenden Schritt um die Auswahl der attraktivsten Region, denn eine komplette Marktbearbeitung von Anfang an scheint aufgrund der Größe und Heterogenität des Marktes schwierig. Die Nähe zu den Standorten der Zielkunden bzw. -branchen sollte als Kriterium herangezogen werden, da mit ihm ein weiterer, in den USA sehr wichtiger Aspekt zum Tragen kommt: der persönliche Kontakt.

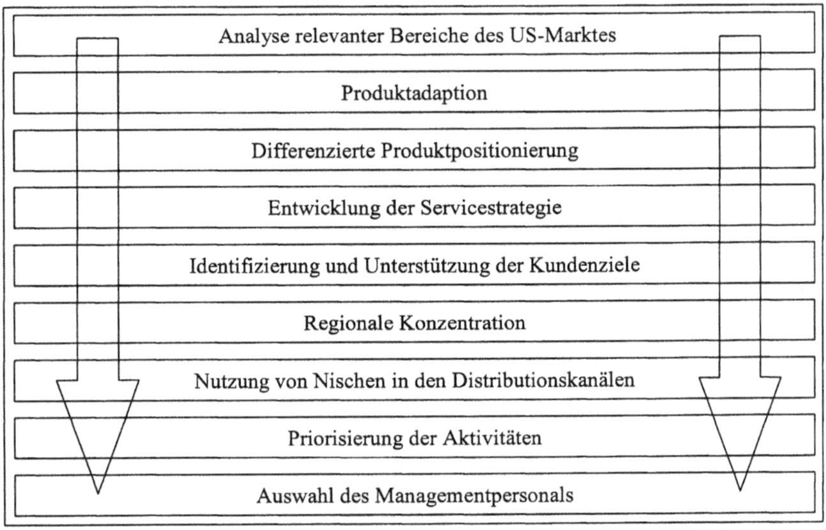

Abbildung 3-4:Der Vermarktungsprozess deutscher Innovationen im US-Markt
(in Anlehnung an Hilleke 2000, S. 117 ff)

Bei der **Nutzung von Nischen in den Distributionskanälen** ist zu berücksichtigen, dass das amerikanische Distributionssystem sehr dynamisch ist. Unternehmen wechseln oft ihre Kanäle, es entstehen neue Vertriebsformen, zudem ist das Internet als attraktiver Vertriebskanal viel weiter entwickelt und verbreitet als in Deutschland.

Eine hohe **Priorisierung der Aktivitäten** ist notwendig, da der US-Markt zu groß, zu komplex und zu anspruchsvoll ist, um ihn nebenbei mit halber Kraft zu bearbeiten. 100 prozentiger Einsatz und entsprechende Investitionen vor Ort sind unabdingbar. Amerikaner messen Leadership eine hohe Bedeutung zu; deutsche Unternehmen sollten daher zu den Marktführern in ihrem Segment gehören. Ein „klein anfangen“ oder „es mal versuchen“ scheint es in den USA nicht zu geben. Entweder man setzt alles daran, um im Segment Marktführer zu werden oder man geht klanglos verloren (Otte 2000, S. 24 ff.).

Bei der **Auswahl des Managementpersonals** als letzten Schritt stellt das interkulturelle Verständnis eine unbedingte Zusatzqualifikation dar. Damit auf die spezifischen Kundenbedürfnisse im entsprechenden Markt eingegangen werden kann, sind gemischte Teams aus Deutschen und Amerikanern zu empfehlen.

Dem Vermarktungsprozess kommt insbesondere bei internationalen Innovationen eine essentielle Bedeutung zu. Die sorgfältige Analyse, Planung, Durchführung und Kontrolle der ausländischen Aktivitäten ist Voraussetzung für den Erfolg der Innovation. Welches die konkreten Erfolgsfaktoren internationaler Innovationen sind, wird im nächsten Kapitel näher betrachtet.

3.6 Erfolgsfaktoren internationaler Innovationen

3.6.1 Stand der Erfolgsfaktorenforschung

Ziel der Produktinnovations-Erfolgsfaktorenforschung ist es, erfolgreiche Innovationen mit den nicht-erfolgreichen zu vergleichen und die Einflussfaktoren erfolgreicher Innovationen empirisch zu bestimmen. Bei Daniel (1961, S. 111 ff.) taucht Anfang der 1960er Jahre erstmals der Begriff Erfolgsfaktor (critical success factor) auf. Als Ursprung der Erfolgsfaktorenforschung gilt das PIMS-Projekt. Im Rahmen dieses Projektes werden seit den 1960er Jahren in mehr als 300 Unternehmen mit 3000 strategischen Geschäftseinheiten Unternehmensdaten erfasst. Mit Hilfe der multiplen linearen Regression wird dann der Einfluss interner und externer Variablen auf die Rendite des eingesetzten Kapitals ermittelt. Da der Wunsch, den Erfolg betrieblichen Handelns und seine Ursachen zu erforschen, durchaus groß ist, sind Erfolgsfaktorenuntersuchungen in der Betriebswirtschaft oft durchgeführt worden (vgl. Cooper 1990, S. 27 ff; Ernst 1999, S. 54 ff.; Graumann 1994, S. 396 ff.; Hultink et al. 2000, S. 5 ff.; Jöstingmeier/Lessel 1999 S. 292 ff.; Lester 1998, S. 36 ff.; Parkinson 1981, S. 79 ff.; Schröder 1998, S. 149 ff.).

Die wissenschaftliche Qualität der Erfolgsfaktorenforschung und damit ihre praktische Verwendbarkeit ist anhand der Kriterien Reichweite, Präzision und Kausalität festzustellen (Trommsdorff/Binsack 1999, S.111 f.): Der Wert der Aussagen hängt zum einen von der Verallgemeinerbarkeit auf andere

Situationen ab. Bei einer hohen **Reichweite** ergeben sich sehr allgemeine Erfolgsfaktoren. Erfolgsfaktoren geringer Reichweite würden sich nur auf ein Unternehmen beziehen. Anzustreben sind daher Aussagen mittlerer Reichweite, die über den Untersuchungskontext hinausgehen, aber nicht zu allgemein sind. Möglich wäre eine Unterscheidung nach Branche, Produkt und Innovationsgrad. Weiterhin ist eine hohe **Präzision** wünschenswert, diese stößt aber an Grenzen der Verallgemeinerbarkeit und Gültigkeit (Scheingenauigkeit). Unpräzise Aussagen erlauben andererseits keine klaren Entscheidungshilfen. Als Kompromiss wären Aussagen mittlerer Präzision annehmbar. Schließlich sollen Erfolgsfaktoren ursächlich für den Erfolg sein. Daher muss die **Kausalität** hoch sein. Von dieser kann man bei einem theoretisch fundierten, präzisen und komplexen Kausalmodell, das einer konfirmatorischen Überprüfung mit gültigen Daten standhält, ausgehen.

Was bedeutet nun Erfolg? Was versteht man unter einer erfolgreichen Innovation? Nach Hauschildt (1997, S. 391 ff.) kann der Erfolg einer Innovation anhand von technischem, ökonomischem und sonstigem Nutzen beurteilt werden. Der **technische Nutzen** lässt sich zum einen direkt ermitteln (z.B. weniger Materialverbrauch, höhere Geschwindigkeit, bessere Heilung von Krankheiten) und zum anderen indirekt (z.B. Lernerfolg, Prozessverbesserung). Der **ökonomische Nutzen** bezieht sich auf den wirtschaftlichen Erfolg (Kosten-, Gewinnänderung). Hierzu gehören auch der Einfluss auf die Wettbewerbssituation durch z.B. gesicherte Patente und den Aufbau von Markteintrittsbarrieren. Der **sonstige Nutzen** hingegen bezieht sich auf die individuelle Ebene des Innovators, den sozialen oder ökologischen Bereich.

In einer Meta-Analyse ermittelten Griffin/Page (1993, S. 291 ff.) die folgenden fünf Bereiche, um den Erfolg von Innovationsprojekten zu messen.

- Measures of firm benefits
- Program-level measures
- Product-level measures
- Measures of financial performance
- Measures of customer acceptance

Der Erfolg neuer Produkte kann zudem aus verschiedenen Blickwinkeln betrachtet und erklärt werden, denen die folgenden Ansätze zu Grunde liegen (Kotzbauer 1992, S. 15 ff):

- **Anbieterorientierte Ansätze**: Der Erfolg neuer Produkte wird maßgeblich durch den Anbieter beeinflusst. Als wichtige Einflussfaktoren des Neuprodukterfolgs auf Anbieterseite werden die qualitativen und quantitativen Ressourcen des innovierenden Unternehmens angesehen, die bestimmen, inwieweit es dem Anbieter gelingt, Aufgaben im

Entwicklungs-, Produktions- und Absatzbereich zu bewältigen und die Kosten zu minimieren, um den Misserfolg des Innovationsprojektes zu verhindern. In diesem Zusammenhang wird insbesondere die empirische Erfolgsfaktorenforschung betrachtet. Diese Betrachtungsweise soll Inhalt des Kapitels 3.6.3 sein.

- **Abnehmerorientierte Ansätze**: Die Übernahme bzw. Ablehnung einer Innovation durch den Abnehmer ist das Ergebnis eines Entscheidungsprozesses. Die Theorie des wahrgenommenen Risikos und die prozessorientierte Betrachtungsweise der Adoptionsentscheidung im Rahmen der Adoptionstheorie bilden eine Grundlage für die Analyse des Käuferverhaltens. Mit den relevanten Einflussfaktoren des Übernahmeprozesses befasst sich zudem die Diffusionstheorie. Ziel ist die Erklärung der Übernahmeentscheidung von neuen Produkten. Diese Ansätze werden im Kapitel 4 näher betrachtet.

- **Wettbewerbsorientierte Ansätze**: Der Erfolg neuer Produkte wird durch die Wettbewerbsstruktur und die Reaktionen des Wettbewerbs mit entschieden. Der auf den Wettbewerbschancen neuer Produkte basierende Markterfolg steht im Mittelpunkt der Überlegungen. Hierzu gibt es Erklärungsansätze der Industrieökonomie. Als Ergebnis von Studien kann generell festgestellt werden, dass die Stärke des Wettbewerbs und die Dynamik des Marktes den Produkterfolg in negativer Weise und die Faktoren Marktbedarf, -größe und -wachstum den Produkterfolg in positiver Weise beeinflussen. Diese Ansätze werden jedoch nicht näher betrachtet, da sie nicht Gegenstand der Arbeit sind.

Die vom Autor vorgenommene Trennung zwischen anbieter- und abnehmerorientierten Ansätzen ist jedoch schwierig, da auch der Anbieter im Rahmen des abnehmerorientierten Ansatzes Einfluss auf den Adoptionsprozess hat und somit nicht isoliert betrachtet werden kann. Daher fließen die Ergebnisse des folgenden Kapitels 3.6.3 in das Kapitel 4 mit ein und werden dort als Determinanten im Adoptionsprozess untersucht.

Es bleibt festzuhalten, dass die Erfolgsfaktorenforschung methodisch nicht normiert ist. Bei einem Vergleich diverser Studien fällt auf, dass diese mit unterschiedlichen Datenbasen, Variabelendefinitionen und Analysemodellen arbeiten. Hauschildt (1991, S. 451 ff.) zweifelte die Forschungsergebnisse von Erfolgsfaktorenstudien in folgenden Punkten an: Die situativen Einflüsse der Unternehmung blieben meist unberücksichtigt. Weiterhin ist es bisher nicht gelungen, eine einheitliche Messkonvention zu definieren, was die generelle Problematik, die abhängige Variable „Innovationserfolg" zu operationalisieren, verschärft, was wiederum in einer eingeschränkten Vergleichbarkeit der Ergebnisse resultiert. Schließlich fehlt in den meisten Untersuchungen eine

Differenzierung nach Innovationsarten, was ebenfalls die Vergleichbarkeit erschwert. In den meisten Fällen bezieht sich die Messung des Erfolgs auf Projekte, es gibt aber auch Studien, die sich auf Produktprogramme beziehen (Johne/Snelson 1988, S. 116). Weiterhin gibt es Untersuchungen, die erfolglose mit erfolgreichen Innovationen vergleichen; andere beziehen sich nur auf erfolgreiche bzw. nur auf erfolglose Innovationen (Montoya-Weiss/Calantone 1994, S. 397). Schließlich ist zu beachten, dass sich der Erfolg von radikalen Innovationen oft erst in späteren Phasen des Produktlebenszyklus als von inkrementalen Innovationen zeigt (vgl. Calantone et al. 1994, S. 143 ff.). Dies liegt dann außerhalb des in der Studie betrachteten Zeitraums, was zur Folge hat, dass inkrementale Innovationen erfolgreicher bewertet werden als radikale (Specht/Beckmann 1996, S. 31). Haenecke (2002, S. 166 ff.) stellte fest, dass auch 40 Jahre nach den Ursprüngen der Erfolgsfaktorenforschung eine Beschränkung auf einige wenige Variablen, die allgemein für den Unternehmenserfolg verantwortlich sind, nicht möglich ist. Die Erfolgsfaktorenforschung sollte sich daher auf die Identifikation branchenspezifischer Erfolgsfaktoren beschränken.

Die Befunde der Erfolgsfaktorenforschung zeigen, dass es keinen Schlüsselfaktor gibt, dem Erfolge oder Misserfolge von Produktinnovationen zuzuschreiben sind. Es ist vielmehr eine Vielzahl von Einzelfaktoren, die in ihrem Zusammenwirken die Adoption und Diffusion der Innovation positiv oder negativ beeinflussen. Cooper (1980, S. 287) wies darauf hin, dass das Fehlen eines Faktors jedoch ein Scheitern des Innovationsprojektes zur Folge haben kann. Dennoch sind die Ergebnisse der Erfolgsfaktorenforschung in der Regel konsistent (Lilien/Yoon 1989, S. 4) und sollen daher in die weitere Betrachtung eingehen. Des Weiteren ist anzumerken, dass der Unterschied zwischen den Erfolgsfaktoren bei Konsum- vs. Investitionsgütern in den meisten Studien als vernachlässigbar angesehen wird (Kotzbauer 1992, S. 110).

3.6.2 Erfolgsaussichten internationaler Innovationen

Die Globalisierung der Märkte hat eine erkennbare Auswirkung auf Produktinnovationen. Fraglich ist, wie sich die internationale Orientierung auf den Erfolg der Produkte auswirkt. Kleinschmidt et al. (1996, S. 41 ff.) untersuchten zwei Dimensionen einer internationalen Orientierung: War zum einen der Zielmarkt für die Innovationen ein nationaler oder internationaler? Wenn es der internationale Markt war, bestand dieser aus unmittelbaren Nachbarländern oder aus dem weiteren Weltmarkt? War zum anderen die Produktstrategie auf ein nationales Produkt gerichtet, das für den Auslandsmarkt nur noch modifiziert wurde oder wurde das Produkt von vornherein für die Anforderungen des internationalen Marktes geschaffen? Die Abbildung 3.5 zeigt, dass die Erfolgsrate stark davon beeinflusst wird, welche Ausrichtung von vornherein gewählt wird. So erreichten beispielsweise die Unternehmen, die internationale Produktanforderungen vorgaben und auf Weltmärkte zielten, eine hohe Erfolgsrate von knapp 85%. Weiterhin ergaben sich folgende Befunde: Die Rentabilität und die ausländischen Marktanteile internationaler Produkte, die auf Welt- und unmittelbare Nachbarexportmärkte abzielten, wurde sehr viel höher bewertet als die der national ausgerichteten Produkte. Internationale Produkte, die auf ausländische Märkte abzielten, waren auch im eigenen Land erfolgreicher; ihr Marktanteil war fast doppelt so hoch wie jener, der für den heimischen Markt entwickelten Produkte. Die Ergebnisse sprechen für eine internationale Ausrichtung der Innovationsarbeit.

Zielmarkt	**Produktstrategie** International	National
Inlandsmarkt	Erfolgsrate 61,5% 23,7 % der Fälle	Erfolgsrate 43,1% 31,1 % der Fälle
Nachbarmarkt	Erfolgsrate 78,1% 18,3 % der Fälle	Erfolgsrate 45,5% 6,7 % der Fälle
Weltmarkt	Erfolgsrate 84,9% 17,2 % der Fälle	3 % der Fälle *

* Zu wenige Fälle um eine Schätzung vorzunehmen

Abbildung 3-5: Internationale Markt- und Produktstrategie und Innovationserfolg (in Anlehnung an Kleinschmidt et al. 1996, S. 42)

Auf die Tatsache, dass die internationale Innovationsarbeit jedoch mit Besonderheiten gegenüber den nationalen Innovationen gekennzeichnet ist, wurde bereits im Kapitel 3.2 hingewiesen. Für viele Unternehmen bieten der Heimatmarkt und das nationale Forschungs-, Produktions- und Marktsystem die schützende Basis, um Innovationen zur Optimierung, Serienreife und Akzeptanz zu verhelfen. Komplexe, risikobehaftete und unstrukturierte Transaktionen können vorteilhaft in engem räumlichem Umfeld mit vertrauten Marktteilnehmern realisiert werden. Erst in der 2. Stufe werden die internationale Ausrichtung der nunmehr erprobten Innovation und der damit verbundene Wachstumsschub in die Wege geleitet. Welche Barrieren im Laufe des internationalen Innovationsprozesses zu überwinden sind, zeigt das Barrierenmodell (Abb. 3.6 und Abb. 3.7), das als Ergebnis einer empirischen Untersuchung entstand (vgl. Gerybaze 1997, S. 71 ff.). Dabei werden zwei Phasen und acht Barrieren unterschieden. In der Phase eins steht die Durchsetzung der Innovation innerhalb der Unternehmung und des

Heimatmarktes im Vordergrund. In der zweiten Phase soll die Innovation zu einem erfolgreichen internationalen Geschäft ausgebaut werden. Die im Verlauf des Innovationsprozesses zu überwindenden Barrieren sind die folgenden:

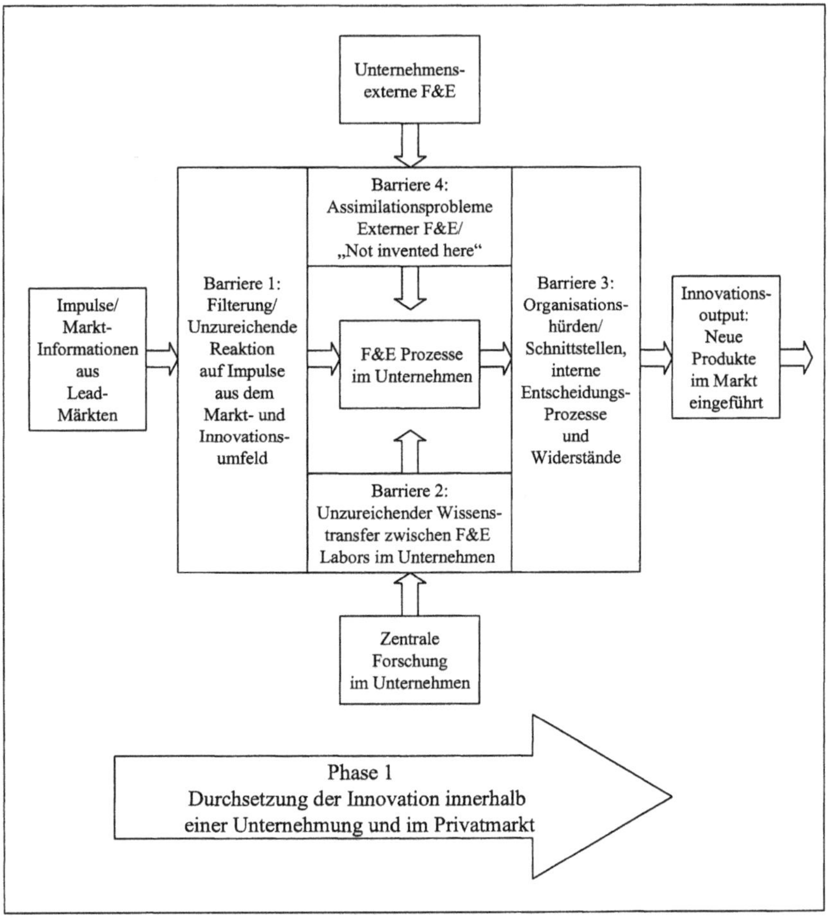

Abbildung 3-6: Phase 1 des Barrierenmodells zur Durchsetzung internationaler Innovationen (in Anlehnung an Gerybadze 1997, S. 73)

- **Barriere 1**: Unternehmen erhalten zahlreiche Impulse aus dem Markt, können darauf aber nicht angemessen reagieren. Informationen werden gefiltert und unzureichend verwertet.
- **Barriere 2**: Aufgrund der organisatorischen Trennung von zentraler

Forschung und Bereichs-F&E wird der Wissenstransfer nicht gewährleistet.

- **Barriere 3**: Erschwerend kommen die vielfältigen Koordinierungs- und Schnittstellenprobleme zwischen verschiedenen Einheiten und Bereichen hinzu.
- **Barriere 4**: Impulse für Innovationen, die aus dem externen Umfeld kommen, können auf interne Assimilationsprobleme stoßen (z.B. „not invented here-Syndrom"). Das beeinträchtigt die rasche Umsetzung von Ideen.

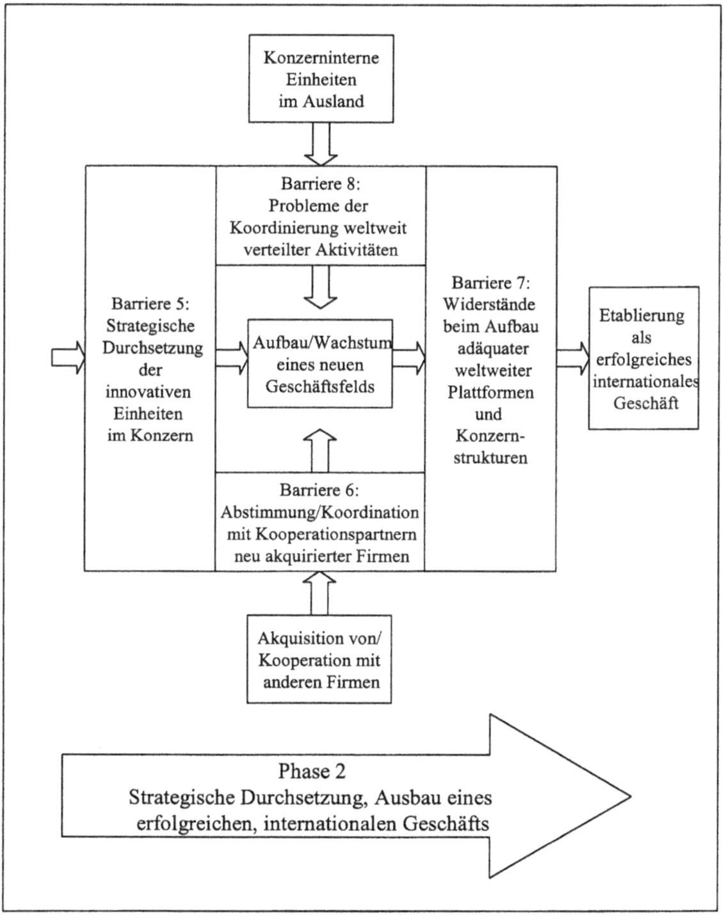

Abbildung 3-7: Phase 2 des Barrierenmodells zur Durchsetzung internationaler Innovationen (in Anlehnung an Gerybadze 1997, S. 73)

Nachdem die Innovation den nationalen Markttest in der ersten Phase erbracht hat, soll sie sich in der dann folgenden zweiten Phase im Ausland durchsetzen. Dies erfordert zum einen die Reorganisation der bestehenden Bereiche und zum anderen die zunehmende Einbindung anderer Einheiten im Ausland.

- **Barriere 5**: Die innovative Einheit wird nicht rechtzeitig zum Konzerngeschäft transformiert.
- **Barriere 6**: Bei der Kooperation mit externen Firmen treten neue Schnittstellen-probleme auf. Hohe Kosten bei der Abstimmung von Firmenkulturen, Strategien und Prozessen sind die Folge.
- **Barriere 7**: In dieser Phase ist die Unternehmung permanent im Umbruch und hat ein hohes Maß an Multidimensionalität und internationaler Heterogenität zu bewältigen. Das Geschäftsfeld muss an die Erfordernisse des neuen Marktes adaptiert werden.
- **Barriere 8**: Schließlich sind auch die Interessen und Widerstände anderer Geschäfts-einheiten im Ausland zu berücksichtigen.

Das Barrierenmodell bezieht sich primär auf organisatorische Probleme bei der Einführung einer Innovation im Ausland. Zudem werden kulturelle Aspekte sowie die Besonderheiten des ausländischen Marktes fast ganz außer Acht gelassen. Für diese Arbeit ist eher die zweite Phase interessant, da schon davon ausgegangen wird, dass die Innovation erfolgreich im Inland (Ergebnis der ersten Phase) eingeführt wurde.

Im Gegensatz zur Erfolgsfaktorenforschung unternimmt Eichhorn (1996; vgl. auch asw 1999, S. 110) den umgekehrten Ansatz der Effizienzverbesserung mit der Suche nach Fehlleistungen. Durch die Vermeidung typischer Fehler sollte die Flopquote bei der Entwicklung und Vermarktung internationaler Produktinnovationen gesenkt und die Effizienz der Innovationspolitik erhöht werden. Eine Auswertung von 50 empirischen internationalen Studien ergab eine Flop-Typologie in zwei Ebenen von typischen, immer wieder auftretenden Fehlern (Abb. 3.8): Ebene 1 umfasst die meistgenannten Gründe für Flops. Diese eignen sich direkt zur Erklärung von Flops. Es handelt sich im Einzelnen um mangelnde Marktforschung, Aktionen der Wettbewerber, schlechte Kosteneinsatzplanung, Fehler in F&E/Produktion sowie im Marketing-Mix. Die Ebene 2 enthält tiefer liegende Ursachen, die geeignet sind, die Faktoren der ersten Ebene zu erklären. Hierbei handelt es sich um den menschlichen Faktor.

- **Ebene 1**: In der Marktforschung sind die drei wichtigsten Flop-Ursachen der zu geringe Umfang der Marktforschung, Verfahrensfehler und Verwendung unzureichender Verfahren sowie die falsche Interpretation der Ergebnisse. In der F&E/Produktion ist die unzureichende Umsetzung des Lastenheftes ursächlich. Wichtig hierbei ist, dass es sich um Lastenhefte handelt, die für die Kundenanforderungen auch einen Markt sehen und nicht solche, die es allen recht machen wollen. Business Analysis umfasst die Untersuchung von Wettbewerbsaktionen und die wirtschaftliche Betrachtung innovativer Handlungsoptionen. Die falsche Planung von Schlüsselwerten ist eine häufige Flop Ursache. Im Rahmen der Produktpolitik entscheiden insbesondere Qualität und Alleinstellungsmerkmale der Innovationen über den Erfolg. In der Kommunikationspolitik kann es zu Flops kommen, wenn Mängel im qualitativen und quantitativen Niveau der Werbemaßnahmen sowie falsche Produktversprechen vorliegen. Im Rahmen der Preisbildung kann die kostenorientierte Preisbildung zu Flops führen. Die abnehmerorientierte Preisbildung, z.B. durch Target Costing, orientiert sich an der Preisbereitschaft der Kunden und ist besser geeignet, das optimale Preisgefüge zu erreichen. In der Distributionspolitik ist es ein häufiger Fehler, dass die Art der Distribution gar nicht zur Debatte steht, sondern das neue Produkt so vertrieben wird, wie auch die anderen.

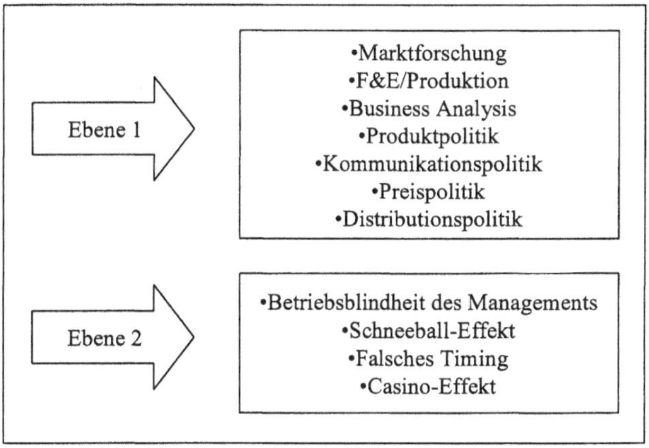

Abbildung 3-8: Typologie der Fehler bei internationalen Produktinnovationen

(in Anlehnung an Eichhorn 1996)

- **Ebene 2**: Sie betreffen das Management und seine Fehlentscheidungen. Ursachen sind zum einen die Betriebsblindheit bzw. das Verfolgen von Lieblingsprojekten. Weiterhin spielt der Schneeball-Effekt eine große Rolle. Projekte, in die bereits viel Geld investiert wurde, werden weiterverfolgt, weil sie schon viel gekostet haben, unabhängig davon, wie die Zukunftsaussichten sind. Darüber hinaus führt falsches Timing oft dazu, dass Innovationen, die noch nicht ausgereift sind, zu früh auf den Markt kommen. Mit ihren „Kinderkrankheiten" kann das zu enttäuschten Erwartungen beim Kunden führen. Der Casino-Effekt schließlich betrifft die seltenen Sanktionen der Produktverantwortlichen bei Misserfolgen, was bei ihnen zu einer grenzenlosen Risikofreude führen kann. Generell kann festgehalten werden, dass das Flop-Risiko mit der Unbekanntheit von Produkt, Technologie und Markt steigt.

Obige Ausführungen zeigen, dass Optimismus bei internationalen Aktivitäten oft in Selbstüberschätzung umschlagen kann. Unternehmen überschätzen oft die Attraktivität ausländischer Märkte, was zu teuren Fehlern führt. Das folgende Modell (Tab. 3.1) ermöglicht eine bessere Einschätzung globaler Alternativen und zu berücksichtigender Aspekte im Rahmen der Internationalisierung von Innovationen (vgl. Ghemawat 2001, S. 137 ff.). Die Distanz zwischen zwei Ländern wird dabei durch vier Dimensionen beschrieben: kulturelle, administrative, geographische und wirtschaftliche. Dem oberen Teil der Abbildung sind die Schlüsselfaktoren und die Distanzdimensionen zu entnehmen. Der untere Teil zeigt, wie diese verschiedene Produkte oder Branchen tangieren.

- **Kulturelle Entfernung**: Unterschiede in Religion, ethnischer Herkunft, sozialen Normen und Sprache können die wahrgenommene Entfernung zwischen zwei Ländern ausmachen, wobei Faktoren wie die Sprache leichter hervortreten als z.B. soziale Normen. Sie treten eher subtil in einem tief verwachsenen System unausgesprochener Regeln auf und beeinflussen die Menschen in ihren Interaktionen.
- **Administrative Entfernung**: (Positive) historische oder politische Verbindungen zwischen zwei Ländern fördern den Handel. Bei z.B. gleicher Währung kann der Handel um bis zu 300% steigen. Durch politische Entscheidungen sowohl im Heimat- als auch im Zielland können aber zugleich auch Barrieren geschaffen werden: Zölle, Einfuhrbeschränkungen, Restriktionen bei Auslandsinvestitionen, Bevorzugung inländischer Anbieter, etc. Schließlich kann eine administrative Infrastruktur, die durch Korruption, soziale Konflikte und ein schwaches Rechtssystem gekennzeichnet ist, die wirtschaftlichen Beziehungen hemmen.
- **Geographische Entfernung**: Generell ist davon auszugehen, dass je weiter das Zielland entfernt ist, es umso schwerer ist, erfolgreiche Geschäftsbeziehungen aufzubauen. Neben der physischen Entfernung zählen dazu Faktoren wie Landesgröße, Zugang zur Transport- und Kommunikationsinfrastruktur und die Topographie.
- **Wirtschaftliche Entfernung**: Die Einkommensstruktur ist der wichtigste zu berücksichtigende Faktor, der wirtschaftliche Entfernung zwischen Ländern schafft. Hierbei besteht ein positiver Zusammenhang zwischen dem Bruttosozialprodukt und dem Außenhandel eines Landes. Kosten- und Qualitätsunterschiede zwischen den Ländern können zusätzliche Barrieren schaffen.

	Cultural Distance	Administrative Distance	Geographic Distance	Economic Distance
Attributes creating distance	Different languages Different ethnicities; lack of connective ethic or social networks Different religions Different social norms	Absence of colonial ties Absence of shared monetary or political association Political hostility Government policies Institutional weakness	Physical remoteness Lack of a common border Lack of sea or river access Size of country Weak transportation or communication links Differences in climates	Differences in consumer incomes Differences in costs and quality of: ▪ Natural resources ▪ Financial resources ▪ Human resources ▪ Infrastructure ▪ Information or knowledge
Industries or products affected by distance	Products have high linguistic content (TV) Products affect cultural or national identity of consumers (food) Product features vary in terms of ▪ Size (cars) ▪ Standards (electrical appliances) ▪ Packaging Products carry country-specific quality associations (wines)	Government involvement is high in industries that are: ▪ Producers of staple goods (electricity) ▪ Producers of other entitlements (drugs) ▪ Large employers (farming) ▪ Large suppliers to government (mass transportation) ▪ National champions (aerospace) ▪ Vital to national security (telecommuni-cations) ▪ Exploiters of natural resources (oil, mining) ▪ Subject to high sunk costs (infrastructure)	Products have a low value-to-weight or bulk ratio (cement) Products are fragile or perishable (glass, fruit) Communications and connectivity are important (financial services) Local supervision and operational requirements are high (many services)	Nature of demand varies with income level (cars) Economies of standardization or scale are important (mobile phones) Labor and other factor cost differences are salient (garments) Distribution or business systems are different (insurance) Companies need to be responsive and agile (home appliances)

Tabelle 3-1: The distance framework

(Ghemawat 2001, S. 140)

3.6.3 Erfolgsfaktoren der einzelnen Innovationsphasen

In diesem Kapitel stehen die Möglichkeiten im Fokus, die dem Anbieter in Bezug auf den Erfolg von internationalen Innovationen zur Verfügung stehen. Die Trennung zwischen dem anbieter- und dem abnehmerorientierten Ansatz (vgl. Kapitel 3.6.1) ist jedoch schwierig, da auch der Anbieter im Rahmen des abnehmerorientierten Ansatzes, der in Kapitel 4 behandelt wird, Einfluss auf den Adoptionsprozess hat und somit nicht isoliert betrachtet werden kann. Der Erfolg der Innovationen des Anbieters wird entscheidend durch organisationsspezifische Größen, strategische Entscheidungen und die operative Umsetzung determiniert. Auf die organisationsspezifischen Größen wird im Folgenden eingegangen, die Faktoren der strategischen Entscheidungen und der operativen Umsetzung sind dann den einzelnen Phasen des Innovationsprozesses zugeordnet worden.

Die **organisationsspezifischen Größen** haben Einfluss auf die Adoptionswahrscheinlichkeit und -geschwindigkeit (Geenhuizen/Nijkamp 1997, S. 278; Nabseth/Ray 1974). Sie beziehen sich auf das Alter des Unternehmens, Innovationshistorie, Unternehmensgröße, finanzielle Ressourcen, Innovationsneigung des Managements und die Branche (vgl. Vahs/Burmester 1999, S. 362 ff.; Fritz 1986, S. 134 ff.):

- Alter des Unternehmens: Ein bereits lange existierendes Unternehmen verfügt meist über eine solide finanzielle Lage und Innovationserfahrungen. Allerdings besteht die Gefahr der Schwerfälligkeit und Unflexibilität. Junge Unternehmen hingegen haben oft eine stärker ausgeprägte Tendenz zur Innovation und Innovationsübernahme, verbunden mit einer „Aufbruchstimmung" der Mitarbeiter. Das Alter an sich ist nicht erfolgsentscheidend, sondern der Umgang mit Erfahrungen und Flexibilität.
- Innovationshistorie: Die richtige Nutzung von Erfahrungen und Wissen und damit die Fortschreibung der Innovationsgeschichte stellen einen Erfolgsfaktor dar.
- Unternehmensgröße: Größere Organisationen können eher das Adoptionsrisiko tragen, sie haben leichteren Zugang zu finanziellen Möglichkeiten und dem erforderlichen Wissen zur Adoption (vgl. Mansfield 1963, 1968). Die positive Wirkung von großen Unternehmen resultiert oft aus der steigenden Verfügbarkeit an Ressourcen, einer größeren Marktmacht und den Erfahrungen mit Innovationen. Auf der anderen Seite kann sich die Unternehmensgröße negativ auf den Innovationserfolg auswirken, wenn die Gefahr der Schwerfälligkeit und Bürokratisierung besteht. Durch ihre größere Flexibilität übernehmen kleinere Firmen auf manchen Gebieten, wie z.B. der Biotechnologie schneller Innovationen als größere.

- Finanzielle Ressourcen: Ausreichende finanzielle Mittel, insbesondere eine ausreichende Eigenkapitalausstattung, die zielgerichtet für Innovationsprojekte eingesetzt werden können, verbessern die Chancen auf die Adoption von Innovationen und stellen somit eine entscheidende Erfolgsdeterminante dar.
- Innovationsneigung des Managements: Aggressiv auftretende Unternehmen mit Wachstumszielen sind eher geneigt Innovationen zu übernehmen als passive Unternehmen.
- Branche: Manche Branchen haben sehr kurze Produktlebenszyklen, sind innovationsfreudig und übernehmen eher Innovationen als andere. Die Produktlebenszyklen deutscher Unternehmen sind in den USA nicht allzu kurz, da sie eher in konservativen Branchen tätig sind.

Winkler (1999, S. 126 ff.) untersuchte in einer Meta-Analyse die Erfolgsfaktoren von Innovationen. Betrachtet wurden dabei 26 Innovationsprojekte mit mehr als 2500 Untersuchungseinheiten, die sich auf Produktinnovationen beziehen sowie eine betriebswirtschaftliche Perspektive und den wirtschaftlichen Erfolg als Zielgröße haben. Es handelt sich um deutsch- und englischsprachige Studien. Nicht betrachtet werden Studien mit geringer Reichweite. Wie bereits im Kapitel 3.6.1 erläutert, liegt auch hier die Problematik in der eingeschränkten Vergleichbarkeit der Studien, da sie sich auf verschiedene Branchen beziehen, die Erfolgsfaktoren unterschiedlich definieren und unterschiedliche Messkriterien und Untersuchungsdesigns verwenden. Aufgrund der dennoch konsistenten Ergebnisse der Erfolgsfaktorenforschung wurden in der folgenden Abbildung 3.9 die Erfolgsfaktoren und die Ergebnisse der Studien in Bezug auf die **Faktoren der strategischen Entscheidungen und der operativen Umsetzung** den einzelnen Phasen des im Kapitel 2.3 entwickelten internationalen Innovationsprozesses zu geordnet. Die Erfolgsfaktoren, belegt durch mehrere Studien, sind als das Ergebnis einer Zusammenfassung der einzelnen Studien zu sehen.

Phase im Innovations-prozess	Erfolgsfaktor	Ergebnisse der Studien
Strategy	Systematische Ideensuche	Innovationserfolg ist vor allem bei systematischer Suchfeldbestimmung und Informationssammlung gegeben. Innovationserfolg korreliert positiv mit der systematischen Generierung von Ideen und mit der Breite des Ideensuchfeldes. Ein produktbezogenes Ideensuchfeld verspricht weniger Erfolg als ein Produkt-Markt-Suchfeld.
	Effiziente Prozess-steuerung	Erfolgreich innovierende Unternehmen führen die Produktentwicklung effizienter, aber nicht unbedingt schneller durch. Innovationen sind erfolgreicher, wenn sie im Rahmen eines straffen Zeitplanes oder mit professioneller Prozesssteuerung entwickelt werden.

	Zusammen-setzung des Projektteams	Die verantwortlichen Projektmitglieder in erfolgreichen Projekten sind erfahrener und haben mehr Einfluss und Macht als die Mitglieder bei erfolglosen Projekten. Innovationen sind erfolgreicher, wenn zu Beginn größere Teams eingesetzt werden, wenn neben dem F&E Bereich noch das Marketing sowie andere Bereiche eingebunden werden, wenn sie vom erfahrenen Projektteam durchgeführt werden und klare Zuständigkeiten bei der Projektorganisation herrschen.
	Kommunika-tion innerhalb des Projektteams	Erfolgreich innovierende Unternehmen haben bessere interne Kommunikationsstrukturen. Innovationen sind umso erfolgreicher, je besser die Kommunikation im Projektteam ist.
	Einbezug des Top-Managements	Innovationserfolg wird niedriger eingeschätzt, wenn die Innovation auf hierarchisch niedriger Ebene vorbereitet wird. Innovationen sind erfolgreicher, wenn sie vom Top-Management initiiert oder unterstützt werden. Projekte, die als dringlich eingestuft werden, haben höhere Erfolgschancen.
	Produkt-manager und Fach-promotoren	Innovationserfolg zeigen vornehmlich Projekte, bei denen Produktmanager und Fachpromotoren auftreten.
	Fokussierung auf bestehende Technologien und Geschäfts-felder	Je größer der „Fit" zwischen der Technologie der Innovation und den vom Unternehmen bereits eingesetzten Technologien ist, desto größer ist der Erfolg. Innovationserfolg ist größer, wenn die innovativen Produkte den existierenden Produkten ähnlich sind und Synergien genutzt werden können oder je näher sie den bestehenden Geschäftsbereichen im Unternehmen sind. Innovationserfolg ist davon abhängig, inwieweit ein Unternehmen aus einer gut beherrschten Schlüsseltechnologie möglichst viele neue Produkte ableiten kann. Je größer die Übereinstimmung des Produktionsprogramms mit den Unternehmenszielen ist, desto größer ist der Innovationserfolg.
	Externe Beschaffung von technolo-gischem Wissen	Erfolgreich innovierende Unternehmen haben bessere Beziehungen zu externen wissenschaftlichen und technischen Institutionen. Bei erfolgreichen Innovationsprojekten werden externe Technologien während der Produktion und nach der Serieneinführung besser genutzt. Der Innovationserfolg ist umso größer, je mehr F&E des Unternehmens extern orientiert sind (Kooperationen mit Beratern, Universitäten und Wettbewerbern).

Searching	Projektanstoß durch Marktbedürfnisse	Erfolgreiche Innovationen werden zum größten Teil durch bestehende Nachfrage oder latente Bedürfnisse stimuliert, weniger durch eine technische Idee oder Erfindung. Projekte, die auf „demand pull" basieren sind erfolgreicher als Projekte, die aus "technology push" hervorgehen. Produkte, die vom F&E Bereich allein vorgeschlagen werden, sind weniger erfolgreich als Produkte, die vom Marketingbereich und/oder Kunden allein vorgeschlagen werden. Am erfolgreichsten sind Produkte, die von beiden Seiten gemeinsam initiiert werden.
	Frühe Marktanalyse	Eine grobe Marktanalyse während der Ideengenerierung erhöht die Erfolgschancen. Frühzeitige Marktstudien haben signifikanten Einfluss auf den Innovationserfolg. Dieser korreliert positiv mit frühzeitiger Konzeptentwicklung und rechtzeitigem Test sowie der Abschätzung der ersten Marktreaktionen.
	Berücksichtigung von Kundenbedürfnissen	Innovationen sind umso erfolgreicher, je besser Kundenbedürfnisse vom Unternehmen verstanden und je früher die Kundenprobleme erkannt werden. Die Erfolgswahrscheinlichkeit steigt in dem Maß der Genauigkeit, in dem Bedürfnisse der Kunden spezifiziert werden. Erfolgreiche Innovationen sind klar an Kundenbedürfnissen ausgerichtet.
Screening	Strukturierte Ideenbewertung und Projektauswahl	Projekte, bei denen die Projektsuche und -auswahl sehr sorgfältig vorgenommen wird, sind erfolgreicher als Projekte, bei denen dies nicht der Fall ist. Produkte, bei denen vor der Entscheidung für eine Ideenalternative detaillierte Bewertungsmethoden zum Einsatz kommen, haben höhere Erfolgschancen als andere Produkte. Mängel bei der Projektauswahl sind eine der wichtigsten Ursachen für den Misserfolg von Produktinnovationen.
	Produktdifferenzierung zum Wettbewerb	Innovationen, die klare Wettbewerbsvorteile haben und den Abnehmerwünschen besser entsprechen als sie der Wettbewerb realisiert, sind erfolgreicher. Die Differenzierung zum Wettbewerb ist einer der wichtigsten Faktoren für den Innovationserfolg.
	Schnittstelle Marketing und Entwicklung	Der Innovationserfolg steigt mit der Effizienz des Informationstransfers zwischen Marketing und F&E, insbesondere wenn beide Bereiche in den Produktentwicklungsprozess eingebunden sind.

Sample	Patentschutz	Erfolgreiche Projekte haben einen dem technischen Entwicklungsniveau entsprechend adäquaten Patentschutz. Je leichter der Patentschutz für eine Innovation erreicht wird, desto weniger erfolgreich ist sie. Je mehr Patente ein Unternehmen eintragen lässt, desto erfolgreicher ist es. Je stärker die Patente in einer Patentklasse konzentriert sind, desto größer ist der Erfolg. Bei patentgeschützten Technologien ist der Innovationserfolg größer als bei nicht geschützten.
Selection	Projekt-controlling	Erfolgreiche Innovationsprojekte finden sich vornehmlich in Unternehmen mit besserer Budgetdisziplin. Unternehmen, die zur Kontrolle von Innovationsprojekten in der Entwicklungsphase immer dieselben Kriterien verwenden, sind erfolgreicher. Mängel im Controlling sind wichtige Misserfolgsursachen bei Innovationsprojekten. Wichtig sind permanente Budgetierung und Controlling im Projektverlauf.
Schedule	Systematische Projekt-planung	Innovationserfolg korreliert positiv mit der Intensität der Projektplanung. Erfolgreiche Innovationsprojekte werden mit einer besser strukturierten und komplexeren Planung oder anspruchsvollen standardisierten Verfahren durchgeführt.
Standardi-zation	Technische Funktions-fähigkeit	Bei erfolgreichen Innovationen treten weniger technische „Kinderkrankheiten" in der Produktion auf, und es sind weniger unerwartete Anpassungen in der Produktion notwendig. Der Innovationserfolg ist umso größer, je effizienter die Innovation die geforderten Funktionen erfüllt. Technischer Innovationserfolg ist fast immer auch ein wirtschaftlicher Innovationserfolg. Der Grad der durch die technische Neuerung erreichten Leistungsverbesserung ist mit der Erfolgshäufigkeit positiv korreliert.
	Nutzung bekannter Produktions-verfahren	Innovationen sind vor allem dann erfolgreich, wenn das Unternehmen schon entsprechende Produktionserfahrungen hat. Innovationserfolg ist dann höher, wenn der Standardisierungsgrad des Produktionsprozesses relativ groß ist.
	Analyse der Produktion	Innovationserfolg ist tendenziell höher bei der Durchführung einer Analyse der Stärken der Produktion.
	Prozess-verbesse-rungen	Bei erfolgreichen Innovationen werden ständig Prozessverbesserungen durchgeführt.

	Qualitätsniveau der Produktion	Innovationen, die eine lange Lebensdauer und hohe Zuverlässigkeit besitzen, sind erfolgreicher als Innovationen, bei denen dies nicht der Fall ist.
	Schnittstelle Produktion und Entwicklung	Unternehmen, die im Hinblick auf Innovationen erfolgreich sind, binden den Entwicklungsbereich stärker in die Produktionsplanung mit ein und haben bessere Kommunikation zwischen beiden Bereichen.
Simulation	Kundenschulung	Innovationen sind erfolgreicher, wenn Kundenschulungen durchgeführt werden.
	Marketingforschung	Hohen Einfluss auf den Innovationserfolg haben die Ressourcen und das Know-How bezüglich der Marktforschung sowie des Test-Marketings.
Show	Vertriebs-Know-How	Erfolgreiche Innovationen finden sich vor allem in Unternehmen, die größere Verkaufsanstrengungen unternehmen. Innovationsprojekte, die geringere Vertriebs- und Marketingschwierigkeiten in der Einführungsphase haben, sind erfolgreicher. Innovationen sind umso erfolgreicher, je größer die Verkaufsmannschaft, die Vertriebserfahrung, die Ressourcen und das Know-How bezüglich des Verkaufs sind.
	Distributions-Know-How	Hohen Einfluss auf den Innovationserfolg haben Ressourcen und Know-How bezüglich der Distribution. Erfolgreiche Innovationen werden meist von bestehenden Distributionskanälen unterstützt.
	Marketingkommunikation	Erfolgreiche Innovationen finden sich vor allem in Unternehmen, die für die Innovationen ein hohes Maß an Marketing und Werbung betreiben. Hohen Einfluss auf den Innovationserfolg haben das Promotions- und Werbe-Know-How. Werbung und Verkaufsförderung haben signifikanten Einfluss auf den Innovationserfolg. Der langfristige Erfolg von Innovationen hängt von der Effizienz der Marketingkommunikation ab.
Selling	Timing des Markteintritts	Erfolgreiche Innovationen sind im Vergleich zu erfolglosen Innovationen früher auf dem Markt als der Wettbewerb. Eine spezifische Planung des Markteintrittszeitpunktes erhöht die Erfolgschancen.

Abbildung 3-9: Zuordnung der Erfolgsfaktoren von Innovationen zum Innovationsprozess (eigene Darstellung, in Anlehnung an Winkler 1999, S. 130 ff.)

Die Ergebnisse der Erfolgsfaktorenuntersuchungen werden im Kapitel 4.4.3 weiter diskutiert und fließen dann in den empirischen Teil dieser Arbeit ein.

4 Der Adoptionsprozess bei internationalen Innovationen

4.1 Adoption im internationalen Innovationsmanagement

Die **Adoption** bezeichnet die Entscheidung eines Individuums oder einer Organisation, eine Innovation zu übernehmen. Die Adoptionstheorie beschreibt und erklärt dabei den Verlauf der Innovationsübernahme sowie deren Determinanten. Als Adoptionszeit wird die zeitliche Verzögerung bezeichnet, mit der ein Individuum im Vergleich zum ersten Adopter die Innovation übernimmt. Die Adoption stellt dabei eher einen Prozess als einen Zeitpunkt dar. Letztendlich bringt die Adoption zum Ausdruck, ob ein Produkt bedürfnis- bzw. marktorientiert gestaltet wurde.

Die Adoption kann bei internationalen Investitionsgütern auf drei Ebenen erfolgen (Abb. 4.1): auf der individuellen, der unternehmerischen und der gesellschaftlichen Ebene.

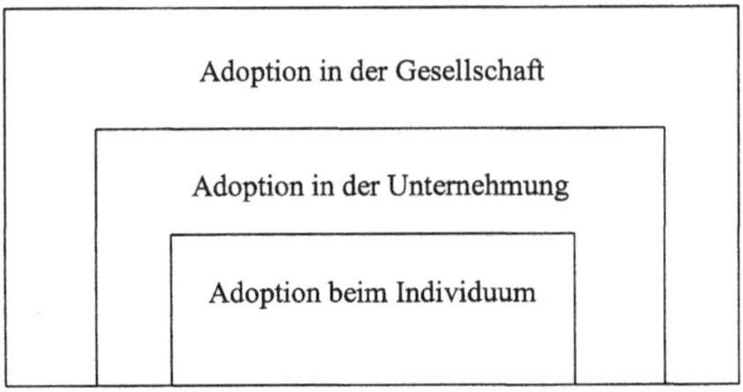

Abbildung 4-1: Die drei Ebenen der Adoption bei internationalen Investitionsgütern

Die individuelle Ebene hat Auswirkungen auf das direkte Umfeld der adoptierenden Person und betrifft Arbeitsorganisation, -abläufe, -zeit und Gruppenzusammensetzungen. Die Adoption in der Unternehmung beeinflusst Produktivität, Organisations- und Kostenstruktur. Die Adoption in der Gesellschaft hat auf einer höheren Ebene Einfluss auf die volkswirtschaftliche Situation und betrifft insbesondere den Arbeitsmarkt sowie den technologischen Stand der Gesellschaft. Im Rahmen dieser Arbeit wird die Adoption auf individueller sowie auf Unternehmensebene betrachtet.

In der Literatur wird die Adoption häufig mit der **Diffusion** in Verbindung gebracht. Bei genauerer Analyse ist erkennbar, dass die Adoption hier mit eingeschlossen ist. Unter der Diffusion versteht man den Prozess der räumlichen und zeitlichen Ausbreitung von Innovationen in sozialen Systemen. Sie stellt das

Ergebnis aller Übernahmeentscheidungen dar. Die Diffusionsforschung versucht unterschiedliche Diffusionsverläufe und -geschwindigkeiten zwischen Branchen und Produkten zu erklären. Die Adoptionsforschung hingegen stellt die Frage, warum einige Nachfrager eine Innovation eher annehmen als andere. Die Diffusionstheorie fokussiert somit auf die aggregierte Analyse aller Adoptionsentscheidungen der Mitglieder eines sozialen Systems im Zeitablauf. Da sich aus der Aggregation der einzelnen individuellen Übernahmeentscheidungen der Diffusionsverlauf ergibt, bildet die Adoptionstheorie das Fundament der Diffusionstheorie (Böcker/Gierl 1988, S. 32 ff.; Litfin 2000, S. 21). Im Rahmen dieser Arbeit interessieren die Determinanten, die zu einer Annahme bzw. Ablehnung der Innovation führen, jedoch nicht die zeitliche und räumliche Verbreitung bestimmter Innovationstechnologien. Daher konzentriert sich die Arbeit auf die Adoption internationaler Innovationen und nicht auf deren Diffusion.

Erste empirische Arbeiten zur Adoption und Diffusion stammen aus den 1940er Jahren, als in den USA die Verbreitung neuer Getreidesorten und Düngungstechniken untersucht wurde. Studien zur räumlichen Ausbreitung von Innovationen betrafen im Wesentlichen jedoch die Diffusion innerhalb eines Landes. Einer der Pioniere der Diffusionsforschung war der Geograph Hägerstrand (1967). Bereits 1953 beschrieb er den bei der Adoption und Diffusion einer Innovation auftretenden Nachbarschaftseffekt (Windhorst 1983, S. 95 ff.). Dieser hebt die Beziehung zwischen der Adoption von Innovationen und der Distanz hervor, wobei sich diese auf die physische, sozio-kulturelle und wirtschaftlich-technische Dimension bezieht. Der Nachbarschaftseffekt tritt dort auf, wo die Verbreitung der Innovation vor allem auf persönlichen Kontakten zwischen den Personen beruht. Empirisch wurde nachgewiesen, dass die Informationsübertragung distanzabhängig ist. Das bedeutet, dass mit zunehmender Entfernung von einem Adopter die Wahrscheinlichkeit eines potenziellen Adopters abnimmt, über die Vorteile der Innovation vom Adopter zu erfahren. Räumliche Diffusionsmodelle betonen die Wirkung von Kommunikation zwischen den ersten und den potenziellen Adoptern. Da die Kommunikation mit steigender geographischer Entfernung zwischen den Menschen abnimmt, kann durch sie die Adoption im regionalen Bereich gesteigert werden. Der Nachbarschaftseffekt ist jedoch auf die private Informationsverbreitung beschränkt. Auch heutzutage ist zwar der persönliche Kontakt für den erfolgreichen Verlauf des Adoptionsprozesses von großer Bedeutung. Es ist jedoch anzunehmen, dass der Nachbarschaftseffekt inzwischen in abgeschwächter Form auftritt. Der Grund hierfür liegt in einer wesentlich moderneren Informations- und Kommunikationstechnologie als es sie zu Beginn der 1950er Jahre gab, so dass ein potenzieller Adopter auch über diverse Medien von der Innovation erfahren kann. Die räumlichen Modelle (vgl. auch McIntyre 1988) bilden die Diffusion von Innovationen nur als räumlichen Prozess ab. Die Informationsverbreitung spielt innerhalb eines Landes eine größere Rolle als im internationalen Kontext. Wenn der Blickwinkel, wie im Rahmen dieser Arbeit, ein internationaler ist, kommen jedoch andere Determinanten, wie z.B. der Einfluss der Kultur und ihre Folgen, die gerade diese Internationalität ausmachen, hinzu. Daher werden diese Modelle nicht weiter betrachtet.

Andere Pionierstudien sind die von Griliches (1957), welche die Diffusion von hybridem Mais in verschiedenen Bundesstaaten der USA untersuchte und jene von Mansfield (1961), die sich auf die Diffusion von industriellen Prozessen richtete. Hier ergaben sich zeitversetzte S-förmige Diffusionsverläufe in Bezug auf die einzelnen Regionen. In den frühen 1960er Jahren wurden dann im Marketing erste Diffusionsstudien durchgeführt (Nieschlag et al. 2002). Anfang der 1970er Jahre nannten Rogers/Shoemaker (1971) bereits 13 Wissenschaftsgebiete, die sich mit der Adoption und Diffusion befassen (vgl. auch Musmann/Kennedy 1989). Inzwischen sind weitere Gebiete hinzugekommen. Auch die Zahl der damals genannten 1500 Publikationen ist mittlerweile um ein vielfaches gestiegen. Das Phänomen der Adoption und Diffusion ist in das Interesse verschiedener Disziplinen gerückt. Landwirtschaft, Geschichte, Psychologie, Politik, Medizin, Bildung, Marketing oder Geographie beschäftigen sich zwar mit unterschiedlichen Schwerpunkten der Diffusion, jedoch ist allen die Untersuchung der Ausbreitung von Produkten und Prozessen gemein. Rogers (1995) gibt eine Übersicht zu den verschiedenen Wissenschaftsgebieten.

Neben der Abgrenzung von Adoptions- und Diffusionsbegriff soll im Folgenden noch auf den Begriff der **Akzeptanz** eingegangen werden (vgl. Kollmann 1999, 125 ff.; Schönecker 1980, S. 80 ff.). In der Praxis wird der Begriff der Akzeptanz im Rahmen von Erfolgsmessungen und -prognosen von Innovationen benutzt. Im Gegensatz zur Adoptions- und Diffusionsforschung verfolgt die Akzeptanzforschung das Ziel, Fehlentwicklungen im Zuge des Einsatzes innovativer Technologien, insbesondere von Informations- und Kommunikationstechnologien im Bürobereich, zu vermeiden. Der Akzeptanzbegriff tritt verstärkt im Zusammenhang mit Studien zu personellen Widerständen gegenüber Innovationen auf. Die klassische Akzeptanzforschung konzentriert sich auf die Analyse der Nutzungsbedingungen. Hierbei sollen insbesondere die Gründe für eine Annahme bzw. Ablehnung im spezifischen Anwendungsbereich identifiziert werden. Bei Untersuchungen zur Erfolgsmessung bzw. -prognose von Innovationen fällt jedoch auf, dass Ansätze der Einstellungs- und Adoptionsforschung dominieren. Akzeptanzorientierte Ansätze kommen aufgrund der teilweise unbestimmten Begriffsverwendung eher selten zum Einsatz. Der Akzeptanzbegriff setzt sich aus den drei Erklärungsebenen zusammen: Einstellungsebene, Handlungsebene und Nutzungsebene. In der Adoptionsforschung wird hingegen der konkrete Einsatz, also die Nutzungsebene, nicht mehr erfasst. Die Einstellungsforschung geht somit nicht über Handlungsbereitschaft hinaus. Die Akzeptanz bildet letztlich die Verknüpfung einer inneren Begutachtung und Erwartungsbildung (Einstellungsebene), einer Übernahme der Nutzungsinnovation (Handlungsebene) und einer freiwilligen problemorientierten Nutzung (Nutzungsebene) bis zum Ende des gesamten Nutzungsprozesses (z.B. Produkt wird vom Markt genommen). Auch wenn erst in der Nutzungsphase ein erstes, tatsächliches Akzeptanzergebnis und somit ein Markterfolg festgestellt werden kann, soll im Rahmen dieser Arbeit die Nutzungsphase vernachlässigt werden. Untersucht werden Determinanten der Adoption, wohl wissend, dass positive oder negative Erfahrungen einer bereits erfolgten Nutzung ebenfalls die Adoption beeinflussen können.

Auf die enorme Bedeutung von Innovationen, insbesondere im internationalen Kontext, wurde bereits im Kapitel 2.2 hingewiesen. Um international wettbewerbsfähig zu bleiben, müssen Unternehmen also zum einen Innovationen hervorbringen und zum anderen müssen diese nicht nur im Inland sondern auch im Ausland angeboten und verkauft werden. Das vorliegende Kapitel 4 wird jedoch zeigen, dass sich der der Adoptions- und Diffusionsprozess innerhalb eines Landes von dem außerhalb dieses Landes unterscheidet. Hierbei gibt es zwei Sichtweisen:

Die erste betrifft die Diffusion. Die grenzüberschreitende Diffusion wurde in der Literatur bisher wenig untersucht. Einige Determinanten zur Erklärung der Zeitdifferenz wurden identifiziert, jedoch fehlt es an einem theoretischen Konzept zur internationalen Diffusion von national herbeigeführten Innovationen (vgl. Beise 2001, S. 54 ff.). Nabseth/Ray (1974) gingen der Frage nach, warum einige Länder Innovationen eher adoptieren als andere. Sie kamen zu dem Ergebnis, dass erstens eine unterschiedliche Informationsverfügbarkeit vorhanden ist, zweitens das Wachstum von Inlandsmärkten positiv mit den Anreizen für neue Investitionen korreliert und drittens Innovationen unterschiedlich attraktiv durch international unterschiedliche Faktorpreise werden. Viertens variieren die Möglichkeiten zur Finanzierung der Innovation im internationalen Kontext. Dekimpe et al. (2000, S. 47 ff.) untersuchten die globale Diffusion von Innovationen und kamen in ihrer Studie zu folgenden Ergebnissen: Je mehr Länder die Innovation adoptiert haben oder je länger die internationale Erfahrung mit der Innovation besteht, desto größer ist die Wahrscheinlichkeit, dass andere Länder ebenfalls die Innovation übernehmen. Innovative Länder stellten sich zudem in der Studie als wohlhabender heraus. In Ländern mit einer homogenen sozialen Struktur erfolgt die Adoption schneller. Länder, die zum späteren Zeitpunkt die Innovation adoptieren, erreichen innerhalb des Landes hohe Diffusionsraten.

Die zweite Sichtweise betrifft die Adoption. Ebenfalls wenige Studien untersuchten bisher die Gründe, warum ein Land eine Innovation eher adoptiert als ein anderes (Beise 2001, S. 43). Man kann jedoch davon ausgehen, dass international agierende Unternehmen in der Lage sind, ihre eigenen Innovationen selbst in den gewünschten Zielmärkten zu verbreiten. Im Rahmen dieser Arbeit wird nicht die Diffusion bestimmter Technologien im internationalen Verlauf betrachtet, sondern nach konkreten internationalen Adoptionsfaktoren und deren Einfluss gesucht. Es geht um eine aktive Entscheidung des Unternehmens, eine Innovation im Ausland einzuführen und nicht um den Verlauf der Verbreitung einer Technologie.

Ziel des vorliegenden vierten Kapitels wird es sein, den internationalen Adoptionsprozess darzustellen und zum einen die relevanten Determinanten der internationalen Adoption sowie zum anderen die der Adoption deutscher Innovationen im US-amerikanischen Markt zu diskutieren. Aus der Vielzahl der Determinanten werden dann einige relevante ermittelt, die in der sich anschließenden empirischen Studie im Kapitel 5 weiter überprüft werden.

4.2 ADOPTIONSPHASEN

Beim **Adoptionsprozess** wird durch die Kommunikation zwischen dem Anbieter oder einem Dritten und dem potenziellen Adopter sowie durch das Vorhandensein von Informationen dieser zunächst auf die Innovation aufmerksam und nimmt sie zur Kenntnis. Dies kann durch die gezielte Problemlösungssuche geschehen oder auch zufällig. Ersteres ist häufig im hier betrachteten Investitionsgüterbereich der Fall, wo nach der Problemerkenntnis bestimmte Anforderungen an die Innovation gestellt werden und dann gezielt nach Informationen gesucht wird. Stößt die Innovation auf Interesse, wird nach tiefergehenden Informationen bzw. Lieferanten gesucht. Adopterbezogene Faktoren haben dann Einfluss darauf, ob und wie Lösungsmöglichkeiten aufgezeigt, Alternativen sowie Vor- und Nachteile abgewogen und beurteilt werden. Bis zur Phase der Bewertung befindet sich der Nachfrager in der Einstellungsphase. Es kann ein positiver Zusammenhang zwischen Einstellung und Adoption angenommen werden. Anschließend kommt die Handlungsphase. Bestehen Kaufabsichten, wird aber die Kaufentscheidung verschoben oder wird aus einer gegenwärtigen Ablehnung eine spätere Übernahme, so kommt es zu einer Verschiebung der Adoption. Dann sind zwei Fälle zu unterscheiden: Entweder wird ein starker Preisverfall erwartet, was die Verschiebung der Adoption zu Folge hat. Oder es kommt zum so genannten Leapfrogging-Phänomen. Dabei handelt es sich um das bewusste und freiwillige Überspringen der aktuellen Innovation und damit die Verschiebung der Kaufentscheidung bis zu einer nächsten Innovationsgeneration. In der subjektiven Wahrnehmung des Nachfragers ist die spätere Generation durch eine verbesserte Leistungsfähigkeit gekennzeichnet. Nach dieser Verschiebung der Adoption beginnt der Prozess der Meinungsbildung erneut. Es ist jedoch nicht zwingend, dass es anschließend auch zu einer Adoption kommt. Im Falle einer Adoption endet der Prozess mit der Nutzung der Innovation. Im Gegensatz zur Akzeptanzforschung wird bei der Adoptions- und Diffusionsforschung, wie bereits im Kapitel 4.1 näher erläutert, die Nutzung der Innovation nicht weiter betrachtet (vgl. Döhl 1983, S. 122; Kollmann 1999, S. 125 ff.). Das betrifft sowohl die Frage, ob die Innovation überhaupt genutzt wird als auch die Frage nach der Nutzungshäufigkeit und -intensität.

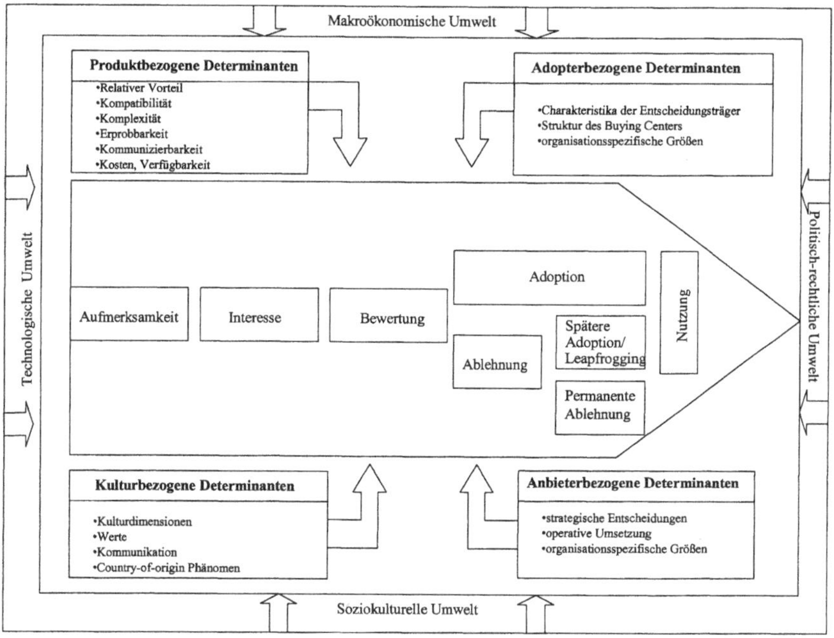

Abbildung 4-2: Der Adoptionsprozess mit Determinanten bei internationalen Innovationen (eigene Darstellung, in Anlehnung an Weiber/Pohl 1996, S. 1205 ff.)

Da es sich im Investitionsgüterbereich selten um die gleiche Person bei Entscheider und Nutzer handelt, können hier Diskrepanzen entstehen, so dass die Einbeziehung der Anwendungsebene sinnvoll erscheint. Da es im Rahmen dieser Arbeit, wie bereits im letzten Kapitel erwähnt, jedoch um Faktoren der Annahme bzw. Ablehnung der Innovation geht, wird die Nutzungsebene nicht weiter betrachtet. Der Adoptionsprozess mit den Determinanten bei internationalen Innovationen ist als Phasenmodell Abbildung 4.2 zu entnehmen (vgl. Weiber/Pohl 1996, S. 1205 ff.). Kritisch anzumerken ist, dass die kulturbezogenen Determinanten in diesem Modell isoliert dargestellt werden. Kultur ist jedoch ein Querschnittskonstrukt und beeinflusst nicht nur den Adoptionserfolg an sich sondern auch andere Determinanten so z.B. Produkt oder Adopter. Die Darstellung soll jedoch im Folgenden beibehalten werden, wobei der Einfluss der Kultur auf die anderen dargestellten Adoptionsdeterminanten mit untersucht wird. Weiterhin wird unterstellt, dass sich im internationalen Kontext nur andere Determinanten, jedoch keine anderen Adoptionsphasen ergeben. Die internationalen Determinanten, werden im Kapitel 4.4 diskutiert.

Der dargestellte Adoptionsprozess zeigt den idealisierten Ablauf einer Adoptionsentscheidung. Die einzelnen Etappen müssen jedoch nicht aufeinander folgen, bzw. muss ein potenzieller Adopter nicht alle Etappen durchlaufen. Zudem ist es möglich, dass manche Schritte schleifenartig mehrfach durchlaufen werden oder der begonnene Prozess abgebrochen wird. Die Adoptionsprozesse können zu verschiedenen Zeitpunkten beginnen

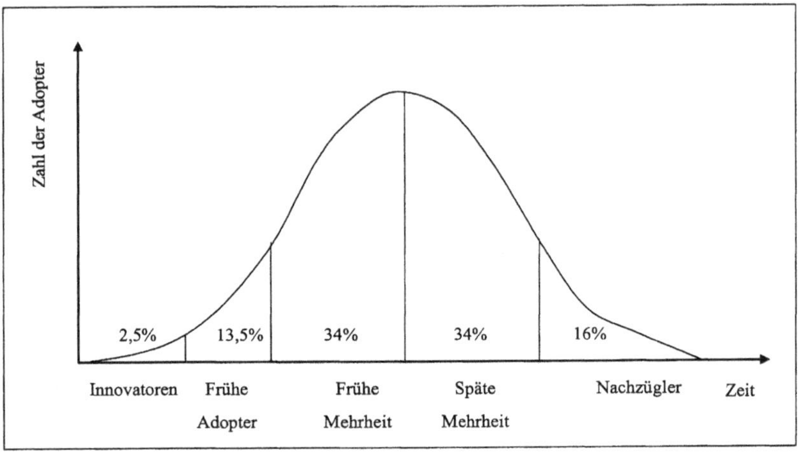

Abbildung 4-3: Der zeitliche Adoptionsverlauf von Innovationen
(in Anlehnung an Rogers 1995)

und auch unterschiedlich lang sein. Die Übernahmen der Nachfrager erfolgen damit zu unterschiedlichen Zeitpunkten. Wann es zur Adoption kommt, hängt von den verschiedenen Determinanten ab. Rogers (1995, S. 257 ff.) geht davon aus, dass letztendlich jedoch die Innovationsbereitschaft des Nachfragers entscheidend für den Zeitpunkt der Adoption ist. Je früher die Adoption erfolgt, umso größer ist die Innovationsbereitschaft des Nachfragers.

Rogers **Adoptionskurve** geht von einer Normalverteilung aus (Abb. 4.3). Wie bereits im Kapitel 4.1 gezeigt, wird mit der Adoptionstheorie der Grundstein für die aggregierte Diffusionstheorie gelegt (Rogers 1995, S. 161 ff.). Werden die Adoptionsentscheidungen über die Zeit kummuliert, ergibt sich der S-förmige Verlauf der **Diffusionskurve** (Abb. 4.4). Durch die unterschiedliche Adoptionszeit können Nachfrager nach ihrer Innovativität segmentiert werden.

Mit steigender Innovationsbereitschaft werden fünf Adopterkategorien unterschieden: Innovatoren, Frühe Adopter, Frühe Mehrheit, Späte Mehrheit und Nachzügler. Den einzelnen Kategorien können neben der Innovationsbereitschaft z.B. psychographische, kommunikative und sozio-ökonomische Merkmale zugeordnet werden. Aufbauend auf dieser Segmentierung werden entsprechende Handlungsstrategien vorgeschlagen (vgl. Mahajan/Muller 1998, S. 488 ff.).

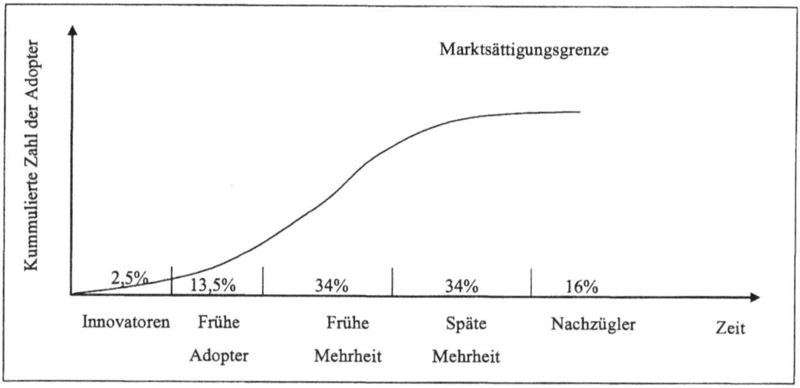

Abbildung 4-4: Der Diffusionsverlauf von Innovationen
(in Anlehnung an Rogers 1995)

Im Fokus dieser Arbeit steht, ob es überhaupt zu einer Adoption kommt, weniger, wann sich diese vollzieht. Dennoch haben die Innovatoren und frühen Adopter starken Einfluss auf den Verlauf der Entscheidungen weiterer Adopter. Daher soll kurz auf sie eingegangen werden. Als Innovatoren werden Konsumenten bezeichnet, die sehr an Neuheiten interessiert sind und eher eine Kaufentscheidung treffen als andere. Sie treten als Käufer, Meinungsführer und Diffusionsagenten auf und spielen daher in ihrer Funktion bei der Diffusion einer Innovation eine große Rolle. Innovatoren stellen die ersten 2,5% der gesamten Käuferschaft dar. Kaas (1973) und Midgley (1987) zeigten, worin sich Adopter von Nicht-Adoptern unterscheiden. Demnach bestehen signifikante Korrelationen (0.19-0.26) zwischen der Adoption und

- Alter, Status, Bildung, Weltoffenheit, soziale Integration
- Leistungsmotivation, Anspruchsniveau
- Empathie, Antidogmatismus, Rationalität
- Einstellungen zu Wechsel und Risiko
- Ortsgröße

des potenziellen Adopters. Innovatoren und frühe Adopter zeichnen sich im

Allgemeinen durch Selbstbewusstsein, Kontaktfreudigkeit, Mobilität, Trendbewusstsein und Unabhängigkeit aus. Sie zeigen ein hohes Produktinvolvement, sind informationshungrig sowie sozial und finanziell besser gestellt. Innovatoren informieren sich umfassender als andere Gruppen durch spezielle Medien, die neue Produkte ankündigen. Sie sind auch besser in soziale Systeme integriert und entsprechen in hohem Maße den Vorstellungen vom meinungsbildenden Innovator, auf den sich die ersten Aktivitäten der mehrstufigen Kommunikationskampagne richten sollten. Der rationale Argumentationsstil erweist sich in der Regel für diese Gruppe am geeignetsten. Die frühen und späten Adopter sollten angeregt werden, den Kontakt zu den Innovatoren zu suchen. Denn insbesondere das Konsumentenverhalten der späten Adopter ist durch eine ausgeprägte Scheu vor Risiken charakterisiert. Daher dürfte sie die Möglichkeit, von den Erfahrungen der Innovatoren zu profitieren, motivieren (Nieschlag et al. 2002).

Trotz Anerkennung und weiter Verbreitung in der Literatur ist das zeitbezogene Kategorisierungskonzept von Rogers stark kritisiert worden (Litfin 2000, S. 49 f.). Der Hauptkritikpunkt richtet sich gegen die willkürliche Wahl der „cut-off"-Werte, denen die theoretische Fundierung fehlt. Des Weiteren kann das Ziel, möglichst homogene Adoptergruppen zu bilden, nur bedingt erreicht werden, da die Ähnlichkeit der Adopter in den Grenzbereichen größer sein kann, als in den Gruppen selbst. Die differenzierte Unterteilung der Adopter in Gruppen wird in der Literatur teilweise umgangen und nur zwischen Innovatoren und Imitatoren unterschieden. Erstere zeichnen sich dadurch aus, dass sie durch Massenmedien beeinflusst werden und ein großes Interesse an Innovationen haben. Bei den Imitatoren wird das Adoptionsverhalten in erster Linie durch das Verhalten der anderen Mitglieder im sozialen System geprägt. Sie erfahren erst durch persönliche Kommunikation von der Innovation und treffen ihre Entscheidung aufgrund von sozialem Druck innerhalb der Gruppe. Die Kategorien der Innovatoren sind demnach unterschiedlich weit gefasst, was jedoch nichts an der Darstellung des Adoptions- und Diffusionsverlaufes ändert.

Merkmale	HIP	MIP	NIP
Corporate Identity	Oft	Gelegentlich	Kaum
Messebeschickung	Zahlreich	Durchschnittlich	Durchschnittlich
Universitätskontakte	Sehr häufig	Mittelmäßig	Gelegentlich
Datenbankrecherchen	Oft	Gelegentlich	Kaum
Innovationen für neue Märkte	Gelegentlich	Kaum	Keine
Produktprogramm	Jung	Durchschnittlich	Alt
Kooperationen	Häufig	Gelegentlich	Gelegentlich
Pressearbeit	Intensiv	Durchschnittlich	Gering

Tabelle 4-1: Merkmale von Adoptertypen im Investitionsgüterbereich

(in Anlehnung an Strothmann/Kliche 1989)

Das Adoptionsmodell wurde in der Literatur zumeist in Verbindung mit Konsumgütern verwendet, es ist jedoch auch im Bereich der Investitionsgüter und somit im Rahmen dieser Arbeit einsetzbar. Bei Investitionsgütern können die Adopter zudem wie folgt unterteilt werden (Tab. 4.1): Unternehmen mit hohem Innovationspotenzial (HIP), Unternehmen mit mittlerem Innovationspotenzial (MIP) und Unternehmen mit niedrigem Innovationspotenzial (NIP) (vgl. Joyce/Stivers 1999, S. 500 ff.; Strothmann/Kliche 1989).

Im Rahmen der Arbeit konnte gezeigt werden, dass die Adoptionsprozesse der verschiedenen Nachfrager durch eine unterschiedliche Dauer sowie verschiedene Start- und Endzeitpunkte gekennzeichnet sind. Darüber hinaus können sie zu unterschiedlichen Ergebnissen führen. Zudem kann ein sehr ungleiches Adoptionsverhalten in den einzelnen Ländern angenommen werden. Man kann davon ausgehen, dass die Verbreitung einer Innovation zuerst in industrialisierten Ländern stattfindet und lange Zeit braucht, um die meisten potenziellen Nutzer zu erreichen.

4.3 Integration des Adoptionsprozesses in den Produktentwicklungsprozess

Der Produktentwicklungsprozess und der Adoptionsprozess wurden in den Kapiteln 2.3 und 4.2 dargestellt. Ziel für die Hervorbringung international erfolgreicher Innovationen muss die frühzeitige Integration des Adoptionsprozesses in den Produktentwicklungsprozess sein. Somit kann der Nachfrager zu Beginn des Adoptionsprozesses, also noch während der Einstellungsphase, in seiner Meinungsbildung beeinflusst werden. Mit der Integration des Kunden kann zum einen auf die einzelnen Phasen des Adoptionsprozesses, nämlich insbesondere auf das Interesse und die Bewertung des Kunden, Einfluss genommen werden. Zum anderen werden die Anforderungen und Bedürfnisse des Kunden frühzeitig erkannt und können in marktgerechte Produkte umgesetzt werden. Insbesondere bei internationalen Innovationen ist es wichtig, den Kunden in den Innovationsprozess zu integrieren, da das Risiko, an den Kundenanforderungen vorbeizuentwickeln, hier noch größer ist als bei Innovationen, die für das Inland bestimmt sind. Dies wird umso wichtiger, da der Anteil der wertschöpfenden Aktivitäten im Inland oftmals viel größer ist als im Ausland. Meist erfolgt im Ausland einzig die Vermarktung.

Dass kunden- bzw. marktgetriebene Innovationen in der Regel erfolgreicher sind als technologiegetriebene wurde bereits in den Kapiteln 2 und 3 gezeigt. Zu den kunden- bzw. marktgetriebenen Innovationen gehören auch die Innovationen aus Hersteller-Anwender Beziehungen (Durth 2000, S. 634 f.; Gemünden/Ritter 1999, S. 259 f.). Unternehmen, denen es gelingt, Kundenbedürfnisse zu eruieren und bei der Entwicklung von Innovationen zu berücksichtigen, schaffen sich einen nachhaltigen Wettbewerbsvorteil. Zur Verbesserung der Kundenorientierung sind Kunden in den Entwicklungsprozess zu integrieren. Das Konzept der Kundenintegration stellt somit eine Extremform der Präferenzstrategie (Porter 1980) dar. Der Anbieter versucht dabei, den Wettbewerbsvorteil durch die eindeutige Ausrichtung seiner Innovation auf konkrete Kundenwünsche durchzusetzen. Das Grundprinzip der Kundenintegration geht davon aus, die Probleme der Kunden zusammen mit ihnen zu lösen (Kleinaltenkamp 1995, S. 83; 1997, S. 350 f.). Die Erfolgschancen steigen, wenn die Kunden in frühen Phasen, bereits bei der Ideenfindung mitwirken. Kirchmann (1998) kam in seiner empirischen Untersuchung zu folgenden Ergebnissen: Innovationskooperationen mit Anwendern sind geeignet, um das Risiko im Entwicklungsprozess zu minimieren, eine Zunahme des Marktverständnisses zu erlangen, eine engere Bindung des Anwenders an das Unternehmen zu erreichen und die Wettbewerbsposition zu verbessern. Wird das Ziel der Verkürzung der Entwicklungszeit verfolgt, sollte jedoch von Anwenderkooperationen abgesehen werden. Die meisten Untersuchungen in der Literatur befürworten die Kundenintegration und stellen sie als erfolgsversprechenden Faktor bei der Neuproduktentwicklung dar. Die Kundenintegration ist jedoch keine Aufforderung zur ungehemmten Erweiterung der Sortimentstiefe mit neuen Produkten und der unkontrollierten Ausdehnung der Produktdifferenzierung (vgl. Hooks/Farry 2000). Als Wettbewerbskonzept ist ein intelligentes Management des gesamten Leistungsspektrums erforderlich, um die Kosten, die sich aus einem hohem Komplexitätsgrad ergeben, kontrollieren zu können (Fließ/Jacob 1996, S. 26 ff.). Es kann jedoch nicht davon ausgegangen werden, dass die Integration von Kunden bei der Produktentwicklung immer zum Erfolg führt. So zeigten Campbell/Cooper (1999, S. 507 ff.) in ihrer Studie, dass es keinen Unterschied in der Erfolgsquote zwischen internen Produktentwicklungen und denen, die mit Kunden durchgeführt wurden, gab.

Die Kundenintegration stellt eine Art der Geschäftsbeziehung dar (Kleinaltenkamp 1998, S. 255 ff.), die umso erfolgreicher sein kann, je enger die Geschäftsbeziehung ist. Da diese jedoch nicht pauschal besteht, müssen Intensitäten, Formen und Merkmale der Kundenintegration berücksichtigt und untersucht werden. Gruner (1997) bestätigte in seiner Untersuchung im Industriegüterbereich, dass die Intensität der Einbindung der Kunden insbesondere in den ersten und letzten Phasen des Innovationsprozesses einen signifikant positiven Einfluss auf den Innovationserfolg hat. Die Formen der Kundeneinbindung weisen jedoch keinen signifikanten Einfluss auf den Innovationserfolg auf. Insofern scheint weniger die formale Implementierung der Kundenintegration im Unternehmen wichtig zu sein, als vielmehr die Intensität, mit der Kunden in den Prozess einbezogen werden. Die Merkmale der Kundenintegration hingegen liefern einen signifikanten Erklärungsbeitrag: Die

Einbindung wirtschaftlich attraktiver Kunden sowie Lead User und Kunden, mit denen enge Geschäftbeziehungen bestehen, beeinflusst den Innovationserfolg positiv. Weiterhin wurden die Transaktionskostentheorie sowie die Ressourcenabhängigkeit berücksichtigt. Die Transaktionskostentheorie argumentiert, dass bei Unsicherheit und Spezifität tendenziell hierarchische Organisationsformen vorteilhafter seien. Die Kundenintegration kann als eine Art hierarchische Organisationsform betrachtet werden. Unsicherheit wurde durch die Innovationshöhe berücksichtigt, wobei kein signifikanter Einfluss der Innovationshöhe auf Merkmale der Kundenintegration festgestellt werden konnte. Der Effekt von Spezifität, gemessen durch Kundenkonzentration des Unternehmens auf die Intensität der Kundenintegration, konnte bestätigt werden. Der Einfluss von Spezifität auf die Ziele der Kundenintegration konnte nicht ermittelt werden. Die Transaktionskostentheorie wurde teilweise bestätigt (vgl. Hermanns/Flory 1995, S. 387 ff.). Ressourcenabhängigkeit bedeutet, dass Organisationen von externen Ressourcen abhängig sind. Zur Sicherung dieser Ressourcen gehen Unternehmen Kooperationen ein. So werden Kunden eingebunden, um die Ressource Kundeninformation für die Innovationsentwicklung zu sichern.

Die Integration von Kunden in den Produktinnovationsprozess kann auf verschiedene Weise und zu unterschiedlichen Zeiten erfolgen. Das Spektrum reicht von unverbindlichen Gesprächen bis zur eigenständigen Entwickelung von Prototypen durch Kunden. Insbesondere kann die Integration von Nachfragern, die noch beim Wettbewerb kaufen, sinnvoll sein. Nach Brockhoff (1997, S. 358 f.) können Kunden wie folgt in den Innovationsprozess integriert werden und dabei folgende Rollen wahrnehmen:

- Kunden sind Nachfrager, die Bedürfnisse erkennen lassen. Sie treten hier als Ideengeber und im klassischen Sinne der Marktforschung auf.
- Kunden sind aktive Mitgestalter eines Innovationsprozesses. Sie sind Anreger, Gestalter und Problemlöser.
- Kunden sind Innovatoren, deren fertige Problemlösungsideen vermarktet werden können. Hiermit sind die Lead User im engeren Sinne gemeint.
- Kunden sind Quelle für Anwendungswissen. Kunden treten als Referenzkunden, Anwenderbeiräte und in Usability Labs auf.
- Kunden sind Helfer bei der Überwindung von Innovationswiderständen. Sie werden zum Erstanwender und Helfer bei der Reduzierung von Unsicherheiten hinsichtlich der Markterwartungen.

Als Erfolgsfaktor der dargestellten Rollen kann die Nähe angesehen werden. Diese bezieht sich sowohl auf die räumliche als auch auf die kulturelle und wirtschaftliche Nähe (Törnroos 1991, S. 126 ff.). Lundvall (1993, S. 277 ff.) geht davon aus, dass kulturelle Entfernung und somit auch Landesgrenzen schwerer wiegen als räumliche Entfernung. Das bestätigt die Forderung,

Zielkunden in die Produktentwicklung zu integrieren, d.h. besonders bei internationalen Innovationen die Kunden der Kultur und des Landes in dem die Innovation vermarktet werden soll.

Im Folgenden werden verschiedene Ansätze und Methoden zur Einbindung von Kunden mit ihren Vor- und Nachteilen diskutiert. Diese sollten im Rahmen von internationalen Innovationen überwiegend im Ausland durchgeführt werden, um Impulse und Anforderungen ausländischer Kunden zu berücksichtigen.

Lead User-Marktforschung

Der Lead User Ansatz nach von Hippel (1986, S. 791 ff.) versucht, mit Hilfe von führenden und innovativen Anwendern neue Produkte zu entwickeln. Insbesondere in dynamischen Märkten mit kurzen Produktlebenszyklen und bei komplexen Produkten ist die Integration der Lead User geeignet (vgl. Olson/Bakke 2001, S. 388 ff.) und stellt einen Erfolgsfaktor dar. Dieser Fall tritt vor allem dann ein, wenn das Produkt vom Kunden mit erfunden, entwickelt und geprobt wird, also der potenzielle Kunde in den gesamten Innovationsprozess integriert wird. Untersuchungen zur Kundenintegration ergeben, dass Nutzer von Produkten mit größerer Motivation als deren Hersteller die Entwicklung von Innovationen vorantreiben (Bierfelder 1994, S. 105). Der Lead User ist sehr interessiert, nach besseren Lösungen zu suchen, aber weder seine finanziellen noch seine technischen Know-How Ressourcen reichen dazu aus. Diese Situation führt zur Arbeitsteilung während des Innovationsprozesses. Der Lead User hat die Idee und eventuell einen Prototypen, und der Innovator entwickelt die Idee weiter und vermarktet sie.

Lead User werden durch folgende Punkte charakterisiert:

- Sie kaufen als erste ein neues Produkt oder System, sie nehmen die Marktbedürfnisse wahr, bevor es der Großteil der Marktteilnehmer tut.
- Sie sind weniger zufrieden mit dem derzeitigen Produkt oder System und erwarten einen höheren Nutzen vom neuen Produkt oder System.
- Sie haben versucht eigene Lösungen umzusetzen und verlassen dabei oft den konventionellen Weg, um bessere Ergebnisse zu erzielen.

Zwei Arten von Lead Usern sind zu unterscheiden. Die eine Gruppe testet ein Produkt, für das vom Hersteller noch keine Funktionsgarantie übernommen werden kann, dass es funktioniert. Dem Lead User wird das Produkt kostenlos zur Verfügung gestellt und im Gegenzug wird dem Hersteller nichts für Arbeitszeit und Aufwand berechnet. Die andere Gruppe kauft, oft mit einem Rabatt, das Produkt, für das noch keine Garantie übernommen wird. Der Anreiz liegt für sie darin, zu den ersten zu gehören, die Innovation zu haben und testen zu dürfen (Albach 1994, S. 277).

Lead User können wie folgt in den Innovationsprozess integriert werden: Mit Hilfe von Expertenbefragungen sind langfristige Trends zu bestimmen und Messgrößen zur Lead User Identifikation festzulegen. Die Lead User werden durch Kundendatenbanken und Kundenbefragungen identifiziert, indem man nach Kunden sucht, die in Eigenentwicklungen investieren, mit heutigen Lösungen unzufrieden sind und generell als Innovatoren bei der Adoption von Innovationen gelten. Anschließend werden zusammen mit dem Lead User Konzepte entwickelt. Dies kann durch Ideenfindung, Bewertung von Ideen, Beteiligung an der Produktentwicklung oder der Beurteilung der Prototypen geschehen. Im letzten Schritt werden diese auf Akzeptanz bei „gewöhnlichen" Kunden getestet, ob die entwickelten Ansätze branchenrepräsentative Lösungen darstellen. Durch die Ermittlung der Kauf- und Preisbereitschaft wird getestet, ob die Konzepte auf einen größeren Markt übertragbar sind.

Vorteile dieser Methode liegen in der Verkürzung von Entwicklungszeiten, der Steigerung der Marktakzeptanz durch eine hohe Kundenorientierung und der Übertragung von Forschungskosten auf den Kunden. Nachteile können durch die fehlerhafte Identifizierung von Lead Usern, die zu starke Nischenorientierung des Herstellers, opportunistisches Verhalten der Lead User und die Preisgabe von internen vertraulichen Daten entstehen.

Conjoint Measurement

Die Conjoint Analyse (vgl. Aust 1996; Schubert 1991) wurde in den 1960er Jahren in den USA entwickelt und schaffte erst Ende der 1980er Jahren in Deutschland den Durchbruch (Voeth 1999, S. 153 ff.). Sie zählt zu den multivariaten Analysemethoden. Bei der Innovationsgestaltung interessiert, wie wichtig einzelne Produkteigenschaften sind und welchen Nutzen sie stiften. So werden nach der Auswahl der Produktmerkmale die zugehörigen Ausprägungen ermittelt. Die Probanden bringen dann Produkteigenschaften und Ausprägungen der Produkte in eine ordinale Rangordnung. Hieraus werden kardinale, kundenorientierte Nutzenwerte gewonnen. Es wird dabei unterstellt, dass sich der Gesamtnutzen additiv aus dem Nutzen der einzelnen Merkmalsausprägungen zusammensetzt. Nach der Befragung werden die Teilnutzenwerte ermittelt, mit denen die Kundensegmente gebildet werden können.

Die Vorteile dieser Methode sind die genaue Ermittlung der Nutzenwerte und der Kundenanforderungen sowie die Abfrage der Preisbereitschaften zusammen mit den Merkmalsausprägungen. Nachteile sind der große Aufwand und die hohen Kosten sowie die erforderlichen statistischen Kenntnisse. Die Conjoint Analyse eignet sich zudem aufgrund der möglichen kognitiven Überforderung der Probanden nicht für radikale Innovationen.

Focus Groups

Focus Groups (vgl. Lamnek 1998; Loos/Schäffer 2001; Nießen 1977) sind eine Methode, um qualitative Informationen zur Entwicklung und Gestaltung innovativer Produkte zu sammeln. Verschiedene Mitglieder der Gruppe diskutieren gleichzeitig ein Thema, welches sich auf wenige Fragestellungen konzentriert (Focus), unter der Leitung eines Moderators. Focus Groups sollten als eine von mehreren Methoden eingesetzt werden, um Kundenanforderungen zu erforschen. Der Zeitpunkt des Einsatzes hängt von den verfolgten Zielen ab. So geht es zu Beginn des Innovationsprozesses eher um Trends und Szenarien, Akzeptanztests und Ideen zu Produkt, Service und Kommunikation. Am Ende stehen dann eher die Definition von Vor- und Nachteilen sowie die konkreten Merkmale von Produkt, Service und Kommunikation auf der Tagesordnung. In einem der Focus Group vorhergehenden Kickoff Workshop, der multifunktional zusammengesetzt sein sollte, werden Ziele und Zeitplan erläutert, die zu beantwortenden Fragestellungen bestimmt, Auswahl und Durchführung der Gruppen sowie die Aufgabenverteilung besprochen. Anschließend erfolgt die Auswahl der Teilnehmer, die von der Produktinnovation betroffen sind und die verschiedenen Zielmärkte repräsentieren. Die Teilnehmer können nach verschiedenen Kriterien (Produkterfahrung, Arbeitsschwerpunkte, demographische Daten, soziale Kompetenz) ausgewählt werden. Während der Durchführung müssen Vorschläge gewichtet werden. Weitere Bewertungen können mit Hilfe der Conjoint Analyse durchgeführt werden.

Die Vorteile dieser Methode liegen in der Gruppendynamik, die dazu führt, dass Ideen von potenziellen Kunden aufgegriffen und weiterentwickelt werden. Zudem steigt die Akzeptanz bei Kunden und Mitarbeitern durch die frühen Interaktionen. Nachteile sind, dass die geplante Innovation kein Geheimnis mehr ist. Für Bedienabläufe sind eher Usability Tests geeignet.

Quality Function Deployment

Das Konzept stammt aus Japan und wurde in den 1970er Jahren entwickelt (vgl. Akao 1992; King 1994). Mit Hilfe von Quality Function Deployment (QFD) werden Kundenanforderungen direkt in Leistungsmerkmale umgesetzt. Dabei kommt es zu einer Trennung von Kundenanforderungen und technischen Lösungsmerkmalen. Eines der Hauptziele ist die Minimierung der Übertragungsfehler, die von der Identifikation der Kundenwünsche bis zur Vermarktung der Innovation auftreten können. Für jede Phase des Innovationsprozesses werden Kundenanforderungen in unternehmensseitige Erfordernisse übersetzt. Zunächst ermittelt man die Kundenanforderungen. Danach kommen die technischen Merkmale hinzu. Beide werden dann miteinander verknüpft. Der QFD-Prozess besteht aus den vier Phasen Qualitätsplanung des Produkts, Teileplanung, Prozessplanung und

Fertigungsplanung. Die Ergebnisse jeder Phase stellen die zu erfüllenden Anforderungen der nächsten Phase dar. Das Schlüsseldokument ist das „House of Quality“. Es besteht aus einer Beziehungsmatrix, die den Einfluss der Lösungen auf die Anforderungen zeigt und aus einer Korrelationsmatrix, die die gegenseitige Beeinflussung der Lösungen darstellt.

Die Vorteile des QFD sind der gezielte Einsatz von Ressourcen, die Verknüpfung von Markt und Technik, die Branchenunabhängigkeit der Methode und die intensive Kommunikation im Team. Nachteile der Methode liegen in einem erhöhten Arbeitsaufwand und der langwierigen Datenermittlung. Zudem hängt die Qualität des Ergebnisses sehr stark von den zu Beginn ermittelten Daten ab.

Konzeptbewertung

Während des Innovationsprozesses können die Erfolgsaussichten und Marktchancen des Produktkonzeptes von den potenziellen Adoptern eingeschätzt werden. Ziel ist es, Produktkonzepte zu verbessern und die mit großen Erfolgsaussichten von den anderen zu selektieren. Dieses kann in Form von Interviews geschehen. Die Bewertung kann in verschiedenen Phasen des Innovationsprozesses erfolgen, mit fortschreitendem Prozess sollte das Produktkonzept jedoch konkreter werden. Die Kunden sollten als potenzielle Zielgruppe für die Innovation stehen.

Chancen	Risiken
▪ Kundenbindungspotenzial im Ausland ▪ Differenzierung vom internationalen Wettbewerb ▪ Referenz- und Imageaufbau im Ausland ▪ Erweiterung und Optimierung des Leistungsangebots ▪ Steigerung der internationalen Kundenzufriedenheit ▪ Komplexitätsbewältigung durch internationale Arbeitsteilung ▪ Konzentration auf Kernkompetenzen durch Auslagerung kostenintensiver Ressourcen (Outsourcing) ▪ Know-How Zuwachs	▪ Erhöhter Koordinationsaufwand ▪ Abhängigkeit vom ausländischen Partner ▪ Flexibilitätsverluste ▪ Zeitverzögerungen ▪ Kostensteigerungen ▪ Mangel an Ressourcen/ Kapazitäten

Tabelle 4-2: Chancen und Risiken der internationalen Integration von Kunden in den Produktentwicklungsprozess

(in Anlehnung an Dahlke/Kergaßner 1996, S. 190)

Zu den bereits erwähnten Vor- und Nachteilen der einzelnen Methoden ergeben sich folgende generellen Vor- und Nachteile bei der Integration von Kunden. Positiv zu erwähnen ist, dass der Kunde Erfahrungswissen einbringt, er als Nutzer an der schnellen Umsetzung interessiert ist und als Implementierungspartner auftritt. Demgegenüber kann die Kundenintegration folgende Nachteile darstellen: Der Kunde will äußerst spezifische Produkte, die eine anderweitige Vermarktung nicht möglich machen, er will sein Know-How nicht preisgeben, oder er ist nicht richtig an der Innovation interessiert, so dass es zu Verzögerungen und Ineffektivität kommt.

Im Rahmen von internationalen Innovationen ergeben sich folgende Chancen und Risiken bei der Kundenintegration (Tab. 4.2):

Im Folgenden soll es um Voraussetzungen für erfolgreiche internationale Hersteller-Kunden-Kooperationen gehen. Nach Lotz (1992, S. 279) müssen dafür zwei Bedingungen gegeben sein: Zum einen muss das Produkt komplex sein und Lerneffekte durch Anwendung erzielen, zum anderen muss die Anwendergruppe heterogen sein und ein Segment von Kunden umfassen, das starke Kundenbedürfnisse und technisches Know-How hat. Sind diese Voraussetzungen gegeben, wird es nach Lotz zu einer erfolgreichen Kunden-Hersteller-Beziehung kommen, da auf beiden Seiten ein starkes Interesse an der Umsetzung der Innovation besteht. Nach Kleinaltenkamp (1996, S.16 ff.) ist der Ausgangspunkt der Kundenintegration die Beantwortung der Frage, welche Leistungen die Kunden verlangen. Dabei geht es um den Umfang, in dem der Kunde an der Innovationsentwicklung mitwirkt. Je nach Umfang und Art der Kundenintegration sind dann die Wertschöpfungsprozesse zu gestalten. Ein Hilfsmittel zur Darstellung des Prozesses wie und wo der Kunde mitwirkt, ist das „Blueprinting“. Dabei geht es um ein Abbild der Prozesse, die zur Lösung des Kundenproblems durchlaufen werden. Wichtig ist dabei, dass auch der Kunde weiß, wann und wie er sich in den Innovationsprozess einbringen kann. Die wesentliche Voraussetzung, die ein Unternehmen für eine erfolgreiche Kundenintegration mitbringen muss, ist Flexibilität. Diese betrifft erstens das Leistungsspektrum. Je mehr das Sortiment aus einer Vielzahl von Bausteinen besteht, umso einfacher ist es für den Kunden, eine spezifische Problemlösung zu finden. Zweitens sind flexible Produktionsstrukturen notwendig. Sie müssen in der Lage sein, die kundenindividuellen Leistungen möglichst kostengünstig zu fertigen. Drittens muss bei den unterschiedlichen Bedarfen und Situationen Flexibilität gezeigt werden.

Bei der Einbindung von Kunden in den internationalen Innovationsprozess sollten folgende Punkte berücksichtigt werden (vgl. auch Homburg/Gruner 1997, S. 8):

1. Innovationsprojekte sollten im Bereich der Kernkompetenzen des Unternehmens durchgeführt werden, so dass es nicht zu einer Abhängigkeit vom ausländischen Partner kommt.
2. Für ein umfangreiches Verständnis der Kundenbedürfnisse reicht die interne Marktforschung, wie Vertriebserfahrungen nicht aus. Die oben dargestellten Methoden auf internationaler Basis können einen wesentlichen Beitrag leisten.
3. Ausländische Kunden sollten schon in frühen Phasen in den Innovationsprozess eingebunden werden. Anfangs ist der Änderungsaufwand noch gering und es gibt viele Änderungsmöglichkeiten.
4. Sobald das Produktkonzept steht, sollte die Kundenintegration auf ein Minimum reduziert werden. Technische Probleme können dann eigenständig gelöst werden. Anschließend können die ausländischen Kunden wieder eingebunden werden.
5. Kunden sollten nicht nur nach ihrem technischen Know-How ausgesucht werden, sondern auch nach ihrem wirtschaftlichen und internationalen Erfolg.
6. Selbst wenn die Kundenintegration den Innovationsprozess verlangsamt, sollte die Prozesseffizienz gesteigert werden. Zudem kann Kundeneinbindung die internationalen Geschäftsbeziehungen festigen oder neue Märkte eröffnen.
7. Die Zusammenarbeit mit den ausländischen Kunden sollte in einem interdisziplinären Team erfolgen.

Die dargestellten Rollen und Methoden der Kundenintegration ermöglichen eine bessere Aufnahme und Einbeziehung von Kundenanforderungen und Herstellung marktgerechter internationaler Innovationen. Nur so kann auf den Entscheidungsprozess des Adopters, insbesondere auf die Einstellungs- und Handlungsphase, Einfluss genommen werden. Besonders bei internationalen Innovationen tun sich viele Unternehmen schwer, das Ausland in die Produktentwicklung mit einzubeziehen und Anforderungen von ausländischen Kunden zu verwerten. Oft werden Unternehmen mit hohen Marktforschungskosten im Ausland konfrontiert, die später über hohe Absatzzahlen gerechtfertigt werden müssen. Da die Absatzzahlen des Inlandes oft größer sind als die im Ausland und zudem noch weniger Marktforschungskosten verursachen, entscheiden sich Unternehmen fälschlicherweise oft gegen die internationale Kundenintegration. Für international erfolgreiche Innovationen muss jedoch die Integration ausländischer Kunden gesteigert werden. Es reicht nicht aus, wie oft noch üblich, Kunden im Inland mit in den Innovationsprozess einzubeziehen und im Ausland nicht.

4.4 Determinanten der internationalen Adoption

Die Adoption ist das Ergebnis eines individuellen Kaufentscheidungsprozesses. Sie ist abhängig von einer Vielzahl von Determinanten. Die produkt-, adopter-, anbieter-, kultur- und umweltbezogenen Determinanten (vgl. Abb. 4.2.) werden in den folgenden Kapiteln in Bezug auf ihre Relevanz für internationale Innovationen dargestellt und dann fallspezifisch in Bezug auf ihre Relevanz für deutsche Innovationen im US-amerikanischen Markt analysiert und diskutiert. Das Ergebnis sollen die für den US-Markt relevanten Determinanten sein, die dann in der empirischen Studie weiter untersucht werden.

4.4.1 Produktbezogene Determinanten

Unter den produktbezogenen Determinanten sind diejenigen Einflussgrößen zu verstehen, die durch die Innovation, das Produkt selbst, hervorgerufen werden und den Erfolg, d.h. die Adoption der Innovation beeinflussen.

In der Literatur werden die von Rogers (1995) definierten Determinanten als führend angesehen. Die empirische Gültigkeit ist in einer Vielzahl von Untersuchungen überprüft und bestätigt worden (vgl. Übersicht bei Kotzbauer 1992, S. 45). Auch im Rahmen dieser Arbeit wird im Wesentlichen von diesen Faktoren ausgegangen. Sie sind jedoch um die Determinanten „Kosten“ und „Verfügbarkeit“ ergänzt worden, da diese bei internationalen Innovationen relevant sind (Abb. 4.5). Die Bedeutung der „Rogers-Kriterien“ spiegelt sich in ihrer hohen Erklärungskraft wider. So können nach Rogers (1995, S. 206) fast 90% der Adoptionsrate einer Innovation durch diese Kriterien erklärt werden. Jedoch gibt es auch erhebliche Kritik an diesen Determinanten. So ist z.B. nicht eindeutig, ob die dargestellten Innovationseigenschaften als hinreichend unabhängig voneinander sind (Kotzbauer 1992, S. 45). Oft wird in der Literatur die Determinante „Risiko“ zu den produktbezogenen Adoptionsdeterminanten gezählt. Hiermit ist das wahrgenommene Risiko gemeint, welches der Nachfrager empfindet, wenn er sich auf das neue Produkt einlässt. Die Innovation könnte nach der Adoption nicht dem entsprechen, was sich der Nachfrager eigentlich vorgestellt hat. Im Rahmen dieser Arbeit wird davon ausgegangen, dass das Risiko insbesondere bei internationalen Innovationen sehr wohl Einfluss auf den Adoptionserfolg hat, jedoch nicht zu den produktbezogenen, sondern zu den adopterbezogenen Determinanten zu zählen ist. Das Risiko kann nicht der Innovation zugerechnet werden. Es ist abhängig von der Person des Nachfragers und kann daher ganz unterschiedliche Ausprägungen haben. Das Risiko wird daher bei den adopterbezogenen Determinanten näher betrachtet.

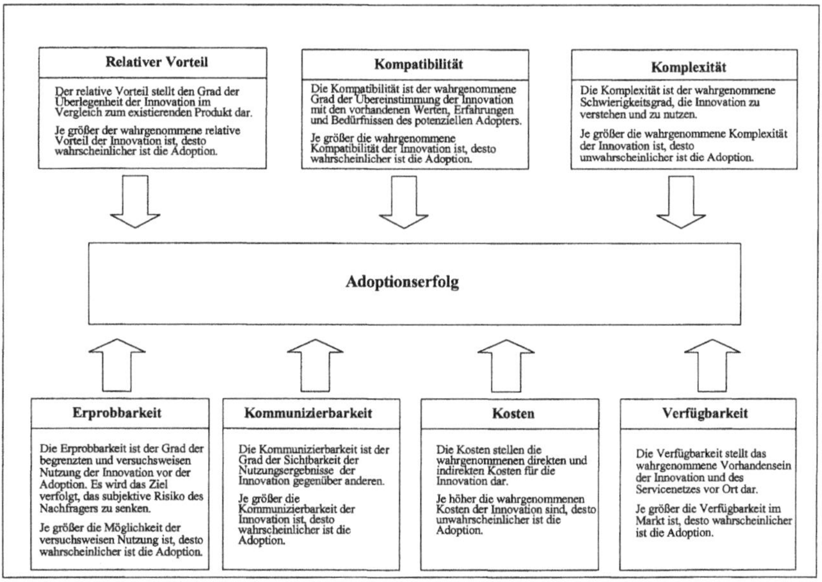

Abbildung 4-5: Produktbezogene Determinanten der Adoption internationaler Innovationen (eigene Darstellung, in Anlehnung an Rogers 1995)

Im Folgenden werden die einzelnen produktbezogenen Determinanten diskutiert.

Der **relative Vorteil** stellt den subjektiven, wahrgenommenen Grad der Überlegenheit der Innovation im Vergleich zu den bisher bekannten oder verwendeten Produktalternativen dar. Rogers (1995, S. 216 f.) unterstellt für alle Produkte einen positiven Zusammenhang zwischen dem relativen Vorteil und der Adoptionsgeschwindigkeit und -wahrscheinlichkeit.

Die Überlegenheit kann sich durch Produkteigenschaften, Produktqualität oder wirtschaftliche Faktoren wie z.B. ein besseres Preis-/Leistungsverhältnis, die Verringerung von Folgekosten oder eine bessere Rentabilität äußern. Schuster (1994, S. 114 ff.) weist zudem auf soziale Faktoren hin. Demnach kann ein verbesserter sozialer Status einen relativen Vorteil ausmachen. Um die Stellung in einer Gruppe zu wahren, kann es bei Nicht-Adoptern zu einem sozialen Adoptionsdruck kommen, wenn die Innovation als Symbol der Identität in der Gruppe steht. Im internationalen Kontext kommt das im Kapitel 4.4.4 beschriebene Country-of-origin Phänomen zum Tragen. Demnach verbinden Nachfrager mit den Herkunftsländern der Produkte bestimmte Gefühle und Einstellungen. Der relative Vorteil könnte bei einem Amerikaner, der ein deutsches Produkt kauft, psychologischer Natur sein. Da er z.B. mit deutschen Produkten Qualität, hohe Preise und gutes öffentliches Ansehen verbindet, geht er davon aus, einen besseren sozialen Status nach der Adoption der Innovation zu erlangen. Bei Netzeffektgütern kann sich der relative Vorteil durch eine steigende bzw. bereits hohe vorhandene Nutzerschicht ergeben. Je verbreiteter ein Produkt ist, bzw. je größer das vorhandene Netz ist, umso wertvoller ist es für einen neuen Nutzer. Eine kritische Masse an Nutzern muss erreicht sein, damit sich für einen weiteren potenziellen Nutzer ein relativer Vorteil ergibt.

Deutsche Innovationen erreichen in den USA immer noch einen relativen Vorteil, wenn sie von guter Qualität sind. Das Qualitätssiegel „Made in Germany“ ist tief verankert (vgl. Droege & Comp. 1998, S. 3 ff; Droege & Comp. 2000, S. 29 ff.; Droege & Comp. 2001b; Zeutschel 2002, S. 1 ff.). Qualität, Funktionalität, technische Innovationen und Design von deutschen Produkten stellen Alleinstellungsmerkmale dar. Dieses trifft insbesondere in den klassisch starken Branchen Maschinenbau, Chemie/Pharma und Medizin zu. Auf der einen Seite können durch die Qualitätsarbeit aus Deutschland Wettbewerbsvorteile erlangt werden. Auf der anderen Seite kann man feststellen, dass Qualität zwar erwartet, aber nicht unbedingt den Schwerpunkt darstellt, da der Kunde bereits von einer hohen Produktqualität ausgeht. Fraglich ist also, ob dieser Vorteil ausreicht, um den Kunden zur Adoption zu bringen oder ob er durch andere negative Einflüsse an Bedeutung verliert. Diese entstehen bei deutschen Produkten oft durch komplexe und schwierig zu verstehende Innovationen. Dieses Overengineering geht zumeist mit zu hoch empfundenen Preisen einher. Weiterhin sind Innovationen selten an lokale Standards und Anforderungen angepasst.

Die Determinante des relativen Vorteils wird sowohl in den USA als auch international als entscheidend für das Ergebnis des Adoptionsprozesses gesehen (vgl. Beise 2001, S. 47; Kotzbauer 1992, S. 44). Wie die oben aufgeführten Ausprägungen, die einen relativen Vorteil ausmachen, jedoch zeigen, können diese sehr vielfältig sein. Wahrscheinlich ist der Großteil der Innovationseigenschaften dem relativen Vorteil zuordbar. Letztlich kann für den Kunden alles, was die Innovation im Vergleich zu den bisher bekannten oder verwendeten Produktalternativen als vorteilhaft darstellt, einen relativen Vorteil ausmachen, so auch Innovationseigenschaften wie Kosten, Kompatibilität oder Erprobbarkeit, die hier separat betrachtet werden. Aus diesem Grund wird dem relativen Vorteil zwar eine große Relevanz und Erklärungskraft zugesprochen, er wird aber wegen der Ungenauigkeit und der fehlenden Unabhängigkeit von anderen Innovationseigenschaften nicht weiter in der empirischen Studie untersucht.

Die **Kompatibilität** ist der wahrgenommene Grad der Übereinstimmung der Innovation mit den vorhandenen Werten, Erfahrungen, Normen und

Bedürfnissen des potenziellen Adopters. Je größer die wahrgenommene Kompatibilität der Innovation, desto wahrscheinlicher ist die Adoption. Steht die Innovation den eigenen Werten, Erfahrungen, Verhaltensstrukturen und Bedürfnissen konträr gegenüber, kann die Adoption negativ beeinflusst und der Adoptionsprozess abgebrochen werden.

Herkunft und Zielmarkt der Innovation spielen bei der kulturellen und technischen Kompatibilität eine bedeutende Rolle (vgl. Brück 2002, S. 50 f.; Gorgs/Holzner 2001, S. 82 ff.; Hirn 2002, S. 58 ff.; o.V. 2004a, S. 14). Aufgrund regionaler Eigenheiten können internationale Innovationen inkompatibel werden, wenn z.B. kulturelle Bedürfnisse oder technische Standards nicht eingehalten und Produkte damit nicht angenommen werden. Bei internationalen Investitionsgütern geht es vor allem um die Integrationsmöglichkeit von Systemgütern. Es entstehen Wechselkosten, wenn die Innovation technisch nicht kompatibel ist. Die Anpassungsfähigkeit an Kundenspezifika, kultureller als auch technischer Art, wird zum Erfolgsfaktor.

Die Kompatibilität spielt bei deutschen Innovationen im US-Markt eine entscheidende Rolle (vgl. Hilleke 2000, S. 117 ff). Wie bereits im Kapitel 3.3 diskutiert, können standardisierte Lösungen nur in den seltensten Fällen angeboten werden. Die Innovation muss mit den vorhandenen Werten, Erfahrungen, Normen und Bedürfnissen des Kunden im ausländischen Markt einhergehen, was eine Differenzierung bedeutet. Diese Anpassungen betreffen die gesamte Palette der Aktivitäten von der Kommunikation bis zur technischen Kompatibilität der Innovation. Die Kompatibilität soll sich hier insbesondere auf technische Normen, Zertifizierungen, Zulassungen, lokale Standards, Produktnamen, Handbücher und Werbung beziehen. Bei der technischen Kompatibilität ist zwar oft die Integrationsmöglichkeit von eigenen Produktgruppen gegeben, soll aber ein Wettbewerbsgerät mit der eigenen Innovation verbunden werden, scheitert das oft. Dieses wird umso gefährlicher als dass deutsche Unternehmen, die in den USA zu den Nichtmarktführern gehören, versuchen, Standards zu setzen. Amerikanische Kunden haben sich meist auf landeseigene und marktführende Systeme festgelegt. Daher sind die Wechselkosten hoch, und es ist für sie nicht attraktiv zum deutschen Anbieter zu wechseln.

Es ist davon auszugehen, dass die Kompatibilität der deutschen Innovation entscheidenden Einfluss auf ihre Adoption in den USA hat. Sie wird daher als eine der relevanten Determinanten in der empirischen Studie weiter untersucht.

Die **Komplexität** ist der wahrgenommene Grad der Vielfältigkeit bzw. der Schwierigkeitsgrad, die Innovation zu verstehen und zu nutzen. Je innovativer, technisch neuartiger und erklärungsbedürftiger ein Produkt angesehen wird, umso höher wird auch seine Komplexität wahrgenommen. Je größer die wahrgenommene Komplexität der Innovation ist, desto unwahrscheinlicher ist die Adoption. Der zusätzliche psychische und wirtschaftliche Lernaufwand, der mit der Übernahme der Innovation verbunden ist, darf somit nicht die sonstigen Vorteile und Ersparnisse der Innovation aufwiegen. Es ist jedoch anzunehmen, dass die Adoption umso wahrscheinlicher ist, je mehr Zeit und Geld ein potenzieller Adopter in die Innovation investiert. Gezielte Investitionen sind zwar meistens sunk costs, beim Nachfrager können sie jedoch das Gefühl erwecken, schon soviel in die Innovation gesteckt zu haben, dass eine Nicht-Übernahme nun nicht mehr möglich ist, bzw. eine Investition von Zeit und Geld in eine andere Innovation zu teuer wird. Oft werden Innovationen aus dem Ausland als komplexer, d.h. als schwieriger zu verstehen und zu bedienen angesehen, was für eine große Relevanz dieser Determinante im internationalen Kontext spricht.

Insbesondere die deutschen Produkte werden in den USA als innovativ, technisch neuartig, allerdings auch als erklärungsbedürftig und nicht intuitiv handhabbar wahrgenommen (vgl. Droege & Comp. 1998, S. 3 ff; Droege & Comp. 2000, S. 29 ff.; Droege & Comp. 2001b; Zeutschel 2002, S. 1 ff). Es fehlt an der Einfachheit der Bedienung und an der Nutzerfreundlichkeit. Die Produkte sind overengineered, sie haben zu viele Funktionen. Das kann mit zusätzlichem psychischem und wirtschaftlichem Lernaufwand insbesondere für Neukunden verbunden sein, den der Amerikaner nicht bereit ist aufzuwenden. Für das Studieren des Handbuches, welches oft auch kompliziert geschrieben ist, bleibt keine Zeit. Amerikaner sind in der Regel weniger ausgebildet, so dass es oft an tiefergehendem Fachwissen mangelt. Zudem wechseln sie des öfteren Arbeitsplatz und -geber, so dass vorhandenes Wissen nicht weitergegeben wird. Ist ihnen ein Produkt zu kompliziert, wird es selbst bei guter Qualität zur Seite gelegt. Man will keine Zeit aufwenden, um das Produkt genauer kennen zu lernen. Das Motto für den Amerikaner ist „plug & play". Usability labs lohnen sich hier, um zu untersuchen, was Kunden mit den Produkten machen und wie groß die Schwierigkeiten der Bedienung sind. Der Vertrieb wird zudem nur die Produkte verkaufen, die er selbst versteht und dem Kunden erklären kann. Die Einfachheit bezieht sich jedoch nicht nur auf die Produkte, sondern auch auf Prozesse, so z.B. Bestellvorgänge über das Internet.

Es wird festgehalten, dass insbesondere im US-amerikanischen Markt die Einfachheit für den Anbieter einen Erfolgsfaktor darstellt. Die Komplexität deutscher Produkte wird als ein Hauptgrund für das Scheitern im US-Markt angenommen und daher als eine der relevanten Determinanten in der empirischen Studie weiter untersucht.

Die **Erprobbarkeit** ist der Grad der begrenzten und versuchsweisen Nutzung der Innovation vor der Adoption. Es wird das Ziel verfolgt, das subjektive Risiko des Nachfragers zu senken und mögliche Konsequenzen zu antizipieren.

Je größer die Möglichkeit der versuchsweisen Nutzung und der Rückgängigmachbarkeit ist, desto wahrscheinlicher ist die Adoption.

Gedenk (1999, S.89 ff.) bestätigte in ihrer Untersuchung die positive Wirkung von Warenproben auf Aufmerksamkeit, Absatz und Markentreue. Um die Übernahme durch potenzielle Nachfrager zu beschleunigen, sollte also der von ihnen vermutete oder bereits erkannte relative Vorteil nachprüfbar werden (vgl. Heimann/Muller 1996, S. 422 ff.). Hierbei kommen Unternehmen in ein Dilemma, da eine Erprobbarkeit ihrer Innovationen gleichzeitig mit einer Preisgabe von Know-How und der Verletzbarkeit durch den Wettbewerb einhergeht. Ganesh et al. (1997, S. 214 ff.) weisen darauf hin, dass die Erprobbarkeit der Innovation zudem mit der Art des Produktes zusammenhängt. So können Suchgüter bereits vor dem Kauf erprobt werden. Erfahrungs- und Vertrauensgüter müssen erst genutzt werden, damit man sie beurteilen kann. Eine versuchsweise Nutzung erweist sich demzufolge besonders bei den Erfahrungs- und Vertrauensgütern als sinnvoll, um Kaufbarrieren zu senken. Erprobungsmöglichkeiten sind zudem nur dann sinnvoll, wenn der Nutzen der Innovation den potenziellen Adoptern nicht bekannt ist oder von ihnen geringer eingeschätzt wird als er aus Sicht des Anbieters ist (Litfin 2000, S. 33). Während der Erprobung kann es jedoch auch zu negativen Erfahrungen beim Nachfrager kommen. Wie diese auf den Adoptionsprozess und das Adoptionsergebnis wirken, wird von Gaeth et al. (1997, S. 41 ff.) diskutiert. Wenn man unterstellt, dass bei internationalen Innovationen das antizipierte Risiko des Kunden und die Skepsis gegenüber der Innovation größer sind, so könnte der Determinante „Erprobbarkeit“ im internationalen Bereich eine größere Bedeutung zu kommen als im Inland.

Ein Test vor dem Kauf wird in den USA insbesondere bei sehr komplexen und teuren Produkten in Anspruch genommen (vgl. Honko 1993, S. 1 ff.). Dass es sich um ein ausländisches Produkt handelt, hat jedoch nicht zur Folge, dass der Kunde mehr testen will. Amerikaner planen nicht in dem Umfang wie Deutsche. Daher kommt es oft auch vor, dass der Kunde aus Zeitgründen nicht testet, dann aber das Gerät wieder zurückgibt, wenn etwas nicht stimmt. Weiterhin wird nicht getestet, wenn das Konzept für den Kunden schlüssig ist und er Referenzen hat, die ihn überzeugen. Auch wenn der Kunde ein Training durchläuft, nimmt er eine Testphase selten in Anspruch, sondern weiß vorher schon, was er von dem Produkt hält. Produktdemonstrationen oder „Launch kits“ haben in den USA generell Erfolg und werden von den Kunden angenommen, wenn sie kurz, farbig, plakativ und überzeugend sind.

Zusammenfassend kann gesagt werden, dass die Erprobbarkeit der deutschen Innovation in den USA zwar Einfluss auf ihre Adoption hat, aber nicht in dem Maße relevant ist, wie andere Determinanten. Daher wird sie in der empirischen Studie nicht weiter untersucht. Es wird jedoch im Kapitel 4.4.2 geprüft, ob die adopterbezogene Determinante „Risikoempfinden“, die indirekt die Erprobbarkeit bestimmt in der empirischen Studie weiter untersucht wird.

Die **Kommunizierbarkeit** ist der Grad der Sichtbarkeit und Mittelbarkeit der Merkmale, Vorteile und Nutzungsergebnisse der Innovation gegenüber anderen. Die Informationskosten des Nachfragers sind geringer, wenn die Innovationseigenschaften leicht zu kommunizieren sind. Je größer die Kommunizierbarkeit der Innovation ist, desto wahrscheinlicher ist die Adoption.

Bei der Kommunizierbarkeit der Merkmale, Vorteile und Nutzungsergebnisse der Innovation gegenüber den Kunden fällt auf, dass diese bei deutschen Innovationen in den USA zum einen durch die Produktkomplexität erschwert und zum anderen von den Anbietern oft gering gehalten wird (vgl. Droege & Comp. 1998, S. 3 ff; Droege & Comp. 2000, S. 29 ff.; Droege & Comp. 2001b; Zeutschel 2002, S. 1 ff.). Die Kommunikation wird selten an den amerikanischen Markt angepasst, sondern einfach aus Deutschland übernommen. Eine, wie sie in den USA üblich ist, lautere und aggressivere Kommunikation bleibt aus. Das hat zur Folge, dass sich Amerikaner weniger oder gar nicht damit identifizieren können. Teilweise kommt auch eine schlechte Übersetzung hinzu. Zudem ist die Kommunikation sehr technisch geprägt und wird nicht von einer Nachvollziehbarkeit und Einfachheit dominiert, die wirtschaftliche Vorteile im Gegensatz zu technischen herausstellt.

Es wird davon ausgegangen, dass die Kommunizierbarkeit deutscher Innovationen im US-Markt Einfluss auf den Adoptionserfolg hat. Diese soll aber nicht separat untersucht werden, sondern der Determinante Kompatibilität untergeordnet werden und somit in die weitere empirische Untersuchung einfließen, denn letztlich geht es um Anpassungen an vorhandene Werte und Bedürfnisse amerikanischer Kunden. Weiterhin wird bei den anbieterbezogenen Determinanten geprüft, ob die Determinante „Marketingkommunikation“ relevant ist und somit in der empirischen Studie weiter untersucht wird.

Die **Kosten** stellen die wahrgenommenen direkten und indirekten Kosten der Innovation dar. Je höher diese sind, desto unwahrscheinlicher ist die Adoption. Eine positive Beziehung zur Adoption kann jedoch bestehen, wenn der Preis als Qualitätsindikator wahrgenommen wird. Die Kosten, die sich auf Ursprungs- und Folgekosten der Investition beziehen, können auch der Determinante des relativen Vorteils zugeordnet werden. Aufgrund der enormen Bedeutung des Preises, insbesondere im internationalen (vgl. Beise 2001; Nabseth/Ray 1974) und auch US-amerikanischen Markt, wurden die Kosten hier gesondert als produktbezogene Determinante aufgenommen.

US-amerikanische Kunden werden als preisempfindlich eingeschätzt, so dass die Kosten für die deutsche Innovation im US-Markt eine entscheidende Rolle spielen (vgl. Brück 2002, S. 50 f.; Gorgs/Holzner 2001, S. 82 ff.; Hirn 2002, S. 58 ff.; o.V. 2004a, S. 14). Produkte, die in Deutschland gefertigt und dann in die USA verschifft werden, haben jedoch aufgrund der zusätzlichen Logistik bereits Kostennachteile. Zudem wird wegen hoher technologischer Qualität oft ein Preis verlangt, der über dem Wettbewerb liegt. Kunden, die lieber ein einfaches Gerät mit weniger Funktionen haben wollen, müssen oft das komplette Paket mit allen Funktionen zu einem hohen Preis bezahlen. Da deutsche Produkte ein gutes Image insbesondere aufgrund der Qualität genießen, sind Amerikaner teilweise bereit, etwas mehr zu zahlen, wenn zudem der Preis als Qualitätsindikator wahrgenommen wird. Aufgrund des unterschiedlichen Vertriebs in den USA, wo die Produkte über Distributoren vertrieben werden, müssen die Preise aber so kalkuliert sein, dass auch der Distributor mitverdienen kann. Das ist insbesondere wichtig, da dieser vor allem das Produkt verkaufen wird, das ihm den größten Gewinn bringt. Der Preis muss letztendlich einen wirtschaftlichen Vorteil darstellen und darf nicht wesentlich über dem Wettbewerb liegen.

Die Kosten der Innovationen und ihre Kundenpreise spielen im US-amerikanischen Markt eine entscheidende Rolle. Preise müssen in den USA wettbewerbsfähig und lokal angepasst sein. Sie werden als eine der relevanten Determinanten in der empirischen Studie weiter untersucht.

Die **Verfügbarkeit** stellt das wahrgenommene Vorhandensein der Innovation und des Servicenetzes vor Ort dar. Je größer die Verfügbarkeit im Markt ist, desto wahrscheinlicher ist die Adoption.

In den USA könnte die Akzeptanz von Innovationen aufgrund von Verfügbarkeit bzw. von Lieferschwierigkeiten deutscher Produkte negativ beeinflusst werden. Hierzu gibt es allerdings wenige Rückmeldungen. Positiv und vorteilhaft im Wettbewerb wirkt sich jedoch aus, wenn der Anbieter Servicenetz und Lager vor Ort in den USA vorweisen kann, was das subjektive Risiko der Kunden senkt (vgl. Hilleke 2000, S. 117 ff.). Kommt es dennoch zu einer Verzögerung, will der Kunde meist innerhalb der nächsten 24 Stunden eine Lösung.

Es wird davon ausgegangen, dass die Verfügbarkeit der deutschen Innovationen in den USA zwar Einfluss auf die Adoption von Innovationen hat, aber nicht in dem Maße relevant ist, wie andere Determinanten. Daher wird sie in der empirischen Studie nicht weiter untersucht. Es wird jedoch im Kapitel 4.4.3 geprüft, ob die anbieterbezogene Determinante „Service“, die indirekt die Verfügbarkeit beeinflusst, in der empirischen Studie weiter untersucht wird.

Die produktbezogenen Determinanten stellen einen wahrgenommenen Grad beim potenziellen Adopter dar. Das heißt, dass diesen jeder anders wahrnimmt, es gibt kein objektives Maß. So können der relative Vorteil oder die

Komplexität je nach Nachfrager ganz andere Ausmaße annehmen. Die Ausprägung der Determinanten ist somit nicht nur vom Produkt, sondern auch in erheblichem Maße von der Person des Adopters abhängig. Um diese adopterbezogenen Determinanten soll es im folgenden Kapitel gehen.

4.4.2 Adopterbezogene Determinanten

Jeder Nachfrager durchläuft einen sehr individuellen Meinungsbildungs- und Entscheidungsprozeß bis zur Annahme oder Ablehnung der Innovation. Verschiedene interne Zustände und externe Informationen haben Einfluss auf die Entscheidung des Nachfragers. Aufgrund der Heterogenität der Nachfrager beginnen die Adoptionsprozesse zu verschiedenen Zeitpunkten, haben unterschiedliche Verläufe und Ergebnisse und enden zu unterschiedlichen Zeitpunkten. Um die Determinanten, die speziell den Nachfrager betreffen, soll es in diesem Kapitel gehen. Unter den adopterbezogenen Determinanten werden die Einflussgrößen verstanden, die von der Person, also dem potenziellen Adopter, ausgehen und den Adoptionserfolg beeinflussen.

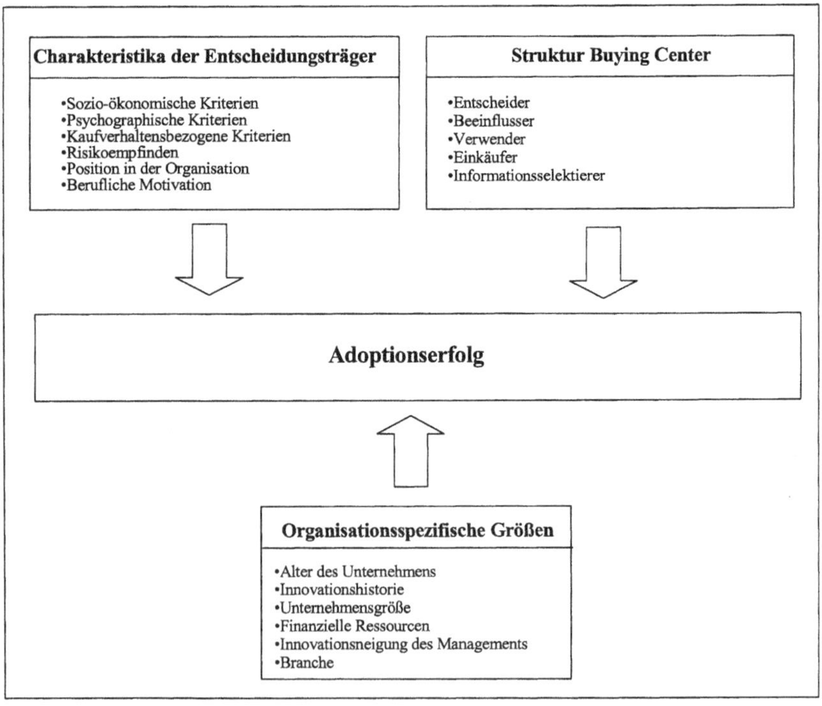

Abbildung 4-6: Adopterbezogene Determinanten der Adoption internationaler Innovationen (eigene Darstellung, in Anlehnung an Weiber/Pohl 1996)

Bei den adopterbezogenen Determinanten (Abb. 4.6) wird zwischen den unternehmens- und konsumentenbezogenen Einflussgrößen differenziert (Litfin 2000, S. 36). Diese Differenzie-rung ist wichtig, da sich das Adoptionsverhalten von Unternehmen und Konsumenten unterscheidet und auf unterschiedliche Einflussfaktoren zurückzuführen ist. Da im Rahmen dieser Arbeit der Fokus auf Investitionsgüter und nicht auf Konsumgüter gerichtet ist, wird im Folgenden nur auf die unternehmensspezifischen Faktoren eingegangen.

In Bezug auf die **Charakteristika der Entscheidungsträger** und die *sozio-ökonomischen Determinanten* kann man davon ausgehen, dass das Bildungsniveau früher Adopter über dem Durchschnitt liegt, was ihnen das Durchdringen komplexer Sachverhalte bezüglich der Innovation eher ermöglicht. Ein höherer sozialer Status, den frühe Adopter vorweisen, ergibt sich aus zahlreichen beruflichen Erfahrungen. Sie sind zudem jüngeren Alters und weisen daher oft eine größere Risikobereitschaft zur Innovationsübernahme auf als ältere Nachfrager (Dickerson/Gentry 1983, S. 225 ff.; Gatignon/Robertson 1985, S. 849 ff.; Rogers 1995, S. 268 ff.). Die sozio-ökonomischen Determinanten sind relativ leicht zu operationalisieren und zu erfassen, jedoch ist die Verhaltensrelevanz gering.

Der erste Punkt kann, bezogen auf die USA, nicht bestätigt werden, denn das Bildungsniveau amerikanischer (Fach)Arbeiter ist oft geringer als das deutscher (vgl. Hilleke 2000, S. 117 ff.). Das hat jedoch nicht zur Folge, dass in den USA Innovationen generell später adoptiert werden als in Deutschland. Dieses betrifft wenn, dann nur hochgradige und komplexe Innovationen. Sie sind schwerer zu verstehen, und hierzu fehlt das notwendige Know-How des Personals. Handbücher, Broschüren oder Kataloge werden nicht genutzt, wenn sie nicht übersichtlich und einfach zu verstehen sind. Das betrifft insbesondere die Determinante „Komplexität", die, wie bereits oben erwähnt, in der empirischen Studie weiter untersucht wird. Die Determinante Risikobereitschaft wird an späterer Stelle in diesem Kapitel noch diskutiert. Aufgrund der ansonsten auch im internationalen Kontext geringen Verhaltensrelevanz der sozio-ökonomischen Determinanten werden diese in der empirischen Studie nicht weiter untersucht.

Die *psychographischen Determinanten* wie Motive, Einstellungen, Kognitionen, Werte, Erwartungen, Stimmungen, Lebensstil oder Persönlichkeit sind schwer zu operationalisieren, jedoch ist die daraus resultierende Verhaltensrelevanz hoch (vgl. Blake et al. 1970, S. 483; Trommsdorff 1998). Innovationen werden im Markt beispielsweise eher akzeptiert, wenn Kunden dem Fortschritt gegenüber positiv eingestellt sind.

Bedeutend in der Adoptionsforschung sind die Personen der Meinungsführer, Meinungssucher und der so genannten Leapfrogger (Rogers 1995, S. 281 ff.).

Durch Meinungsführer wird der Diffusionsprozess beschleunigt bzw. verzögert. Zu ihnen können Diffusionsagenten wie z.B. Journalisten oder Organisationen wie Stiftung Warentest gezählt werden. Meinungsführer zeichnen sich durch einen hohen sozialen Status, ein hohes Bildungsniveau, Selbstvertrauen und kommunikative Eigenschaften aus. Sie sind interessiert an Innovationen, suchen aktiv nach Informationen und erlangen schon früh Kenntnis von den Innovationen. Sie bilden eine Schnittmenge mit den im Kapitel 4.2. betrachteten Innovatoren und frühen Adoptern. Aufgrund des potenziellen Einflusses auf andere Nachfrager nimmt der Meinungsführer eine bedeutende Stellung im Adoptions- und Diffusionsprozess ein. Oft wird davon ausgegangen, dass Meinungsführer einen positiven Einfluss auf die Verbreitung von Innovationen haben. Es gibt jedoch auch negative Meinungsführer, die genau das Gegenteil bewirken können. Weiterhin gibt es so genannte Meinungssucher. Dieses Konzept ist eng mit dem des Meinungsführers verbunden, denn diese hätten nicht die Bedeutung, wenn es niemanden gäbe, der ihren Rat haben will. Meinungssucher wollen das mit der Adoption verbundene Risiko minimieren und vertrauen anderen, denen sie mehr Kompetenz und eine höhere Stellung zusprechen. Schließlich gibt es noch den so genannten Leapfrogger, der sich durch eine abwartende Haltung auszeichnet. Ursachen für ein solches Verhalten können das Wissen um eine noch leistungsfähigere Innovationsgeneration sein, die demnächst auf den Markt kommt. Zudem rechnen sie mit einem Preisverfall der noch aktuellen Generation (Gierl 1997, S. 1074 ff.). Damit unterscheiden sie sich von der Gruppe der Meinungssucher. Ihr Verhalten wird durch kurze Produktlebenszyklen und Produktvorankündigungen der Unternehmen begünstigt (Litfin 2000, S. 41).

In den USA kann von einer geringeren Innovationsneigung der Nachfrager ausgegangen werden als in Deutschland. Der Druck auf Innovationen wird in Deutschland höher angesehen (vgl. Honko 1993, S. 1 ff.), da die Arbeitskraft in Deutschland teuerer ist als in den USA, was zur Folge hat, dass sich in Deutschland ein höherer Automatisierungsgrad in der Produktion ergibt. Die USA haben einen höheren manuellen Anteil an der Leistung. In Deutschland wird daher sehr auf Effizienzsteigerung geachtet, was sich auch in innovativen Produkten widerspiegelt. Deutsche gelten daher bei Industrieprodukten als wesentlich innovations-freudiger als Amerikaner. Dieses drückt sich z.B. auch bei den technischen Normen aus. Innovationen sind in beiden Ländern natürlich auch von Ressourcen, Kundenanforderungen, der Konjunktur und der Präsenz des Wettbewerbs abhängig.

Aufgrund der hohen Verhaltensrelevanz psychographischer Determinanten bei internationalen Innovationen, sollen sie in der empirischen Studie weiter untersucht werden. Es wird jedoch unterstellt, dass Motive, Einstellungen und Werte im internationalen Kontext viel mit der Kultur zu tun haben. Die kulturbezogenen Determinanten werden im Kapitel 4.4.4 diskutiert und geprüft inwiefern sie in der empirischen Studie weiter untersucht werden.

Zu den Charakteristika der Entscheidungsträger gehören weiterhin die *kaufverhaltensbezogenen Kriterien*. Hierbei wird bei den Nachfragern von vergangenem Kaufverhalten auf zukünftiges geschlossen. Insbesondere die Produktwahl, das Preisverhalten, die Mediennutzung sowie die Lieferantenwahl sind adoptionsrelevant. Die Produktwahl betrifft die bisherigen Erfahrungen der Nachfrager mit ähnlichen Produkten, die Markentreue oder die Kaufhäufigkeit. Für die einen bedeutet die Adoption den Einstieg in ein völlig neues Produktsortiment und für die anderen ist sie eine weitere Erfahrung innerhalb des bekannten Sortiments. Aufgrund ihrer Erfahrungen können sie die Innovation leichter oder schwerer beurteilen. Wenn sie sich bereits im Umfeld der Innovation bewegen, sind ihnen Produktneuheiten eher bekannt. Bezüglich des Preisverhaltens kann zwischen der Gruppe der preissensiblen und der preisunsensiblen differenziert werden. Erstere sind eher motiviert Preissenkungen abzuwarten, bevor es zur Adoption kommt. Die Mediennutzung betrifft Art und Umfang der Nutzung und die Nutzungsintensität. Bei der Lieferantenwahl sind die Art von und die Treue zum Lieferanten adoptionsrelevant. Die Kriterien des beobachtbaren Kaufverhaltens sind relativ leicht zu operationalisieren, jedoch ist die Verhaltensrelevanz gering.

Auf das Preisverhalten amerikanischer Nachfrager wird, wie bereits im Kapitel 4.4.1 diskutiert, in der empirischen Studie bei der produktbezogenen Determinante „Kosten“ näher eingegangen. Die Mediennutzung in den USA bezieht sich insbesondere auf die Nutzung des Internets als Hauptinformationsquelle (vgl. Knower et al. 2000, S. 415 ff.; Otte 1996, S. 80). Internetseiten werden jedoch nicht genutzt, wenn sie sich nur langsam aufbauen, zu umfangreich, zu schwer zu verstehen und nicht aktuell sind. Deutschen Anbietern bieten sich hier noch große Reserven. Sie unterschätzen oft die Macht dieses Mediums. Bei der Lieferantenwahl spielt die Treue zum Lieferanten in den USA keine große Rolle. Kommt ein besseres Angebot, so wird dieses angenommen und nicht aus Loyalitätsgründen abgelehnt. Aufgrund der geringen Verhaltensrelevanz bei internationalen Innovationen sowie auch in Bezug auf den US-Markt werden außer den Kosten keine weiteren kaufverhaltensbezogenen Kriterien in der empirischen Studie untersucht.

Die Adoption ist weiterhin vom *Risikoempfinden* des Adopters abhängig. Ein neues Produkt zu kaufen, stellt ein Risiko für den Käufer dar; das neue Produkt funktioniert vielleicht nicht wie gewollt oder beinhaltet sogar Gesundheitsgefahren. Das Risiko stellt den wahrgenommenen Grad der Unsicherheit dar, dass es zu einem Nicht-Erreichen der Kaufziele bei der Adoption kommt. In der Literatur wird zwischen dem technischen, sozialen und ökonomischen Risiko unterschieden (Schmalen/Pechtl 1996, S. 820 f.). Das technische Risiko betrifft die nichterfüllte technische Innovationsleistung, das soziale Risiko die Missbilligung durch die soziale Umwelt und das ökonomische Risiko zusätzliche monetäre Kosten der Adoptionsentscheidung. Adopter wiederum können in risikofreudig (Innovatoren, frühe Adopter) und risikoavers (Späte Mehrheit und Nachzügler) unterteilt werden. Bei den risikofreudigen Innovatoren und frühen Adoptern sind zwei Gruppen zu unterscheiden. Die eine nimmt das Risiko in Kauf, um das neue Produkt nutzen zu können. Die andere nimmt das Risiko in Kauf, um soziale Anerkennung als Pionier zu bekommen. Obwohl sie sehr unterschiedlich sind, werden beide Gruppen doch oft als eine Gruppe der Innovatoren und frühen Adopter behandelt. Während die erste vom wirtschaftlichen und technischen Fortschritt getrieben wird, hat die zweite eher das Bedürfnis, sich aus der Gesellschaft hervorzuheben. Die Kunden, die nach den frühen Adoptern die Innovation übernehmen, sind risikoscheuer. Sie wollen, dass das Produkt getestet und frei von „Kinderkrankheiten“ ist, bevor sie es kaufen. Das Bedürfnis, am technologischen Fortschritt teilnehmen zu wollen, haben sie jedoch genauso wie die früheren Adopter. Sie profitieren von den früheren Adoptern, indem sie genau beobachten und nachvollziehen können, wie sich das Produkt darstellt und entwickelt.

Das subjektiv wahrgenommene Risiko ist umso größer, je komplizierter das Produkt wirkt, je höher der Preis ist, je geringer die Rückgängigmachbarkeit ist und je gravierender die Folgen wahrgenommen werden. Weiterhin ist das subjektiv wahrgenommene Risiko umso größer, je schwieriger der Vergleich mit Wettbewerbsangeboten derselben Produktklasse empfunden wird, je neuartiger das Produkt ist, je größer die Gefahr der sozialen Missbilligung einer falschen Entscheidung wäre und je größer der Zeitdruck ist (Kotzbauer 1992, S. 38). Nachfrager verlangen zumeist keine absolute Sicherheit über die Kenntnis möglicher Kauffolgen, sondern nur eine relative Sicherheit. Man kann also davon ausgehen, dass sie ein gewisses Risiko akzeptieren (Kotzbauer 1992, S. 40).

Im internationalen Kontext ist die Studie von Tansuhaj et al. (1991, S. 7 ff.) interessant, welche die Rolle von kulturellen Werten analysierte, um Unterschiede beim Widerstand gegenüber Innovationen in verschiedenen Kulturen zu erklären. Untersucht wurde der Einfluss von Fatalismus, Traditionalismus und Religiosität auf die Risikowahrnehmungen und den Wunsch, Innovationen zu übernehmen. Die Analyse ergab, dass es keine pauschale Risikowahrnehmung in einer bestimmten Kultur gibt, sondern diese in den Kulturen unterschiedlich ist, aber auch von der Innovation selbst abhängt. Traditionalismus und Religiosität waren zur Erklärung von Innovationswiderstand weniger geeignet als Fatalismus. Steigender Fatalismus hatte geringere Adoption zur Folge. Insbesondere im internationalen Innovationsmanagement kommt der Risikoreduzierung bei den Nachfragern eine enorme Bedeutung zu. So stellten sich Print Werbung und „Change Agents“ als effektive Maßnahmen zur Risikoreduzierung heraus, wenn es sich um Produkte handelte, mit denen hohes soziales Risiko und tief verwurzelte Gewohnheiten assoziiert wurden. Produktmodifikation war das Mittel der Wahl, wenn der Widerstand durch wirtschaftliches Risiko oder Risiko in der Produktleistung hervorgerufen wurde. Letzteres wäre der Fall bei den hier betrachteten Investitionsgüter Innovationen und bestätigt die Forderung des Kapitels 3.3 nach Differenzierung. Im Kapitel 4.4.4 wird weiter auf risikofreudige und risikoaverse Gesellschaften im kulturellen Kontext eingegangen.

Wegen der besonderen Bedeutung des Risikos im internationalen Geschäft soll hier noch auf den Stellenwert des Vertrauens eingegangen werden. Ökonomen haben inzwischen wissenschaftlich belegt, dass ohne Vertrauen die wirtschaftliche Entwicklung Schaden nimmt (vgl. Wettach 2003, S. 27). Die wirtschaftliche Bedeutung rührt vor allem daher, dass Vertrauen Transaktionskosten senkt. Wer nicht davon ausgeht, dass er von anderen hintergangen wird, benötigt keine zusätzlichen Recherchen. Bleiben jedoch aus Mangel an Vertrauen die Investitionen aus, führt dies zu wirtschaftlichen Verlusten. Nach einer Studie der OECD ist der Anteil der Menschen, die die meisten ihrer Mitbürger für vertrauenswürdig halten, in Deutschland höher (41,8%) als in den USA (35,6%). Insbesondere bei internationalen Innovationen spielt das wahrgenommene Risiko eine bedeutende Rolle, da es größer ist als bei inländischen (vgl. Plötner/Jacob 1996, S. 105 ff). Im internationalen Business-to-Business Bereich scheitern Aktivitäten bereits in frühen Phasen oder kommen gar nicht erst zustande, weil der Nachfrager seine Unsicherheit gegenüber dem Anbieter als prohibitiv hoch wahrnimmt. Dynamik und Komplexität von internationalen Transaktionen und technologischer Entwicklung sind nur zwei Ursachen für die Unsicherheit des Nachfragers. Ausländische Anbieter müssen zudem mehr in die Vertrauensbildung investieren als inländische.

Hier setzt ein gezieltes Vertrauensmanagement an, welches zum Wettbewerbsvorteil werden kann. Instrumente zur Schaffung von Kundenvertrauen sind Referenzen, Ähnlichkeit und Selbstvertrauen. Referenzen machen dem Nachfrager deutlich, dass er bereits im Rahmen früherer Aktivitäten seine Vertrauenswürdigkeit unter Beweis gestellt hat. Wenn die Referenz glaubwürdig ist, eine Ähnlichkeit zwischen der vergangenen und der geplanten Aktion besteht und der Referenzträger auskunftsbereit ist, kann der Anbieter Referenzen gezielt als vertrauensbildende Maßnahme einsetzen. In der Regel werden diese Anforderungen durch Lead User, die eventuell gleichzeitig als Meinungsführer in der Branche gelten, erfüllt. Ähnlichkeit zwischen Anbieter und Nachfrager kann vertrauensaufbauend wirken. Ähnlichkeiten auf der individuellen Ebene (Ähnlichkeiten bezüglich Status, Lifestyle und äußerer Erscheinung) als auch auf der organisationellen Ebene (Größe, Rechtsform, Unternehmensstrategie, Unternehmenskultur) können Vertrauen fördern. Selbstvertrauen stellt eine Voraussetzung für die Vertrauensschaffung dar. Fehlt es einer Person an Selbstvertrauen, ist es nicht möglich, ihr zukünftiges Verhalten abzubilden. Vertrauen kann jedoch nur entstehen, wenn eine gewisse Verhaltenskonsistenz vorliegt.

Es kann vermutet werden, dass Amerikaner bei deutschen Innovationen ein höheres Kaufrisiko wahrnehmen als bei ihren nationalen Innovationen und sie sich dadurch weniger auf sie einlassen. Die Frage ist also, wie die Risikobereitschaft bei Amerikanern generell aussieht und ob sie bei deutschen Produkten ein höheres Risiko empfinden als bei amerikanischen. Aufgrund der großen Bedeutung des Risikoempfindens der Nachfrager für die Adoption internationaler Innovationen soll diese Determinante in der empirischen Studie weiter untersucht werden.

Die *Position des Adopters in der Organisation* als weitere Determinante hat insofern Einfluss auf die Adoptionsentscheidung, als dass Entscheidungsbefugnisse oft mit Positionen und beruflichen Verantwortlichkeiten verbunden sind.

Die *berufliche Motivation* hängt stark mit den psychographischen Eigenschaften des Adopters zusammen. Ein beruflich motivierter, interessierter und aufgeschlossener Mitarbeiter wird eher geneigt sein eine Innovation zu übernehmen, als ein nicht motivierter.

Die letzten beiden Determinanten werden zwar als relevant für die Adoption angesehen, ihnen wird jedoch im internationalen als auch im USA Bezug keine besondere Bedeutung beigemessen. Daher werden sie in der empirischen Studie nicht weiter untersucht.

Die **Struktur des Buying Centers** ist ebenfalls adoptionsrelevant. Auch international werden Adoptionsentscheidungen in Unternehmen meist kollektiv getroffen. Entscheidend sind hierbei die Größe und die Zusammensetzung des Buying Centers sowie der Verlauf des Informationsflusses. Webster/Wind (1972, S. 77 ff.) identifizierten fünf zentrale Rollen, mit denen Machtgefüge erklärt werden können: Entscheider, Beeinflusser, Verwender, Einkäufer und Informationsselektierer. Der Entscheider ist dabei auf das Know-How und die Unterstützung der anderen angewiesen.

Man kann davon ausgehen, dass Adoptionsentscheidungen in Organisationen professioneller ablaufen als bei privaten Nachfragern. Die Gründe dafür liegen in dem Rechtfertigungszwang innerhalb der Organisation, dem Einhalten von internen Richtlinien sowie in der größeren Wissensbasis. Entscheidungen sind oft mit Zeit- und Budgetrestriktionen verbunden. Das Wissen um Produktneuheiten breitet sich auf Unternehmensebene schneller als im Privatbereich aus, da man sich in einem speziellen Fachgebiet befindet und

Fachleute gezielt nach Informationen suchen, die dieses betreffen.

Adoptionsentscheidungen werden auch in den USA kollektiv in den Einkaufsgremien getroffen. Die Struktur des Buying Centers ist somit adoptionsrelevant. Die Beziehungen zwischen den Firmen sind eher kurzfristig und gewinnorientiert. Kurze Amortisationszeiten und ein hoher Return on Investment sind für Geschäfte ausschlaggebend, im Gegensatz zum Aufbau langfristiger Geschäftsbeziehungen, wie es eher in Deutschland der Fall ist (vgl. Hilleke 2000, S. 117 ff.). Auf den amerikanischen Verhandlungsstil, der im Zusammenhang mit der Adoption von Innovationen durch die Buying Center relevant ist, wird im Kapitel 4.4.4 eingegangen.

Trotz der Relevanz für die Adoption wird im internationalen und USA spezifischen Kontext der Struktur des Buying Centers keine besondere Bedeutung zugeschrieben. Daher erfolgt keine weitere Untersuchung in der empirischen Studie.

Die **organisationsspezifischen Größen** haben Einfluss auf die Adoptionswahrscheinlichkeit und -geschwindigkeit. Die Determinanten (Alter des Unternehmens, Innovationshistorie, Unternehmensgröße, finanzielle Ressourcen, Innovationsneigung des Managements, Branche) wurden bereits im Kapitel 3.6.3 behandelt.

Trotz der allgemeinen Relevanz organisationsspezifischer Größen für die Adoption, wird der Adoption im internationalen und USA spezifischen Kontext keine besondere Bedeutung zugeschrieben. Daher erfolgt keine weitere Untersuchung der organisationsspezifischen Größen in der empirischen Studie.

4.4.3 Anbieterbezogene Determinanten

Der Adoptionserfolg ist weiterhin abhängig von den anbieterbezogenen Determinanten. Diese setzen sich aus den strategischen Entscheidungen, der operativen Umsetzung und den organisationsspezifischen Größen des Anbieters zusammen. Auf eine weitere Vertiefung der einzelnen Determinanten wird an dieser Stelle verzichtet, da im Kapitel 3.6.3, im Rahmen des anbieterorientierten Ansatzes, bereits ausführlich auf die anbieterbezogenen Erfolgsfaktoren von Innovationen eingegangen wurde. In diesem Kapitel sollen die dort ermittelten Determinanten auf ihre Relevanz in Bezug auf den Erfolg internationaler Innovationen und insbesondere auf ihre Relevanz bei deutschen Innovationen im US-Markt diskutiert werden.

Von den im Kapitel 3.6.3 zahlreichen ermittelten anbieterbezogenen Determinanten in Bezug auf die **strategischen Entscheidungen** wurden die

„Berücksichtigung von Kundenbedürfnissen“ und das „Timing des Markteintritts“ ermittelt, da sie im internationalen als auch im USA Kontext besonders bedeutend erscheinen. Sie werden im Folgenden diskutiert.

In Bezug auf die *Berücksichtigung von Kundenbedürfnissen* wurde im Kapitel 3.6.3 festgestellt, dass Innovationen umso erfolgreicher sind, je besser und früher Kundenbedürfnisse vom Unternehmen verstanden und erkannt werden. Die Erfolgswahrscheinlichkeit steigt dabei in dem Maß der Genauigkeit, in dem Bedürfnisse der Kunden spezifiziert werden. Erfolgreiche Innovationen sind klar an Kundenbedürfnissen ausgerichtet (vgl. Winkler 1999, S. 130 ff.). Die Forderung nach der Berücksichtigung von Kundenbedürfnissen geht zum einen einher mit der im Kapitel 3.3 gemachten Feststellung, dass Produkte und Lösungen in den meisten Fällen differenziert werden müssen und nicht standardisiert angeboten werden können. Zum anderen betrifft sie die Forderung aus Kapitel 4.3 nach der Integration ausländischer Nachfrager. Um den Kunden während seiner Einstellungsphase zu beeinflussen und um seine Anforderungen in die Innovation mit einfließen zu lassen, muss er früh in den Innovationsprozess integriert werden. Auf die Kundenintegration im internationalen Kontext wurde im Kapitel 4.3 ausführlich eingegangen, daher wird hier auf eine weitere Darstellung verzichtet. Im internationalen als auch im USA spezifischen Kontext erscheint die Berücksichtigung von Kundenbedürfnissen als sehr relevant für den Erfolg internationaler Innovationen, so dass eine weitere Untersuchung in der empirischen Studie erfolgt.

In Bezug auf das *Timing des Markteintritts* konnte im Kapitel 3.6.3 festgestellt werden, dass erfolgreiche Innovationen im Vergleich zu erfolglosen Innovationen früher auf den Markt kommen als der Wettbewerb. Eine spezifische Planung des Markteintrittszeitpunktes erhöht somit die Erfolgschancen (vgl. Winkler 1999, S. 130 ff.). Diese Determinante erscheint wichtig, da die vorliegende Arbeit von Innovationen ausgeht, die zunächst im deutschen Markt eingeführt werden und später im US-amerikanischen Markt verkauft werden. Das heißt, dass die Innovationen zeitlich versetzt in den USA eingeführt werden. Inländische Wettbewerber, die im selben Segment ihre Innovationen anbieten, sind dadurch eher im Markt und genießen damit Wettbewerbsvorteile. Da Verbesserungsinnovationen betrachtet werden, wird davon ausgegangen, dass der Wettbewerb ähnliche Innovationen hervorbringt. Die Innovation wird also sequentiell und nicht parallel eingeführt. Dadurch wird der internationale Produktlebenszyklus verlängert. Durch die spätere Markteinführung kann sich eine geringere Adoption im Ausland ergeben. Sie kann auch zur Folge haben, dass der ausländische Nachfrager von dem neuen Produkt erfährt, es aber bei sich noch nicht kaufen kann.

Der Markteintritt kann zu verschiedenen Zeitpunkten des Produktlebenszyklus erfolgen (Abb. 4.7). In der Entstehungsphase bei noch geringen Umsätzen kommen die Pioniere zum Zuge. Sie haben die Möglichkeit, eine temporäre Monopolstellung aufzubauen, Preise festzulegen, Markteintrittsbarrieren aufzubauen und große Teile des Marktpotenzials abzuschöpfen. Nachteilig könnten sich hohe Kosten der Markterschließung sowie fehlende Erfahrungen auswirken. Wie bereits im Kapitel 3.6.2 gezeigt, kann falsches Timing jedoch auch zu frühes Timing bedeuten: Innovationen kommen zu früh auf den Markt. Unausgereifte Produkte können zu enttäuschten Erwartungen beim Kunden führen (vgl. Eichorn 1996). Frühe und späte Folger kommen in der späten Entstehungsphase bzw. der Wachstumsphase in den Markt. Hierbei muss es sich nicht um eine geplante Entscheidung handeln, wenn der Wettbewerb einfach schneller war. Dieser Eintritt birgt weniger Risiko in sich, Markterschließungsmaßnahmen sowie Erfahrungen können genutzt werden. Nachteilig sind eventuell vorhandene Markteintrittsbarrieren. Führen Unternehmen ihre Innovationen erst im Heimatmarkt und nach einer Bewährungsphase im ausländischen Markt ein, werden sie in vielen Fällen zu Folgern und können die Vorteile der Pionier Strategie nicht mehr ausnutzen. Bei der Strategie der Folger werden Produktimitationen in der fortgeschrittenen Wachstumsphase angeboten. In dieser Phase wird am meisten von den Investitionen des schnelleren Wettbewerbs partizipiert. Präferenzen und Standards sind jedoch fest im Markt etabliert, was sich nachteilig auf diese Strategie auswirken kann.

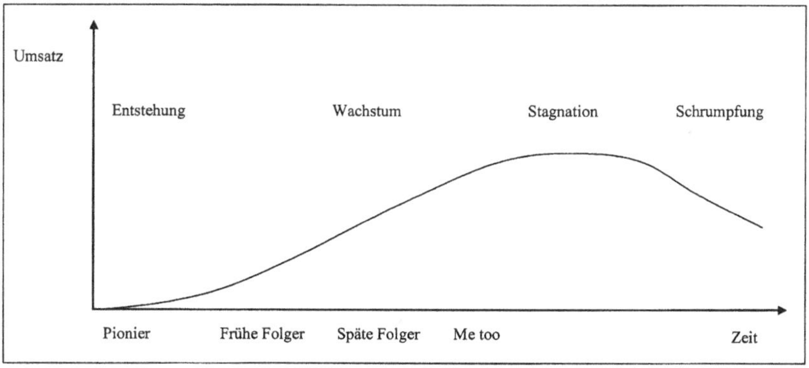

Abbildung 4-7: Timingstrategien während des Produktlebenszykluses
(in Anlehnung an Nieschlag et al. 2002)

Die Markteinführung kann schneller erfolgen, wenn die relevanten Marktpartner in den Produktentwicklungsprozess eingebunden werden. Buchholz (1996, S. 278) unterscheidet die vertikale Prozesskopplung, die sich auf Kooperationen mit vorgelagerten Zulieferern und Kunden bezieht sowie die horizontale Prozesskopplung in Form von strategischen Allianzen zwischen Unternehmungen der gleichen Wertschöpfungsstufe. Auf die Kooperation mit Kunden wurde wegen der Bedeutung für den internationalen Innovationserfolg gesondert im Kapitel 4.3 eingegangen. Towner (1994, S. 57 ff.) schlägt weiterhin vier Strategien zur Verkürzung der Time to market vor: Zum einen betrifft das die Rationalisierung des Entwicklungsprozesses. Des Weiteren sollten Entwicklungsaktivitäten parallel unternommen werden und Weiterentwicklungen von Design, Support oder Geschäftsprozessen sollten nach der Markteinführung angegangen werden. Schließlich sollten Markteinführungen, die auf mehr als auf einen Markt ausgerichtet sind, gleichzeitig zu einem Zeitpunkt erfolgen und nicht nacheinander. Letztendlich ist es jedoch nicht nur die „Time to market“, die zählt, sondern die „Time to customer acceptance“ und somit die „Time to profit“.

Dem Timing des Markteintritts wird insbesondere bei internationalen Innovationen eine besondere Bedeutung zugeschrieben, daher soll diese Determinante in der empirischen Studie weiter untersucht werden.

Die **operative Umsetzung** betrifft die Produkt-, Vertriebs-, Kommunikations- und Preispolitik. Von den im Kapitel 3.6.3 ermittelten anbieterbezogenen Determinanten wurden das „Vertriebs-Know-How“ (Vertriebspolitik) und insbesondere der „Service“ sowie die „Marketingkommunikation“ (Kommunikationspolitik) ausgewählt, da sie sowohl im internationalen als auch im USA Kontext besonders bedeutend erscheinen. Sie sollen im Folgenden diskutiert werden. Die Determinanten der Produkt- und Preispolitik wurden bereits bei den produktbezogenen Determinanten im Kapitel 4.4.1 behandelt. Hierbei gingen die Kompatibilität, die Komplexität und der Preis der Innovation in die empirische Studie ein.

In Bezug auf den *Service* wurde im Kapitel 3.6.3 festgestellt, dass erfolgreiche Innovationen sich vor allem in Unternehmen finden, die größere Verkaufsanstrengungen unternehmen. Innovationsprojekte, die geringere Vertriebs- und Marketingschwierigkeiten in der Einfüh-rungsphase haben, sind erfolgreicher. Innovationen sind umso erfolgreicher, je größer die Verkaufsmannschaft, die Vertriebserfahrung, die Ressourcen und das Know-How bezüglich des Verkaufs sind (vgl. Winkler 1999, S. 130 ff.).

Im Gegensatz zu den USA, gilt Deutschland oft als „Servicewüste“ (vgl. Hilleke 2000, S. 117 ff.). Der amerikanische Kunde legt besonderen Wert auf Kompetenz vor Ort, kurze Informationswege und den persönlichen Kontakt, selbst in einem schnelllebigen und dynamischen Land wie den USA. Ein flächendeckender Service mit Vorort-Präsenz, lokalem Lager und direktem Kundenkontakt könnte somit einen Erfolgsfaktor für deutsche Unternehmen darstellen. Daher kann davon ausgegangen werden, dass auf der einen Seite der Service in den USA eine enorme Rolle spielt und auf der anderen Seite von deutschen Firmen oft verkannt und von „deutschem Beispiel“ ausgegangen wird. Daher soll eine weitere Untersuchung in der empirischen Studie erfolgen.

In Bezug auf die Determinante *Marketingkommunikation* konnte im Kapitel 3.6.3 festgestellt werden, dass sich erfolgreiche Innovationen vor allem in Unternehmen finden, die für die Innovationen ein hohes Maß an Marketing und Werbung betreiben. Hohen Einfluss auf den Innovationserfolg haben das Promotions- und Werbe-Know-How. Werbung und Verkaufsförderung haben signifikanten Einfluss auf den Innovationserfolg. Der langfristige Erfolg von Innovationen hängt von der Effizienz der Marketingkommunikation ab (vgl. Winkler 1999, S. 130 ff.).

Auch in diesem Bereich wird großer Handlungsbedarf bei den deutschen Anbietern in den USA gesehen (vgl. Droege & Comp. 1998, S. 3 ff; Droege & Comp. 2000, S. 29 ff.; Droege & Comp. 2001b; Zeutschel 2002, S. 1 ff.). Dies betrifft zum einen die Notwendigkeit der Anpassung an lokale Bedürfnisse. So wird das reine Übersetzen von Werbung mit deutschem Humor oder von sehr umfangreichen Handbüchern als nicht ausreichend erachtet. Zudem wird Marketing und insbesondere Werbung in den USA aggressiver betrieben. Das könnte für deutsche Anbieter umso wichtiger sein, als dass sie sich zudem erst bekannt machen, Image und Positionierung aufbauen müssen. Weiterhin wird angenommen, dass die Bedeutung der nutzenorientierten Kommunikation sowie die Rolle des Internets von deutschen Anbietern unterschätzt werden. Aufgrund der hohen vermuteten Relevanz dieser Determinante soll eine weitere Untersuchung in der empirischen Studie erfolgen.

Die **organisationsspezifischen Größen** beziehen sich auf das Alter des Unternehmens, Innovationshistorie, Unternehmensgröße, finanzielle Ressourcen, Innovationsneigung des Managements und Branche. Sie werden als nicht sehr adoptionsrelevant im internationalen als auch im USA Kontext angesehen und daher nicht weiter untersucht.

4.4.4 Kulturbezogene Determinanten

Zu den kulturbezogenen Determinanten gehören die Kulturdimensionen, die Werte, die Kommunikation und das Country-of-origin Phänomen (Abb. 4.8). Die einzelnen, den Adoptionserfolg beeinflussenden kulturellen Faktoren, werden im Folgenden auf ihre Relevanz in Bezug auf den Erfolg internationaler Innovationen und insbesondere auf ihre Bedeutung für deutsche Innovationen im US-Markt diskutiert. Determinanten wie Traditionen, Religion, Normen und soziale Strukturen werden aufgrund der vermuteten Überschneidungen mit den zu behandelnden Determinanten nicht ausführlich betrachtet. Zunächst wird jedoch noch auf die Kulturdefinitionen und die kulturgebundene Produktgestaltung eingegangen.

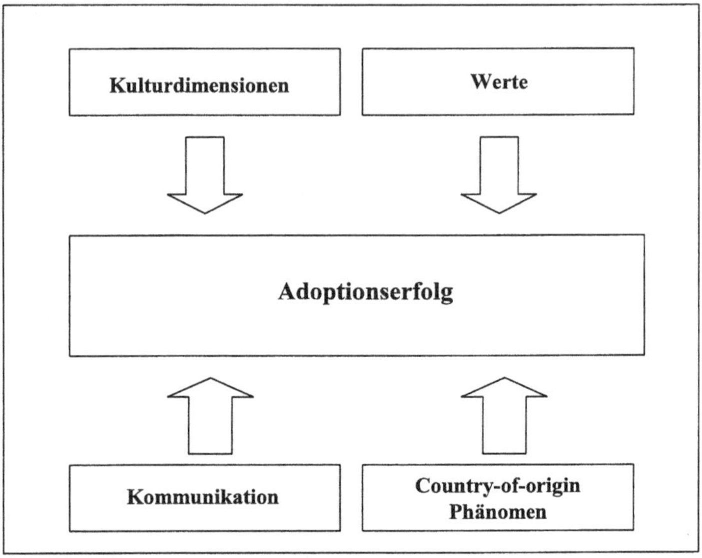

Abbildung 4-8: Kulturbezogene Determinanten der Adoption internationaler Innovationen (eigene Darstellung, in Anlehnung an Weiber/Pohl 1996)

Kulturdefinitionen

Kultur stellt neben z.B. rechtlichen oder ökonomischen Größen eine weitere Einflussgröße für den internationalen Adoptionserfolg dar. Die Intensität der Wirkung dieser Größe bleibt in der Literatur weitgehend offen. Kulturelle Phänomene werden oft als Residualgröße begriffen und erst dann in die Analyse miteinbezogen, wenn eine Erklärung von Realphänomenen durch andere Einflussgrößen nicht mehr möglich ist. Auf die Bedeutung der Kultur wird zahlreich hingewiesen; kulturelle Faktoren sind jedoch schwer zu erfassen. Es verwundert daher nicht, dass in der Literatur zum internationalen Innovationsmanagement wenig dazu zu finden ist. Gleichwohl nimmt die Bedeutung der Kultur, insbesondere im internationalen Innovationsmanagement, zu, da die Bedürfnisse durch die Kultur geprägt und beeinflusst werden. Die kulturelle Distanz zwischen zwei Ländern wird im internationalen Innovationsmanagement als ein zentraler Auslöser für erforderliche Anpassungen von Maßnahmen betrachtet. Kulturelle Distanz erzeugt neben anderen Einflussfaktoren unterschiedliche Präferenzen und Zahlungsbereitschaften (Backhaus et al. 2003) und hemmt die Vertrauensbildung.

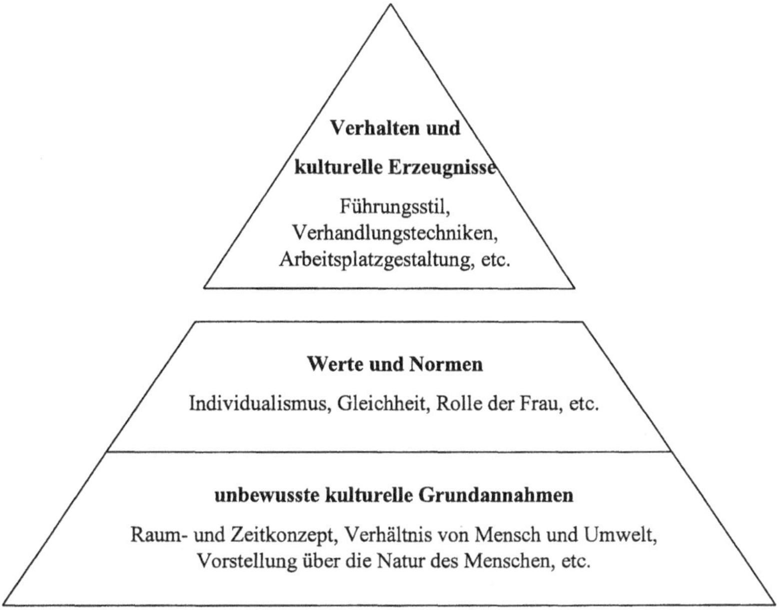

Abbildung 4-9: Das Eisberg Modell der Kultur
(in Anlehnung an Schein 1985; Stahl et al. 1999, S. 15 f.)

Das Eisberg Modell der Kultur (Schein 1985) in Abbildung 4.9 zeigt, dass die sichtbare Ebene der Kultur nicht unbedingt die bedeutendste ist. Wie bei einem Eisberg befindet sich der größte Teil unterhalb der Oberfläche und bleibt dem Betrachter zunächst verborgen. Treffen zwei Kulturen aufeinander, so findet die Konfrontation auf der Ebene der Werte und Normen und nicht, wie es zunächst scheinen mag, auf der Ebene der sichtbaren Verhaltensweisen statt. Die eigene Kultur vermittelt Orientierung und Sicherheit. Bei einem Wechsel in eine andere Kultur ergeben sich viele neue Erfahrungen. Bisher Erlebtes wird in Frage gestellt. So können Ausdrucks- und Verhaltensweisen mit ungewohnten Bedeutungen verknüpft sein. Im Heimatland bewährte Verhaltensregeln führen in der fremden Kultur nicht unbedingt zum Erfolg; oder die Ziele anderer sind nicht erkennbar.

Kulturforschung kann folgende Erkenntnisgewinne im internationalen Innovations-management bringen (Sherry, 1987, S. 292 ff.):

- Erschließung von Erfolgs- und Synergiepotenzialen durch Kulturanalysen und Kulturvergleiche
- Ergebnisse im Rahmen der Analyse kulturell geprägter Verhaltensweisen

und der Bedeutung von Innovationen für diese Verhaltensweisen

- Identifikation und Bearbeitung von kulturellen Segmenten
- Aussagen zum kulturellen Wandel und dessen Implikationen für das Innovationsmanagement
- Resultate zum Einfluss von Innovationsaktivitäten auf den kulturellen Wandel

Die Definition von Kultur ist in der Literatur höchst uneinheitlich. Hofstede (1991) beschreibt Kultur als eine gemeinsame „geistige Software". Sie prägt demnach das Verhalten und steuert Wahrnehmungen, Werte, Einstellungen, Denken und Fühlen in einer Gesellschaft. In einer international angelegten Studie zu Kultur und Innovation definierte Albach (1994, S. 68) Kultur als System von Normen, Verhalten, Ausdruck und Werten, die von einer Gruppe geteilt werden. Hierbei ist anzumerken, dass der Einfluss der Kultur allerdings nicht zwingend ist. Das Verhalten jedes einzelnen ist nicht nur durch seine Kultur bestimmt, sondern auch durch seine Persönlichkeit, die von den Kulturstandards abweichen kann. Kultur stellt das soziale Erbe einer Gesellschaft dar und äußert sich neben den Verhaltensweisen der Kulturangehörigen auch in Erzeugnissen, wie z.B. Produkten, Sitten und Bräuchen, Architektur, Kunst und Gesetzen. Rogers (1995) hebt seit den 1960er Jahren die Bedeutung der kulturellen Komponente bei der Adoption und Diffusion von Innovationen hervor.

Im Rahmen dieser Arbeit soll von folgendem Kulturbegriff ausgegangen werden (vgl. Vogelsang 1999, S. 19 ff.):

- Kernstück jeder Kultur sind Werte.
- Die bestimmenden Elemente der Kultur werden von Mitgliedern der Gesellschaft geteilt und weitergegeben, Kultur wird erlernt.
- Kultur ist durch Historie geprägt.
- Kultur schlägt sich in Symbolen, in der materiellen Kultur (Produkte) und der immateriellen Kultur (Denk- und Verhaltensweisen) nieder.
- Kultur wird als Handlungsdeterminante verstanden, die über explizite und implizite Denk- und Verhaltensweisen erfolgt. Kultur dient den Mitgliedern einer Kultur also als Orientierungsfunktion, sie ist handlungslenkend.
- Mitglieder einer Kultur sind sowohl kulturtragend als auch kulturbildend, d.h. einerseits orientieren sie sich an Werten, die es auch in vorherigen Generationen gegeben hat, andererseits verändern sie diese Werte im Zeitablauf.
- Kultur ist dynamisch und anpassungsfähig.

Die kulturgebundene Produktgestaltung

Produkte können mehr oder weniger kulturgebunden sein, wie auch Vogelsang (1999, S. 95 ff.) feststellte (Abb. 4.10). Fraglich ist, ob die hier interessierenden Investitionsgüter aufgrund der Tatsache, dass die Sachleistung im Vordergrund steht, zu den weniger kulturgebundenen Produkten zählen. Nach Mennicken (2000, S. 275) sind Güter nicht isoliert danach zu klassifizieren, wie stark sie kulturgebunden sind. Der Grad der Kulturgebundenheit bestimme sich demnach durch die kulturell geprägte Wahrnehmung der Güter bei den Konsumenten und durch ihre Einbindung in kulturell geprägte Konsumentenverhaltensweisen.

Grad der Kulturgebundenheit von Produkten

Weniger kulturgebunden	Stärker kulturgebunden
•Technische, funktionale Produkte	•Symbolhafte Produkte
•Einfache Produkte	•Komplexe Produkte
•Neuartige Produkte	•Altbewährte Produkte
•Produkte mit eher sachhaftem Anspruchscharakter	•Zentrale, bedeutsame Produkte
•Luxusprodukte	•Produkte mit eher anmutungshaftem Charakter
•Investitionsgüter	

Abbildung 4-10: Grad der Kulturgebundenheit von Produkten
(Vogelsang 1999, S. 95)

Konsumenten haben bestimmte Ansprüche an Produkte. Auf die Bildung dieser Ansprüche haben verschiedene Faktoren Einfluss. Neben sozialen Faktoren, wie z.B. der Kultur, bestimmen affektive, kognitive, situative Faktoren und Wahrnehmungsfaktoren die Ansprüche. Ansprüche variieren in Abhängigkeit von Zielgruppe und Kulturraum. Dass in vielen Fällen die Innovationen und Strategien an die Kultur angepasst werden müssen, wurde bereits im Kapitel 3.3 erläutert (vgl. auch Nakata/Sivakumar 1996, S. 61 ff.). Die dort getroffene Feststellung, dass in den meisten Fällen eine Differenzierung in der internationalen Innovationspolitik notwendig ist, hat zur Folge, dass die Kultur der Zielgruppe in die Produktgestaltung einfließen muss (vgl. Vogelsang 1999, S. 289 ff.). Wie die Abbildung 4.11 zeigt, wird für eine an unterschiedlichen Kulturen ausgerichtete Produktgestaltung zunächst geprüft, ob sich das Produkt den weniger oder den stärker kulturgebundenen zuordnen lässt. Handelt es sich um ein weniger kulturgebundenes Produkt, sollte aus wirtschaftlichen Gesichtspunkten überlegt werden, ob sich weiterführende Untersuchungen lohnen. Bei einer

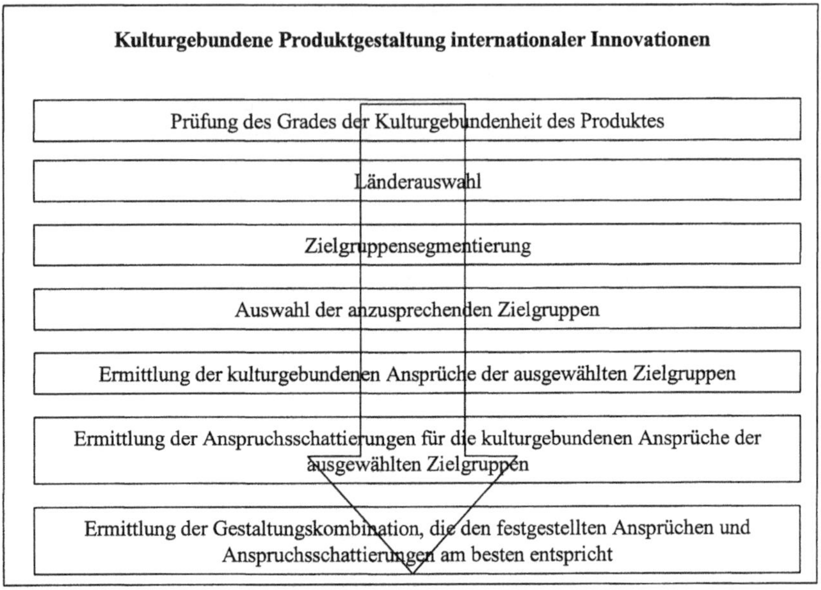

Abbildung 4-11: Die kulturgebundene Produktgestaltung im internationalen Innovationsmanagement

(Vogelsang 1999, S. 302)

Weiterführung der Aktivitäten sind dann das Land bzw. der Kulturraum sowie die Zielgruppe festzulegen. Soll das Produkt mehrere Länder gleichzeitig ansprechen, kann eine Auswahl von länderübergreifenden Segmenten erfolgen. Die Auswahl muss dann aus anderen als aus kulturellen Erwägungen erfolgen, da alle Zielgruppen in unterschiedlicher Weise kulturell beeinflusst sind. Zu der ermittelten Zielgruppe sind weiterhin die kulturgebundenen Ansprüche zu ermitteln. Nachdem ermittelt wurde, welche Ansprüche wichtig sind, ist festzustellen, wie diese bei der Zielgruppe ausgeprägt sind. Bei gleichen Ansprüchen können die Anspruchsschattierungen voneinander abweichen. Schließlich werden die vom Konsumenten erwarteten Ansprüche in Produktleistungen umgesetzt. Elementare Gestaltungsmittel, wie Stoff, Farbe, Material, Zeichen oder Form werden geprüft, ob sie zur Umsetzung der kulturgebundenen Ansprüche und Anspruchsschattierungen in adäquater Weise beitragen können. Wichtig ist jedoch nicht die Einzelwirkung der verschiedenen Gestaltungsmittel, sondern die Gesamtwirkung des Produktes auf den Kunden.

Nach den allgemeinen Ausführungen zur Kultur soll es im Folgenden um die kulturbezogenen Determinanten im internationalen Adoptionsprozess und zwar die Kulturdimensionen, die Werte, die Kommunikation und das Country-of-origin Phänomen (vgl. Abb. 4.8) gehen.

Kulturdimensionen

Das Konstrukt Kultur kann durch verschiedene Dimensionen dargestellt werden, wodurch einzelne Kulturen miteinander verglichen werden können. Aufgrund der Einordnung bestimmter Länder zu bestimmten Ausprägungen, können dann Handlungsempfehlungen abgeleitet werden. Im Folgenden werden die Ergebnisse der Untersuchungen von Hofstede (1991), Hall/Hall (1991), Hampden-Turner/Trompenaars (1993) und Trompenaars (1993) dargestellt. Dabei interessieren insbesondere die amerikanische und die deutsche Ausprägung der Kulturdimension sowie von den für internationale Innovationen relevanten Dimensionen die Konsumrelevanz.

Hofstede (1991) maß Werte und Verhalten anhand der vier Kriterien Machtdistanz, Individualismus, Maskulinität und Unsicherheitsvermeidung. Bezogen auf die deutsche und amerikanische Kultur kam er zu folgenden Ergebnissen:

Machtdistanz: In den USA werden Unterschiede in Status und Position eher akzeptiert als in Deutschland, wo die Kultur etwas egalitärer ausgeprägt ist. Machtunterschiede zwischen Chef und Mitarbeiter sind in den USA größer als in Deutschland. Deutsche setzen fälschlicherweise oft die informelle Art von Vorgesetzten mit geringer Macht gleich.

Individualismus: Das Individuum spielt in den USA eine viel größere Rolle als in Deutschland, wo die Gemeinschaft mehr zum Tragen kommt. In den USA ist der Bezugspunkt eher der Einzelne statt die Gruppe. Jede Person hat das Recht, eigene Entscheidungen zu treffen, Meinungen zu entwickeln, Probleme zu lösen, Gegenstände zu besitzen. Die Betonung des Individualismus ist vielleicht der einflussreichste amerikanische Wert, da er die anderen Werte durchdringt (Poncelet 1991a, S. 3 ff).

Maskulinität: In Deutschland, wie auch in den USA wird Wert auf Durchsetzungsfähigkeit und Wettbewerb gelegt. Bescheidenheit und ausgeglichene Beziehungen spielen eine geringere Rolle.

Unsicherheitsvermeidung: In den USA wird Unsicherheit eher als gegeben hingenommen als in Deutschland. Neue Situationen lösen dort geringere Stressgefühle als in Deutschland aus. Großen Wert auf die Vermeidung von Unsicherheit und auf geregelte Strukturen wird in Deutschland gelegt. Es besteht hierzu ein umfassendes Regelwerk. Präzision und Pünktlichkeit sind den Deutschen wichtig.

Hall/Hall (1991) unterschieden Kulturen anhand von zwei weiteren Dimensionen Zeitverständnis und Kontextualität:

Zeitverständnis: In den USA interessiert insbesondere die Gegenwart. Bedeutung liegt im jetzigen Leben. Zeit und Geld werden gleichgesetzt. Amerikaner betonen Jugendlichkeit und vertreten die Meinung, dass man die Gegenwart immer verbessern kann (Poncelet 1991a, S. 3 ff). Sowohl in den USA als auch in Deutschland werden Dinge in geordneter Reihenfolge nacheinander erledigt. Unterbrechungen durch andere werden als störend empfunden. Die Zeit wird als Ordnungsmaßstab angesehen, und Terminen wie auch Pünktlichkeit wird eine hohe Bedeutung beigemessen. Vergangenheit, Gegenwart und Zukunft werden in Deutschland eher als Einheit gesehen.

Kontextualität: In den USA erfolgt die Kommunikation etwas mehr über Symbole und non-verbale Botschaften als in Deutschland, wo direkt und verbal kommuniziert wird. Die Kontextelemente (Ort, Zeit, sozialer Status, Gestik, Mimik, Erscheinungsbild der Personen) sind in den USA von größerer Bedeutung.

Hampden-Turner/Trompenaars (1993) und Trompenaars (1993) untersuchten die Kulturdimensionen Universalismus, Spezifität, Leistungsorientierung sowie kognitive Strukturen:

Universalismus: Sowohl in den USA als auch in Deutschland sind die Einhaltung von Regeln, Vorschriften und Gesetzen gegenüber zwischenmenschlichen Beziehungen wichtiger. Amerikaner und Deutsche fühlen sich stärker gegenüber der Gesellschaft und den in ihr geltenden Regeln verpflichtet, als dass sie sich anderen Menschen verbunden fühlen.

Spezifität: Amerikaner sind extrovertierter und gehen offener auf Fremde zu; in Geschäftsbeziehungen kommen sie „gleich zur Sache", bevor erst versucht wird, den Geschäftspartner näher kennen zu lernen, um damit die Abwicklung des Geschäfts zu erleichtern. Deutsche treten beim Kennen lernen eher introvertiert und zurückhaltend auf. Man versucht, den Fremden etwas besser kennen zu lernen, um eine gemeinsame Vertrauensbasis zu schaffen.

Leistungsorientierung: Die USA sind eine leistungsorientiertere Gesellschaft als Deutschland; der Status wird an erbrachten Leistungen und Erfolgen gemessen. Status wird nicht kraft Geburt, Verwandtschaft, Geschlecht, sozialen Netzwerken oder Alter erworben. Harte Arbeit und Ansammlung von materiellem Wohlstand wird mit Tugendhaftigkeit gleichgesetzt. Nichts desto trotz wird Arbeit auch als notwendiges Übel angesehen, um die Existenz zu sichern und nicht, um Spaß zu haben. Im Arbeitsleben gibt es keine gesicherte Anstellung, der Markt bestimmt die Allokation der Arbeitskraft. Stärkere Bedeutung wird der kurzfristigen Leistung beigemessen (Poncelet 1991a, S. 3 ff).

Kognitive Strukturen: Amerikaner analysieren und gliedern gern, Deutsche bevorzugen die Synthese und beschäftigen sich gerne mit Theorien.

In diesem Zusammenhang ist eine Untersuchung von Wagner/Kreuter (1998, S. 34 ff.) zu den Erfolgsfaktoren deutscher und US-amerikanischer Unternehmen im Innovationsmanagement interessant. Diese stützt die These, dass durch die durchgehend gleich bleibende Reihenfolge der relativen Wichtigkeit einzelner Faktoren in den Kulturkreisen länderspezifische Muster vorhanden sind und damit ein kulturspezifischer Einfluss vorliegt. Die Ergebnisse zeigen, wie auch Hofstede (1991) feststellte, dass die deutsche Kultur weniger individualistisch ist als die amerikanische Kultur. In beiden Ländern haben jedoch die „weichen" Faktoren in den innovativen Unternehmen einen höheren Stellenwert als die „harten". In den weniger innovativen Unternehmen haben die harten Faktoren einen höheren Stellenwert.

Im Rahmen des internationalen Innovationsmanagements erscheinen im USA-Kontext die Kulturdimensionen Individualismus, Unsicherheitsvermeidung und Leistungsorientierung als besonders relevant. Für deutsche Anbieter könnten die Ausprägungen bedeuten, dass, bezogen auf den Individualismus, zum einen die Selbstentfaltung und das Eigeninteresse von Amerikanern an individuellen und modularen Produkten berücksichtigt werden sollte. Zum anderen, bezogen auf die Unsicherheitsvermeidung, müssen die Produkte die Basis-Sicherheitsanforderungen, jedoch keine 100-prozentige Sicherheit, erfüllen. Dadurch könnte ein geringerer Preis angeboten werden. Die Dimension Leistungsorientierung sollte in der Produktkommunikation thematisiert werden nach dem Motto: "Wer Leistung zeigt, hat sich Konsum verdient.". Diese drei Kulturdimensionen werden in der empirischen Studie weiter analysiert.

Werte

Die moderne Geschichte Amerikas beginnt mit der Einwanderung der Pilgerväter. Diese wollten eine neue, gerechte und gottgefällige Ordnung schaffen, wobei das Streben nach Religionsfreiheit und Gewissensfreiheit den zentralen Antrieb bildete. Die „Neue Welt" eröffnete die Gelegenheit, diese Ideale zu verwirklichen. Die Gründungsväter übernahmen dabei nicht die mitgebrachten englischen Rechtstraditionen, sondern sie postulierten die individuelle Freiheit als ein von Gott verliehenes natürliches Recht, das jeglicher staatlicher Zuständigkeit entzogen sei. Amerika als Einwanderungsland verdankt seine Existenz und Einheit dem "Amerikanischen Credo". Dessen Botschaft wird von den meisten Amerikanern unabhängig von deren Herkunft, Religion oder politischer Überzeugung von Anfang an bis heute geteilt und gelebt. Damit verbindet sich das Bekenntnis zu amerikanischen Werten wie individueller Freiheit, Gerechtigkeit im Sinne von Chancengleichheit, Privateigentum, Wettbewerb, Unternehmertum und bürgerlichem Gemeinsinn. Amerikaner ist, wer sich zu diesen Werten bekennt. Die ungebrochene Vitalität dieser Werte in der Wirtschaft und in anderen gesellschaftlichen Bereichen besteht nach wie vor (Leipold 2000, S, 21 ff.).

Die USA stellen eine aktive Gesellschaft mit optimistischer Einstellung zum Leben dar. Amerikaner sehen sich selbst als ehrgeizig, innovativ, energisch und hart arbeitend. Aufrichtigkeit, Pflichtbewusstsein, Mut, persönliche Bescheidenheit, Hilfsbereitschaft und Humor stehen für das amerikanische Ideal. In ihren Augen hängt der Erfolg nur davon ab, wie sehr man ihn will und entsprechendes dafür tut. Ihre hochgeschätzte individuelle Freiheit macht sie zu „Selbststartern". Die Mobilität der Amerikaner vollzieht sich in sozialer und geographischer Hinsicht. Wettbewerb als Grundwert führt in der amerikanischen Gesellschaft zu Verbesserung und Wachstum. Der mobile, distanzbewusste, risikofreudige Amerikaner mit seinen starken Ich-Funktionen, seinem Willen zur Veränderung und der Bereitschaft zu einem stetigen Neuanfang ist der Gegenpol zum sesshaften, geschichtsverliebten Deutschen mit seinem Beharrungsvermögen (vgl. Herz 2003, S. 12; Raeithel 2003, S. 19 f.; Schmidt 2000, S. 295 f.).

In diesem Kapitel soll es um Werte und insbesondere um ihre amerikanische Ausprägung gehen. Im Folgenden werden verschiedene Werte betrachtet, die in der US-amerikanischen Gesellschaft relevant in Bezug auf internationale Innovationen erscheinen (vgl. Croos/Szostak 1995; Konstroffer 2000; Poncelet 1991a, S. 3 ff.; 1991b, S. 23 ff.; Schmidt 2000, S. 297). Dabei werden die Werte mit ihren Ausprägungen, die Unterschiede zur deutschen Kultur und ihre Konsumrelevanz diskutiert. Sie fließen alle in die empirische Studie ein.

In der amerikanischen Gesellschaft kommt es zu einem Konflikt zwischen den Werten Freiheit und Konformität sowie zwischen Gleichheit und Statusdenken (Abb. 4.12). Auf diesen wies bereits Otte (1996, S. 13 ff./2000, S. 13 ff.) hin.

Eine der Säulen der Unabhängigkeitserklärung stellt die Idee der persönlichen **Freiheit** dar, basierend auf der Souveränität des Individuums. Individualismus ist eine der Konstanten des amerikanischen Nationalcharakters (Raeithel 2003, S. 20). Die Gesellschaft, wie auch die Familie und soziale Gruppen, werden als ein Vertrag zwischen Individuen wahrgenommen. Beziehungen zu Organisationen (Unternehmen, Vereine) werden für einen bestimmten Zweck und Dauer eingegangen. Wenn sich anderswo etwas Besseres ergibt, sind sie nicht sehr loyal. Leitfigur des amerikanischen Verständnisses von Individualismus ist auch heute noch der Selfmademan, der es geschafft hat, auch der einsame Pionier im Wilden Westen. Amerikaner verstehen Freiheit als unveräußerliches Recht. Für sie bedeutet es, dass sie minimale externe Auflagen haben, um ihren Vorstellungen und Wünschen nachzugehen. In Bezug auf Produktinnovationen könnte der Freiheitswert bedeuten, dass Amerikaner wählen wollen, daher sollte das Produktsortiment breit und tief sein.

Die zweite Säule der Unabhängigkeitserklärung geht davon aus, dass es **Gleichheit** unter den Menschen gibt, womit jedoch Chancengleichheit gemeint ist und nicht, dass alle Menschen gleich sind. Der Großteil der Amerikaner ist davon überzeugt, dass diese gegeben ist, man müsse nur nach seinem Glück suchen. Der amerikanische Traum „vom Tellerwäscher zum Millionär" kommt jedoch nur in den seltensten Fällen vor und ist daher eher eine Ideologie als Realität. Dennoch ist dieser unverzichtbar für das Funktionieren der amerikanischen Gesellschaft. Die Suche nach dem Traum zeigt sich in einer hohen räumlichen Mobilität. Damit Chancengleichheit funktionieren kann, gibt es ein streng kodifiziertes Regel- und Gesetzeswerk, und Amerikaner zeigen Respekt vor dem Gesetz. In den USA gibt es viermal so viele Anwälte pro Einwohner wie in Deutschland. Die Ausprägung des Wertes der Gleichheit könnte für den deutschen Anbieter bedeuten, dass jeder die Möglichkeit zum Konsum haben sollte. Dieses könnte sich in Qualitäts- und Preisdifferenzierungen widerspiegeln.

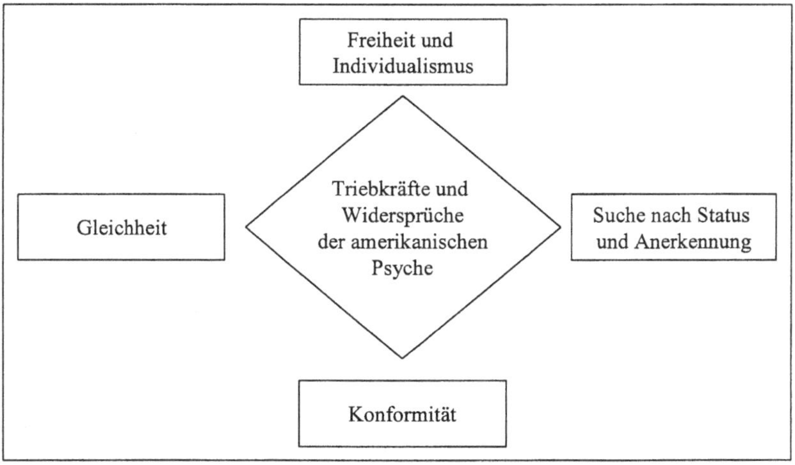

Abbildung 4-12: Die Widersprüche des US-amerikanischen Charakters

(Otte 1996, S. 14)

Trotz der individualistischen Grundwerte neigen Amerikaner zur **Konformität** und befolgen oft, was „in" ist. Durch die Zugehörigkeit zu einer bestimmten Gruppe entscheidet man sich für eine bestimmte Lebensart. Die historische Erklärung geht davon aus, dass die Einwanderer damals so schnell wie möglich versuchten, sich zu „amerikanisieren". Die Integration in die Gesellschaft wurde durch die Annahme äußerer Symbole demonstriert. So werden auch die Regeln von Unternehmenskulturen streng befolgt. Stewart und Bennett (1991, S. 104) folgern, dass die amerikanische Individualität zum Teil nur symbolischen Charakter hat. Die individuelle Motivation und Freiheit werden oberflächlich betont, durch die objektiven Anforderungen des Arbeitsalltags ist das Individuum jedoch entpersonalisiert, so dass der persönliche Spielraum sehr eng ist. Bezogen auf die Konformität sollte sich der Wunsch der Amerikaner, akzeptiert zu sein, in Zugehörigkeit signalisierenden Produkten wieder finden.

Die **Suche nach Status und Anerkennung** ist bei Amerikanern aufgrund der postulierten Gleichheit stark ausgeprägt, und sie sind bestrebt, diese mit Hilfe vorgegebener Regeln zu demonstrieren. Status wird als grundlegende, innere Triebkraft der amerikanischen Gesellschaft angesehen, was zur Folge hat, dass man mit Lob, Anerkennung und Bewunderung oft weit kommt. Im Arbeitsleben wird der Rang beeinflusst durch Leistung, nicht unbedingt durch lange Betriebszugehörigkeit (Poncelet 1991a, S. 3 ff). Bezogen auf die Konsumrelevanz sollten sich Amerikaner mit den Produkten identifizieren können, die Status und Prestige ausdrücken.

Wie Individualismus ist auch **Selbstvertrauen** ein hoch geschätzter Wert. Dieser wird jedoch durch die Angst der Abhängigkeit begleitet, charakterisiert durch Schwäche und Unreife. Das führt zur Unsicherheit aufgrund der Ablehnung durch andere. Diese zeigt sich im Mangel an Beständigkeit bei Beziehungen und Jobs. Kaufentscheidungen sollten daher dem Kunden überlassen und der Grad der direkten Beeinflussung gering gehalten werden.

Wettbewerb, individuell, innerhalb oder zwischen Gruppen, hat einen hohen Wert als Mittel zur Erfolgserzielung. Wettbewerbsprodukte und ihre Features müssen daher bei der Produktgestaltung berücksichtigt werden. Angebotene Produkte müssen einen Wettbewerbs-vorteil darstellen.

Mobilität hat einen hohen Wert und ist eine erfolgreiche wirtschaftliche Strategie seit Beginn der US-amerikanischen Geschichte. Auch die Mobilität innerhalb und zwischen den Firmen ist groß. Es ist nicht üblich, lebenslang einen Arbeitgeber zu haben. Aufgrund der örtlichen Mobilität sollten standardisierte, überall in den USA einsetzbare Produkte mit flächendeckendem Servicenetz angeboten werden.

Der Wert der **Veränderung** drückt sich in starken Impulsen aus, altes zu zerschlagen und neues anzunehmen. Lange politische und wirtschaftliche Stabilität haben jedoch teilweise dazu geführt, auf den Erfolgen sitzen zu bleiben. Die Suche nach Neuem sollte sich in Produktinnovationen und verändernden Sortimenten widerspiegeln.

Persönliche Beziehungen sind zahlreich, ihnen mangelt es jedoch an Dauer und Tiefe. Es kommt zu häufigen Wechseln bei Freundschaften und Gruppen-Mitgliedschaften. Aufgrund der Wechselbereitschaft und der

Aufgeschlossenheit gegenüber Neuem sollten neue oder veränderte Produkte angeboten werden.

In der **Bildung** wird die Entwicklung des eigenen, kritischen Gedankens forciert und als notwendig für den Erhalt der Demokratie angesehen. Möglichkeiten zur wissenschaftlichen Forschung sind vielfältig gegeben. Auslandsstudien spielen jedoch keine große Rolle. In den Unternehmen liegt der Fokus auf fertig ausgebildeten Arbeitskräften, es wird wenig in Personal Potenzial investiert. Amerikaner tendieren dazu, nicht immer gut ausgebildet zu sein. Üblich ist in den USA die halbausgebildete Arbeitskraft, die in der Lage ist, entsprechende Arbeiten in verschiedenen Bereichen durchzuführen. In Deutschland hingegen erfolgt die Berufausbildung in Schule und Betrieb im dualen System. Das amerikanische Misstrauen gegenüber kollektiver Autorität sowie die historische Knappheit ausgebildeter Arbeitskräfte sind Gründe dafür, dass es bisher keine nationale Berufausbildung gibt. Auf der anderen Seite verfügt der amerikanische Arbeitsmarkt über hoch ausgebildete Spezialisten der amerika-nischen Elite Universitäten. Produkte sollten daher einfach, unkompliziert und ohne großen Lernaufwand anwendbar sein.

Die **Humanität** spielt eine große Rolle im gesellschaftlichen Leben. Amerikaner engagieren sich oft ehrenamtlich in Vereinen um Minderheiten oder Schwächeren in der Gesellschaft zu helfen. Durch die Zuwendung zu Minderheiten und benachteiligten Menschen sollte die Konsumbedeutung in der Produktkommunikation gesenkt werden.

Für Amerikaner hat **Aktivität** eine große Bedeutung. Sie treffen schnelle Entscheidungen. Erreichbare Ziele sind wichtig. Bereits in der Kindererziehung spielt das Ergreifen der Eigeninitiative eine große Rolle. Deutsche reagieren eher auf Probleme, sie suchen sie nicht, auch wenn sie komplexe Herausforderungen mögen und gute Lösungen finden. Das Bild vom Beschäftigt- und Gesundsein sollte sich im Angebot von Freizeitprodukten widerspiegeln.

Der Wunsch nach **Erfolg** lässt Amerikaner immer nach einer besseren Position suchen. Die Beförderung kann durch Eigeninitiative beschleunigt werden. Amerikaner sind angetrieben, ständig neue Abenteuer und Herausforderungen zu suchen. Sie nehmen ihren Platz in der Gesellschaft nicht einfach hin, sondern wollen sich ständig selbst bestätigen und verbessern. Dafür sind sie bereit einiges zu tun, was sich auch in der „can do" Mentalität widerspiegelt. Deutsche hingegen geben sich eher mit einer definierten Position zufrieden. Beförderung basiert auf geplantem Fortschritt. Schnelle Karrieren sind unwahrscheinlich. Wer Erfolg hat, kann sich Konsum leisten. Ein differenziertes Preis- und Qualitätsspektrum sollte angeboten werden.

Der **Fortschritt** spielt eine große Rolle in den USA. Viele der ersten US-Technologien wurden aus Europa importiert, inzwischen sind die USA führend beim Export von eigenen Technologien. Dabei sind die Importe nicht wesentlich gestiegen. Amerikaner tendieren eher dazu für die Wirtschaft zu sein. „The business of America is business“ charakterisiert das allgemeine Gefühl, welches Amerikaner gegenüber der Wirtschaft hegen. Die Wirtschaft genießt aufgrund der Entwicklung von der Wildnis zur Computertechnologie innerhalb weniger Jahrhunderte einen guten Ruf. Deutsche hingegen sind eher reserviert gegenüber der Wirtschaft aufgrund der deutschen Tradition der Arbeiterbewegung und der Rolle und Errungenschaften der Gewerkschaften. Das Streben nach Verbesserung und Neuem sollte sich in Produktinnovationen ausdrücken.

Jugendlichkeit hat in der amerikanischen Gesellschaft eine große Bedeutung. Dies geht einher mit dem Idealbild des erfolgreichen, ehrgeizigen und energischen Amerikaners. Moderne, jugendlich erscheinende Produkte und Produktinnovationen sollten angeboten werden.

Amerikaner sind eher loyal gegenüber sich selbst. Sie sind mehr mit Wohlstand und Karriere beschäftigt, als mit **Loyalität** zu einem Unternehmen oder zu Freunden. Ein Unternehmen wird als Mittel zum Zweck gesehen: Durch es erlangt man Macht, Einkommen und Selbstbestätigung. Deutsche tendieren dazu, loyal gegenüber dem Unternehmen zu sein. Die Möglichkeit innerhalb eines Unternehmens Karriere zu machen ist durchaus gegeben. Aus beruflichen Gründen wechseln wenige Deutsche den Wohnort. Die Loyalität gegenüber sich selbst und nicht gegenüber Marken und Anbietern sollte beim Hersteller Produktinnovationen und wechselnde Sortimente hervorbringen sowie den Fokus auf kaufentscheidende Kriterien, z.B. den Preis legen.

Bei Amerikanern ist die **Effizienz** von Bedeutung. Sie arbeiten eher ergebnisorientiert. Amerikaner werden von Ergebnissen motiviert und orientieren sich daran, was innerhalb einer bestimmten Zeit getan werden kann. Deutsche sind eher aufgabenorientiert. Sie haben die Einstellung, erhaltene Aufgaben zu erfüllen. Aufgaben sollen schnell und unkompliziert gelöst werden. Zeitspar- und Rationalisierungsprodukte sollten daher angeboten werden.

Die **Bequemlichkeit** spielt bei Amerikanern im täglichen Leben eine große Rolle. Man will praktisch, bequem und schnell ans Ziel kommen und keine Umwege in Kauf nehmen müssen. Alltagserleichternde, praktische und verwöhnende Produkte mit begleitenden Dienstleistun-gen und entsprechendem Servicenetz sollten daher angeboten werden.

Abschließend sind die Einflussfaktoren der US-amerikanischen Kultur auf den Innovationsprozess dargestellt (Tab. 4.3).

Innovationsprozess	
Strategie	Zwei Strategieansätze werden verfolgt: technologiegetriebene „Breakthrough“ Innovationen und Erfüllung von Kundenanforderungen durch Marketing Techniken. Erstere ist insbesondere in entstehenden Branchen erfolgreich, wo wissenschaftliche Entdeckungen eine große Rolle spielen. Letztere wird in reiferen Bereichen angewandt. Fokussiert werden die Erfindungs- und die Marketingphase. Ziele sind Entwicklung und Verkauf neuer Produkte und das Kreieren von Bedürfnissen.
Funktionsweise des Innovationsprozesses	Der Innovationsprozess wird linear gestaltet, die Arbeitsschritte verlaufen sequentiell und beginnen mit F&E und enden mit dem Marketing. Oft fehlt es an der Koordination zwischen den Phasen, was die Akteure animiert, separat in spezialisierten Gruppen zu arbeiten. Zukünftige F&E wird eher durch vergangene Projekte beeinflusst als durch Kundenfeedback.
Akteure	Die Akteure sind spezialisierte Individuen bzw. Teams mit Führungskräften. Wenn die Aufgabe einer Person erledigt ist, wird der Prozess von der nächsten Person weiterbearbeitet.
Rolle von Wissen-schaft und Technik	Technik wird primär als Anwendung wissenschaftlichen Wissens und Wissenschaft als Quelle des Wissens gesehen. Theorie spielt daher im Innovationsprozess eine große Rolle.
Wesentliche Ergebnisse	US-Firmen sind erfolgreich bei „Breakthrough“ Innovationen. Viele Bemühungen zielen jedoch auf die Verbesserung der finanziellen Situation, Stärkung der Stabilität und Risikoreduzierung statt den Innovationsprozess zu verbessern.
Beziehungen zwischen /innerhalb der Firmen	Sie sind durch Kurzfristigkeit und Unabhängigkeit gekennzeichnet. Die Wahl der Zulieferer wechselt oft und wird durch die niedrigsten Kosten bestimmt.
Informationsfluss	Der Informationsfluss zwischen Abteilungen und Firmen ist durch Ineffizienz gekennzeichnet.
Qualität	Qualitätskontrollen werden von Inspektoren statt von den Arbeitern durchgeführt.
Anpassungsfähigkeit	Die US-Bürokratie ist rigide und langsam, um Änderungen zu vollziehen.
Arbeitsverhältnisse	Anstellungen erfolgen eher für kurze Perioden, Beförderungen werden aufgrund von persönlicher Leistung und wirtschaftlichen Bedingungen vollzogen.

Human Ressources	US-Firmen bemessen Human Ressources relativ geringe Bedeutung bei und betrachten sie als weniger bedeutend als Forschung oder Fertigung. Firmen sind wenig involviert in die Privatsphäre ihrer Angestellten. Beziehungen innerhalb der Unternehmen sind durch Wettbewerb geprägt.
Business Plans	Kurzfristige Gewinnmaximierung ist zielbestimmend. Innovationen sollen sich daher schnell amortisieren. Das stellt oft einen Konflikt bei langfristigen und risikoreichen Projekten dar.
Kundenorientierung	Kundenorientierung wird groß geschrieben, obwohl es in der Vergangenheit eine Tendenz zum Diktieren von Kundenbedürfnissen durch die Anbieter gab. Innovationen werden oft unabhängig von Kundenbedürfnissen entwickelt.
Entscheidungsprozesse	Konstruktive Konflikte zwischen den Bereichen bestimmen die Entscheidungsfindung. Verantwortlichkeiten obliegen dem Einzelnen und der Führungskraft. Entscheidungen werden schnell getroffen, aber nicht alle betroffenen Personen partizipieren.
Nutzung ausländischer Ressourcen	Die Nutzung ausländischer Ressourcen ist beschränkt da es Aversionen gegen „not made here" gibt. Die USA sehen sich selbst als größten Technologieexporteur und größten Hersteller wissenschaftlicher und technischer Publikationen. Sie sind nicht sehr schnell im Import externer Technologien, wenige Forscher und Studenten werden ins Ausland geschickt. Die USA verfügen über kein effizientes System, das wissenschaftliche und technische Informationen von außen holt.
Rolle des Staates	Das amerikanische Wirtschaftssystem ist durch die freie Marktwirtschaft gekennzeichnet und der Einfluss des Staates ist relativ gering. Unterstützung und engere Zusammenarbeit bestehen bei den Sektoren Militär und Luftfahrt. Der Staat spielt bei der Ankurbelung von Innovationen eine geringe Rolle.
Rolle der Universitäten	F&E in den Universitäten betrifft die Grundlagenforschung. Enge Beziehungen zwischen Universitäten und Industrie existieren, wobei die finanzielle Unterstützung durch die Industrie gering ist und der Technologietransfer von den Universitäten zur Industrie nicht immer effektiv ist.
Kreativität	Individuelle, unabhängige Kreativität wird gefördert.

Tabelle 4-3: Einflussfaktoren der US-amerikanischen Kultur auf den Innovationsprozess

(in Anlehnung an Poncelet 1991b, S. 23 ff.)

Kommunikationsbezogene Determinanten

Die kommunikationsbezogenen Determinanten gehen auf die Mittel ein, durch die potenzielle Adopter Informationen über die Innovationen erhalten. Sie setzen sich aus den Kommunikationskanälen und -mitteln, der Informationsverfügbarkeit, der Marke und dem Verhandlungsstil zusammen. Diese Determinanten werden im Folgenden in Bezug auf ihre internationale und US-amerikanische Relevanz bei deutschen Innovationen diskutiert.

Die **Kommunikationskanäle und -mittel** ändern sich von der anfänglichen Aufmerksamkeit bis zum fortgeschritteneren Adoptionsverhalten. Bevor es überhaupt zu einer Adoption kommt, spielen Informationen, die von externen Quellen zu den Meinungsführern gelangen, eine große Rolle. Nach Naschold (1988, S. 55 ff.) ist die internationale Ausbreitung neuer Techniken und Ideen im Wesentlichen eine Frage der Kapazität der verschiedenen Kommunikationsnetze. Massenmedien und zwischenmenschliche Beziehungen wirken eher komplementär und verstärkend als gegensätzlich. Die Kommunikation unter potenziellen Adoptern hat dabei erheblichen Einfluss auf die Akzeptanz und Verbreitung von Innovationen. Innerhalb eines sozialen Systems gibt es jedoch wenige Individuen, die meinungsbildend in ihrer Gruppe wirken (Leonard-Barton 1985, S. 914). Meinungsführer-schaft wird oft mit word-of-mouth Werbung gleichgesetzt. Beide Male handelt es sich um Formen des persönlichen Einflusses bei der Entscheidung der Innovationsübernahme. Jedoch kommt nicht die gesamte word-of-mouth Werbung von den Meinungsführern. Diese setzen zudem auch andere Formen der Informationsweitergabe und Beeinflussung ein. Weiterhin stehen nicht alle Meinungsführer einer Innovation positiv gegenüber. Es ist bekannt, dass kommunizierte ablehnende Meinungen und negative Erfahrungen stärker wirken als positive. Negative Informationen haben mehr Bedeutung als positive. Weiterhin werden eher schlechte als gute Erfahrungen weitergegeben. Das Vorhandensein von positiven Informationen ist daher bedeutend für die erfolgreiche Adoption internationaler Innovationen. Durch sie kann das wahrgenommene Risiko verringert werden. Um die Glaubwürdigkeit zu steigern, sollten die Informationen aus verlässlicher Quelle stammen. Auf die Konzepte der Meinungsführer und -sucher wurde bereits im Kapitel 4.4.2 eingegangen; sie werden im Folgenden nicht weiter vertieft. Im Kapitel 4.4.3 wurde bei den anbieterbezogenen Determinanten zudem bereits die Marketingkommunikation behandelt.

Eine weitere kommunikationsbezogene Determinante stellt die **Informationsverfügbarkeit** dar. Frühe Studien haben schon gezeigt, dass, je mehr positive und günstige Informationen ein potenzieller Adopter bekommt, umso eher ist er geneigt, die Innovation zu übernehmen (vgl. Arndt 1967, S. 291 ff.; Hägerstrand 1967). Insbesondere im internationalen Kontext ist es wichtig, dass Nachfrager von der Innovation erfahren und Informationen hierzu verfügbar sind (vgl. Nabseth/Ray 1974). Tellefsen/Hirokazu (1999, S. 77 ff.) untersuchten den Zusammenhang zwischen der Verfügbarkeit von Massenmedien und der Verbreitung von Innovationen in internationalen Zielmärkten. Sie gingen von der Hypothese aus, dass Produktinnovationen in unterschiedlichen Ländern verschiedene Verbreitungsraten aufweisen. Im Ergebnis der Studie haben Massenmedien vorhersehbare Effekte bei der Verbreitungsgeschwindigkeit von Produktinnovationen. Durch die Massenmedien können erste Aufmerksamkeit erreicht und Informationen vermittelt werden. Beides ist nach Rogers (1995) Grundvoraussetzung für die Adoption und Diffusion. Farley/Lehmann (1994) stellten hierzu fest, dass sich Innovationen in den USA langsamer verbreiten als in Europa. Die Verbreitungsgeschwindigkeit hängt zudem von der Reihenfolge der Markteinführung ab. Das Land, in dem die Markteinführung zuerst stattfindet, hat langsamere Diffusionsraten als die Länder, in denen das Produkt danach eingeführt wird (Ganesh et al. 1997; Takada/Jain 1991).

Weiterhin haben **Marken** Einfluss auf den Adoptionserfolg von Innovationen. Insbesondere im Industriegüterbereich wird die Bedeutung der Marke unterschätzt (Backhaus et al. 2002, S. 48 ff.). Die drei wichtigsten Faktoren, die der Marke im Business-to-Consumer-Bereich zu großer Bedeutung verholfen haben, gelten auch für den Business-to-Business-Bereich:

1. Homogenisierung: Produkte verschiedener Anbieter werden zunehmend vergleichbar, so dass eine Differenzierung, insbesondere die Kommunikation über die Marke, erforderlich ist.
2. Komplexität: Leistungen werden oft als Bündel angeboten, die jedoch häufig sehr komplex und erklärungsbedürftig sind. Marken können diese Komplexität reduzieren.
3. Preisdruck: Unter erhöhtem Preisdruck lassen sich Gewinne nicht mehr nur über rationalen Nutzen erzielen. Marken bieten einen zusätzlichen Mehrwert, indem sie greifbare und nicht-greifbare Faktoren bündeln und kommunizieren.

Die Relevanz von Marken variiert jedoch zwischen den Produktmärkten. Insgesamt sind Marken nur dann relevant, wenn sie in drei Punkten Nutzen stiften (Meffert et al. 2002, S. 29 f.):

1. Steigerung der Informationseffizienz: Die Marke vereint eine Vielzahl von Informationen über die Eigenschaften des Produktes und reduziert damit die Komplexität. Sie erleichtert damit auch die Kommunikation zwischen den am Kaufprozess Beteiligten.
2. Risikoreduktion: Marken stehen häufig als Garant für konsistente Qualität und Kompatibilität und reduzieren somit das Risiko.

3. Stiftung ideellen Nutzens: Der ideelle Nutzen besteht für den Käufer primär in der Selbstverwirklichung und -darstellung. Neben der Selbstdarstellung einzelner Mitarbeiter geht es dabei um die Außendarstellung des gesamten Unternehmens.

Durch eine starke und positiv besetzte Marke kann es dem Unternehmen gelingen, sich am internationalen Markt besser durchzusetzen und Innovationen erfolgreicher einzuführen. Starke Marken wandeln Verbraucher zu Interessenten und nehmen Einfluss auf ihre Gefühlswelt. Die Marke kann zum Beziehungspartner werden (Fournier 2000, S 135 ff.), Nachfrager nutzen Marken, um die Performance von Produkten vorherzusagen (Janiszewski/Osselaer 2000, S. 331). Marken haben bedeutenden Einfluss auf die Glaubwürdigkeit von Produktvorankündigungen. Mit zunehmender Marktetablierung der Marke steigt die Glaubwürdigkeit. Im Vergleich zu anderen Gestaltungselementen der Produktankündigung wie dem Innovationsgrad, der Art der Darstellung oder dem Zeithorizont bis zur Produkteinführung, spielt der Markenname bei etablierten Marken jedoch eine geringere Rolle. Dieser Trend wurde sowohl für Deutschland als auch für die USA festgestellt (Sattler/Schirm 1999, S. 63 ff.). In den meisten Fällen ist die Marke im Inland stärker als im Ausland. Das hat zur Folge, dass es bei schwachen Marken im Ausland eher zu Misstrauen kommt und das Vertrauen in nationale Marken größer ist. Das bedeutet für deutsche Anbieter, dass sie in die Steigerung der Bekanntheit und die positive Positionierung ihrer Marken in den USA investieren müssen, um die Adoption zu steigern.

Als letzte kommunikationsbezogene Determinante soll auf den **Verhandlungsstil** eingegangen werden. Verschiedene Untersuchungen zum amerikanischen Verhandlungsstil im Vergleich zum deutschen kommen zu folgenden Ergebnissen (vgl. Frank 2002, S. 139 ff.; Otte 1996, S. 92 f./2000, S. 28 ff.; Poncelet 1991a, S. 3 ff; Schmidt 2000, S. 297): Amerikaner verhandeln gerne. In ihrer individualistischen Gesellschaft lernen sie früh, dass sie für ihre Entscheidungen verantwortlich sind und Kompromisse und Verträge eingehen müssen. Als Verhandlungspartner gelten die Deutschen bei den Amerikanern als brüsk, strikt in ihren Ansichten, sie richten sich streng nach ihren Zahlen und haben wenig Verhandlungsspielraum. Das Motto „Zeit ist Geld" beeinflusst in den USA die geschäftliche Kommunikation sehr stark. Pünktlichkeit ist ein Zeichen von Professionalität. Geschäfte werden unter dem Aspekt der schnellstmöglichen Rendite gesehen. Entsprechend groß ist der Druck bei Verhandlungen. Verhandlungsgespräche laufen zugleich unkompliziert und zielorientiert ab. Die informelle Art sollte jedoch nicht darüber hinwegtäuschen, dass Verhandlungen als Wettkampf gesehen werden. Man kommt rasch zum Geschäft und legt großen Wert auf Effizienz. Genaue Zeitpläne und Tagesordnungen haben hohen Stellenwert. Wenig Wert wird auf Status, Titel und Formalitäten gelegt. Humor, Schlagfertigkeit und „keep smiling" kennzeichnen die Kommunikation und bringen Pluspunkte. Dabei erwarten Amerikaner Feedback auf ihre Äußerungen. Tabuthemen sind Religion, Sexualität, Hautfarben und anzügliche Bemerkungen gegenüber Kolleginnen. Bei Verhandlungen geht der Amerikaner pragmatisch, weniger theoretisch vor und macht Zugeständnisse, wobei er diesen Schritt auch vom Gegenüber erwartet. Der Verhandlungsprozess ist ein Geben und Nehmen. Man trifft sich

Aspekte des Verhandlungsstils	Ausprägungen in der amerikanischen Kultur
Verhandlungsziel	Amerikaner sind sehr vertragsorientiert, der Aufbau einer vertrauensvollen Beziehung mit gegenseitigem Kennen lernen steht nicht im Vordergrund. Es gilt: „A deal is a deal".
Verhandlungseinstellung	Der Wettbewerbsgedanke spielt eine große Rolle, so dass häufig die Gewinn/Verlust Mentalität vorherrscht im Gegensatz zur Gewinn/Gewinn Mentalität.
Persönlicher Stil	Der amerikanische Verhandlungsstil ist eher zwanglos, folgt jedoch den Regeln der Höflichkeit und Etikette.
Kommunikation	Die Kommunikation ist sehr direkt und explizit.
Zeitbewusstsein	Zeit ist Geld. Amerikaner kommen sofort zur Sache.
Emotionalität	Die Emotionalität kann sehr hoch sein. Je traditioneller die Branche und je höher die Position, desto mehr gilt die Zurückhaltung.
Form der Übereinkunft	Amerikaner schließen sehr spezifische Verträge.
Vorgehensweise	Die induktive Vorgehensweise wird favorisiert. Praktische und konkrete Einzelpunkte werden bevorzugt, man bewegt sich vom Konkreten zum Allgemeinen. Am Ende eines amerikanischen Denkprozesses muss Handlung stehen.
Team Organisation	Es gibt meist einen Verhandlungsführer mit voller Autorität im Team, der schnell zu einem Abschluss kommen will.
Risikobereitschaft	Die Risikobereitschaft ist hoch, wenn es um lohnende Projekte geht. Daher kommen Verhandlungen eher zu einem Abschluss.

Tabelle 4-4: Einflüsse der US-amerikanischen Kultur auf den Verhandlungsstil

(in Anlehnung an Frank 2002, S. 139 ff.; Otte 1996, S. 92 f./2000, S. 28 ff.)

innerhalb des Verhandlungsspielraumes, wobei es letztlich darum geht, wer sich mehr von seiner Ursprungsposition wegbewegen muss. Man kommt schnell zum Abschluss, wenn die Lösung als Paket insgesamt vorteilhaft ist. Dazu gehört auch das Handeln. Man wird immer versuchen, das Beste herauszuholen.

Juristen spielen bei Vertragsverhandlungen eine wesentlich größere Rolle als in Deutschland. Vieles wird schriftlich fixiert. Einmal geschlossene Verträge sind dann verbindlich („A deal is a deal").

Die Ausprägungen des amerikanischen Verhandlungsstils kommen insbesondere in den Buying Centern der Unternehmen zum Tragen. Dort wird entschieden, ob die Innovationen der deutschen Anbieter von den amerikanischen Nachfragern übernommen werden oder nicht. Wenn deutsche Anbieter den amerikanischen Verhandlungsstil verinnerlichen und ihr Verhalten entsprechend anpassen, kann diese interkulturelle Kompetenz zum Erfolgsfaktor werden. Dieses könnte durch eine zielorientierte, effiziente und pragmatische Vorgehensweise der Deutschen erreicht werden. Zudem sollten Humor, Risikobereitschaft und die Freude am Verhandeln die Gespräche begleiten.

Die Tabelle 4.4 zeigt die Aspekte und Ausprägungen des amerikanischen Verhandlungsstils.

Aufgrund der hohen Relevanz kommunikationsbezogener Determinanten bei internationalen Innovationen, sollen sie in der empirischen Studie weiter betrachtet werden. Untersucht wird jedoch die anbieterbezogene Determinante der Marketingkommunikation (vgl. Kapitel 4.4.3), die die kommunikationsbezogenen Determinanten tangiert.

Country-of-origin Phänomen

Markenbewusstsein trägt entscheidend zur Kaufentscheidung bei (Macdonald/Sharp 2000, S.5 ff.). Ein weiterer Schritt, über die Marke hinausgehend, ist die Betrachtung des Country-of-origin Phänomens, welches für das internationale Innovationsmanagement große Bedeutung hat. Marken-/Produktbewertungen und Kaufentscheidungen werden demnach in Abhängigkeit von Images über das Herkunftsland getroffen (Baughn/Yaprak 1993, S. 89 ff.; Gersemann 2004, S. 30 f.; Knight/Calantone 2000, S.127 ff.). Nagashima (1970, S. 68) definiert die Vorstellung, die Verbraucher mit einem Herkunftsland assoziieren, als „the picture, the reputation, the stereotype that businessmen and consumers attach to products of a specific country. This image is created by such variables as representative products, national characteristics, economic and political background, history and traditions.". Damit hat die Herkunftslandmarkierung einen entscheidenden Einfluss auf die Entscheidung des Kunden und kann im Innovationsmanagement gezielt eingesetzt werden (Clarke et al. 2000, S. 114 ff.). Das betrifft sowohl Produkte als auch Produktkategorien und Marken. Eine Meta Analyse (Liefeld 1993) ergab, dass sich das Country-of-origin Phänomen sowohl auf Konsum- als auch auf Investitionsgüter bezieht. Einstellungen gegenüber einem Land können bei verschiedenen Produkten unterschiedliche Werthaltungen bewirken (Bilkey/Nes 1982).

Nach Papadopoulos (1993, S. 17 ff.; vgl. Morello 1993, S. 287 ff.) nimmt das Phänomen an Bedeutung zu, je mehr die Internationalisierung voranschreitet. Er sieht dafür folgende Gründe:

- Anbieter werden das Image ihrer Region/Land stärker nutzen, um im Wettbewerb zu bestehen. Da sich die Produkte immer mehr ähneln, wird der Positionierung über das Landesimage mehr Bedeutung beigemessen. Das funktioniert natürlich nur, wenn positive Images mit dem Land verbunden werden können (z.B. Industrieländer).
- Die Zunahme der Auslandsproduktion und der demzufolge „international zusammengesetzten Produkte“ birgt ein Risiko für Anbieter, die ihre Produkte insbesondere über das Image verkaufen. Hier ist eine bewusste Vermarktung notwendig (z.B. „designed in the USA“ statt „produced in the USA“).
- Image bezieht sich nicht nur auf Länder, sondern auch auf Regionen, die im Rahmen der Globalisierung entstehen und kann hier gezielt eingesetzt werden (EU, Silicon Valley)
- Es kommt immer öfter zur nicht autorisierten Nutzung von Images in Verbindung mit Produkten, die mit dem Produkt nichts oder nur wenig zu tun haben (z.B. Nutzung der britischen Flagge auf Reebok, einem US-amerikanischen Sportschuh Hersteller). Hersteller werden diese neuen Möglichkeiten zunehmend nutzen, und daraus werden sich neue Herausforderungen zum Schutz von „trademarks“ ergeben.

In der Forschung wird zwischen der globalen Imagebetrachtung und der spezifischen Betrachtung einzelner Produktkategorien unterschieden (Papadopoulos 1993, S. 21 ff.). Für globale Images spricht, dass Konsumenten durchaus von dem Image einer Produktkategorie auf das einer ganz anderen schließen können. Das Image deutscher Autos ist sicherlich anders als das deutscher Bildung, aber der Fakt, dass Deutschland qualitativ gute Autos baut, könnte Konsumenten dazu führen, der deutschen Bildung auch gute Noten zu geben. Für die differenzierte Betrachtung der Produktkategorien spricht, dass kein Image existiert, welches auf alle Produkte zutrifft. Auch wenn Kalifornien gute Weine produziert, heißt das noch nicht, dass dort auch gute Maschinen hergestellt werden. Selbst die Produktkategorien können unterschiedliche Images hervorrufen, weil der Konsument verschiedene Marken des Produktes unterscheidet. Das Herkunftsimage von Marken, Firmen und Produkten eines Landes ist in verschiedenen Abstraktionsstufen darstellbar. Die bisherige Forschung zeigt jedoch, dass Konsumenten keine Schwierigkeiten haben, das Länderimage auf verschiedenen Stufen wahrzunehmen. Der Halo-Effekt wirkt insofern, dass Images eines höheren Abstraktionsgrades geringere Ebenen beeinflussen.

Die Produktherkunft wird dem Kunden in vielfältiger Weise vermittelt: durch Marken, Firmennamen, Werbeanzeigen, Produktlabels, Regionen oder durch andere direkte oder symbolische Mittel (z.B. American Airlines, Verwendung des Amerikanischen Adlers, Freiheitsstatue als Symbol, Rocky Mountains in der Zigarettenwerbung, Kalifornische Weine, etc.). Konsumenten werden sich bei der zunehmenden Vielfalt von Produkten an Images festhalten und sie (unbewusst) in ihre Entscheidungen einfließen lassen. Stewart/Chan (1993, S. 223) untersuchten den Einfluss der Produktionsstätten bei Käufern von Investitionsgütern. Demnach bevorzugen Käufer Produkte, die im Heimatland des Anbieters gefertigt werden und nicht aus Kosten- oder sonstigen Gründen anderswo hergestellt werden. Dennoch ist der Effekt im Konsumgüterbereich stärker als bei Investitionsgütern. Kaynak/Cavusgil (1983) fanden jedoch, dass obwohl bei den Befragten eine positive Grundeinstellung gegenüber nationalen Produkten vorherrschte, sie sich aber für ausländische Produkte entscheiden würden, wenn bessere Qualität und ein besserer Preis angeboten werden. Verbraucher akzeptierten demnach keine geringere Qualität bei inländischen Produkten, wenn bessere Qualität aus dem Ausland angeboten wird. Gerade für multinationale Unternehmen stellt das eine enorme Herausforderung dar.

Industrie- und Konsumgüterkunden haben Einstellungen zu Produkten, Herstellern oder Marken, welche ihr Verhalten beeinflussen (Papadopoulos 1993, S. 3 ff.). Der Gebrauch von stereotypisierten Bildern durch Käufer und Verkäufer kann Entscheidungen erleichtern oder sie weniger effektiv werden lassen, wenn der Abstand zwischen wahrgenommener und objektiver Realität zu groß ist. Die Frage, die sich stellt, ist, welchen Inhalt diese Bilder haben? Produkt- und Landesimages sind Teil der internationalen Innovationsstrategie. Die Herausforderung besteht darin, zu erkennen, welche Images Nachfrager bezüglich des Landes und der Produkte haben und dann zu entscheiden, wie darauf reagiert wird (z.B. Unterlassung, Präsentation, Verbesserung des Images).

Welches Image hat nun Deutschland bei den Amerikanern, und wie kann es gezielt eingesetzt werden, um die Adoption von deutschen Innovationen in den USA zu steigern? Laut einer Umfrage (Gersemann 2002, S.23) gaben 83% der befragten Amerikaner an, gegenüber Deutschland überwiegend positive Gefühle zu hegen. Das sind neun Prozent mehr als zehn Jahre zuvor. Das heute herrschende Deutschlandbild ist nach wie vor geprägt von Bildern der preußischen Tugenden wie Schlichtheit, Disziplin, Fleiß, Stärke, dem Streben nach Großem in allen Ausprägungen und die Präsenz des Staates in allen Bereichen. Zu einem Imagewechsel der Marke Deutschland kam es nach der Beendigung des zweiten Weltkrieges. Aus Nazideutschland wurde das Wirtschaftswunderland mit Exportrekorden, das von Ludwig Erhard geprägte Modell der sozialen Marktwirtschaft wurde zu einem internationalen Vorbild, das für arbeitsam, sozial ausgeglichen, technisch und wirtschaftlich leistungsstark, innen demokratisch, nach außen enthaltsam, bescheiden und friedfertig stand. Nach dem Ende des Kalten Krieges und der Wiedervereinigung hat Deutschland an Klarheit verloren. Man hielt an den alten preußischen Tugenden der Marke Deutschland fest und konservierte sie mit noch mehr Staat, mehr Regulierung und sozialer Sicherheit. Die im Zuge der Globalisierung notwendige Neupositionierung der Marke Deutschland wurde verpasst. Eine Umpositionierung ist allerdings sehr schwer. Die z.B. 1997 in Großbritannien gestartete Kampagne, das Land im Ausland als modern, kreativ und dynamisch zu verkaufen, scheiterte.

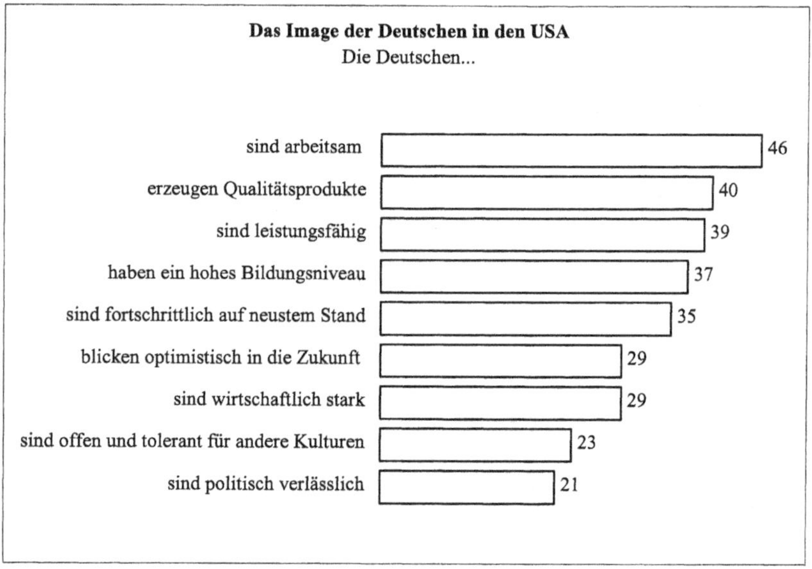

Abbildung 4-13: Das Image der Deutschen in den USA

Angaben: Zustimmung in Prozent, (in Anlehnung an Ginsburg et al. 2002, S. 20)

Eine Untersuchung der Gesellschaft für Konsumforschung (GfK) (Abb. 4.13) zeigte, dass der Rückgang der wirtschaftlichen Stärke Deutschlands im Ausland nicht zu einem Imageverlust geführt hat (Ginsburg et al. 2002, S. 20 ff.). Sogar 94% der amerikanischen Meinungsführer halten deutsche Produkte für qualitativ hochwertig. Wenn sie aber nach ihren Assoziationen zu deutschen Unternehmen gefragt werden, fällt ihnen eher Negatives wie mangelnde Offenheit in der Finanzberichterstattung, Bürokratie und einflussreiche Gewerkschaften ein (Afhüppe et al. 2003, S. 24). Nach einer Erhebung des German National Tourist Office in New York assoziieren US-Amerikaner mit Deutschland vor allem Burgen, Berge, das Oktoberfest, Wald, Bier, den Rhein und Berlin (Afhüppe et al. 2003, S. 21).

Dass sich Stimmungswerte kurzfristig ändern können, zeigt eine weitere Umfrage (Gutowski et al. 2003, S. 53 f.), die in der Zeit eines drohenden zweiten Golfkrieges im Jahr 2003 durchgeführt wurde. Das Zerwürfnis mit den USA drohte Deutschland nicht nur politisch, sondern auch wirtschaftlich Schaden zuzufügen. Man befürchtete, dass der deutsch-amerikanische Streit negative Auswirkungen auf die Wirtschaft und das Qualitätssiegel „Made in Germany“ haben würde. So fielen die Sympathiewerte von Amerikanern gegenüber Deutschen. 71% der Amerikaner hatten zwar immer noch ein positives Deutschlandbild, doch das Ergebnis war seit 1993 nicht mehr so schlecht. Damals gingen Berichte von ausländerfeindlichen Neonazis durch die amerikanische Presse und verursachten so das Stimmungstief. Das Deutschlandbild hatte bei verschiedenen deutschen Unternehmen, die im US-Markt tätig waren, entsprechende Auswirkungen. Aufgrund der bei den US-Amerikanern immer noch stark vorherrschenden Verbindung Deutschlands mit dem Zweiten Weltkrieg, versuchen einige in den USA aktive deutsche Unternehmen, ihre Herkunft zu verschleiern (Afhüppe et al. 2003, S. 23). Marken wie Aventis, Melitta oder Stihl werden nicht als deutsch wahrgenommen.

Eine weitere Umfrage zeigt jedoch, dass der Großteil der Deutschen (69%) die Meinung vertritt, dass Amerikaner und Deutsche sich gegenseitig brauchen. Nur 17% widersprachen. Zur Zeit des zweiten Golfkrieges bezweifelten aber viele Deutsche, dass diese Partnerschaft beidseitig ist. 32% meinten, dass die Amerikaner die Deutschen mögen, 31% glaubten das nicht. 1989 waren noch 55% von der Sympathie der Amerikaner für die Deutschen überzeugt (Ketels 2003, S. 50).

Heslop/Papadopoulos (1993, S. 39 ff.) stuften Deutsche eher als Konsumenten ein, die ihre eigenen Produkte kaufen. Konsumenten geben jedoch nicht gern zu, dass sie ihre Produktwahl aufgrund eines Klischees oder einer Vorliebe/Abneigung gegenüber einer bestimmten Region treffen. Im Rahmen der Marktforschung könnte daher das Problem auftreten, dass die Befragten aufgrund von Unwissenheit, Unwille oder Nicht-Bewusstsein nicht zugeben, dass ihre Kaufentscheidung durch das Country-of-origin Phänomen beeinflusst wurde.

Die Relevanz des Country-of-origin Phänomens im internationalen als auch im USA Kontext wird als hoch eingeschätzt. Für deutsche Anbieter ist es wichtig zu wissen, welche Ausprägungen bei den Nachfragern vorliegen um so entsprechend reagieren zu können. Daher soll in der empirischen Untersuchung weiter darauf eingegangen werden.

4.4.5 Umweltbezogene Determinanten

Zu den umweltbezogenen Determinanten gehören primär Größen, die vom Unternehmen nicht direkt beeinflussbar sind. Das heißt, um die Adoption der Innovation zu steigern, hat das Unternehmen hier keine bzw. nur sehr geringe Möglichkeiten, diese Faktoren zu steuern. Aus diesem Grund wird auf die umweltbezogenen Determinanten nicht vertieft eingegangen. Sie werden in der empirischen Studie nicht weiter untersucht, aber im Folgenden kurz allgemein und in Bezug auf deutsche Innovationen in den USA dargestellt.

Umweltbezogene Determinanten können in makro-ökonomische Umwelt, politisch-rechtliche Umwelt, sozio-kulturelle Umwelt und technologische Umwelt unterteilt werden.

Die **makro-ökonomische Umwelt** betrifft die Volkswirtschaft des Landes. Die konjunkturelle Lage (vgl. Gersemann 2004, S. 34 f.), die Wachstumserwartungen, der Arbeitsmarkt, die Rolle von Gewerkschaften, Substitutionsprodukte und die Situation auf den Aktien- und Finanzmärkten beeinflussen die wirtschaftliche Situation und somit auch die Adoption von Innovationen.

Albach et al. (1990, S. 126) untersuchten das Adoptionspotenzial von Märkten im internationalen Kontext. Demnach ist die Aufnahmefähigkeit risikofreudiger homogener Märkte für Innovationen am größten, da dort die Unternehmen Vorteile kurzer Entwicklungszeiten mit denen der Massenfertigung verbinden können. Dies trifft inbesondere dann zu, wenn Produkte in enger Zusammenarbeit mit Kunden entstehen.

Die Marktgröße stellt eine weitere Determinante dar. Zum einen ist die Marktdurchdringung für ein Unternehmen eher in einem kleinen und überschaubaren Markt möglich als in einem großen. Andererseits ist eine gewisse Marktgröße erforderlich, um die „kritische Masse" und die Gewinnschwelle zu erreichen. Eine bereits Ende der 1960er Jahre durchgeführte Studie (OECD 1968, S. 34) zu den technologischen Unterschieden in den USA und Europa und dem Vorsprung der USA, stellte als Ursache nicht wie vermutet die geringere F&E Tätigkeit in Europa dar. Hauptursache war die Marktgröße und damit der potenzielle Absatzmarkt für die Produkte. Die Größe sowie die Homogenität des amerikanischen Binnenmarktes erleichterten die Diffusion von Innovationen. Europa stellt eher einen heterogenen Markt mit verschiedenen Kulturen und den damit verbundenen Auswirkungen auf Kaufgewohnheiten dar. Die kritische Masse sowie die Gewinnschwelle werden in Europa langsamer erreicht, was zur Folge hat, dass sich Innovationen langsamer oder gar nicht ausbreiten.

Eine weitere Einflussgröße ist die Marktdynamik. Märkte mit einer hohen Dynamik sind meist durch hohe Wachstumsraten gekennzeichnet. Innovationen lassen sich leichter einführen und verbreiten sich schnell. Auf der anderen Seite führt eine hohe Marktdynamik mit einer hohen Innovationsrate zu einer geringen Planungssicherheit, instabilen Absatzlage und unklaren Perspektiven. Die Unternehmen müssen jedoch innovieren, um wettbewerbs-fähig zu bleiben. Unternehmen, die in Branchen mit schnellem technischem Fortschritt tätig sind, werden Innovationen eher adoptieren, als Unternehmen in Branchen mit eher stabiler Umwelt.

Das Verhalten und die Intensität des Wettbewerbs kann ebenfalls Einfluss auf den Adoptionserfolg nehmen. Das Vorhandensein der Innovation beim Wettbewerb kann bewirken, dass es eher zu einer Adoption durch die Nachfrager kommt. Je mehr die Innovation schon beim Wettbewerb verbreitet ist und der potenzielle Nachfrager positive Kommunikation erfährt, desto eher wird er auch geneigt sein, die Innovation zu übernehmen.

Schließlich sollen Kooperationsmöglichkeiten betrachtet werden. Die Zusammenarbeit mit externen Partnern stellt insbesondere im Ausland einen wichtigen Erfolgsfaktor dar. Die Verbesserung des Marktzugangs und der Marktposition, die Erzeugung einer umfassenden Wissensbasis, die Risikoreduzierung sowie die Nutzung von Synergiepotenzialen sind Hauptgründe dafür. In der Praxis kommen Joint Ventures und Allianzen als häufigste Kooperationsform vor (Vahs/Burmester 1999, S.373).

Der US-amerikanische Markt stellt den größten Einzelmarkt der Welt sowie einen sehr homogenen Markt dar, was ein Erreichen der kritischen Masse eher ermöglicht, als z.B. beim europäischen Markt. Die konjunkturelle Lage und die Wachstumserwartungen beeinflussen sehr stark die Innovationstätigkeiten und Adoptionsentscheidungen der Unternehmen. Der Arbeitsmarkt bietet Spitzenkräfte aber auch Niedriglohnempfänger; die Bandbreite ist größer als in Deutschland. Zwischen den Unternehmen und den Universitäten bestehen gute Kooperationsmöglichkeiten. Kleine und mittlere Unternehmen spielen eine stärkere Rolle im Wirtschaftsleben als in Deutschland. Gewerkschaften haben so gut wie keinen Einfluss auf unternehmerische und staatliche Aktivitäten. Sie spielen eine wesentlich geringere Rolle als in Deutschland. Das Wettbewerbsverhalten amerikanischer Unternehmen ist oft härter und aggressiver als in Deutschland, Unternehmen sind mehr vom Profit getrieben. Der US-Markt wird als einer der härtesten der Welt eingeschätzt (vgl. Droege & Comp. 2001b, S. 5 ff.; Gersemann 2003, S.22 ff.; Poncelet 1991a, S. 3 ff.; Schmidt 2000, S. 297).

Die **politisch-rechtlichen Faktoren** beschreiben das Rechtssystem eines Landes, den Einfluss des Staates auf das wirtschaftliche Geschehen sowie die durch die Politik geschaffenen Markteintrittsbarrieren. Genehmigungsfristen und der Regelungsgrad haben ebenfalls Einfluss.

In den USA ist die bevorzugte Behandlung inländischer Produkte, bzw. das bewusste Lancieren von Werbekampagnen, die die nationalen Produkte forcieren, teilweise noch zu finden. Der Staat hat jedoch insgesamt einen geringen Einfluss auf die Wirtschaft und reguliert weniger als in Deutschland. Staat und Wirtschaft sind weniger verzahnt. Genehmigungsfristen, insbesondere in der Lebensmittel- und Pharmabranche, können Produkteinführungen verlangsamen oder gar verhindern (vgl. Poncelet 1991a, S. 3 ff.; Schmidt 2000, S. 297). Der Einfluss deutscher Unternehmen ist auch hier gering, vielmehr müssen die Umstände als gegeben hingenommen werden.

Über die **sozio-kulturelle Umwelt** werden Einflussfaktoren wie die Kultur, Normen, Werte und Kommunikationsgewohnheiten erfasst. Das Verhalten der potenziellen Adopter ist durch die sozio-kulturelle Umwelt geprägt und beeinflusst so den Adoptionserfolg. Auf die Kultur als Adoptionsdeterminante wurde wegen der besonderen Bedeutung im internationalen Innovationsmanagement im Kapitel 4.4.4 ausführlich eingegangen. An dieser Stelle wurde auch die Relevanz für deutsche Innovationen im US-Markt diskutiert.

Die **technologische Umwelt** beeinflusst insofern den Adoptionserfolg, als dass bestimmte technische Normen und Standards vorgegeben sind. Die Einhaltung dieser kann insbesondere im internationalen Bereich das Kompatibilitätsrisiko senken (Blind 2001, S. 49 f.; Kollmann 1998, S. 129).

Die technologische Umwelt hat in den USA einen starken Einfluss auf den Adoptionserfolg, da bestimmte technische Normen, Standards und Zertifikate vorgegeben sind. Sind diese bei den Innovationen nicht berücksichtigt worden, können sie ein K.O.-Kriterium bei der Adoption durch den Nachfrager darstellen.

4.5 Erfassung und Prognose von Adoption

Aufgrund des bereits im Kapitel 2.2 beschriebenen hohen Floprisikos bei neuen Produkten, besteht ein großes Interesse an Möglichkeiten zur Prognose von Adoptions- und Diffusionsverläufen (vgl. Calantone/Cooper 1981, 48 ff.; Choffray/Lilien 1986, S. 75 ff.; Dowling/Walsh 1990, S. 269 ff.; Fisher 1989, S. 55 ff.; Gierl 1987; Glaziev/Kaniovski 1991, S. 231 ff.; Mahajan et al. 1990, S 37 ff.; Mansfield 1993, S. 149 ff.; Neelamegham/Chintagunta 1999, S. 115 ff.; Ruiz Conde/Mas Ruiz 2001, S. 6 ff.; Skiadas 1987, S. 79 ff.). Diffusionsmodelle wurden ursprünglich entwickelt, um die Verbreitung von Innovationen bei einer bestimmten Zahl von Adoptern zu beschreiben, zu erklären und vorherzusagen (Frenkel/Shefer 1997, S. 49). Der Anstieg der Adopter über die Zeit kann durch mathematische Funktionen dargestellt werden. Einen Literaturüberblick zu Diffusionsmodellen geben Karmeshu/Jain (1997).

Die Annahme und Verbreitung von Produktinnovationen in einem Markt folgen einem bestimmten Muster. Während der Einführungsphase ist der Umsatz gering und steigt nur langsam an. Nachdem die Nachfrage der ersten Käufer gesättigt ist, steigt der Umsatz schnell an. Es ergibt sich eine S-förmige Umsatzkurve (vgl. Kapitel 4.1). Die Länge und Neigung der Kurve ist von Produkt zu Produkt unterschiedlich, aber der generelle Verlauf ist gleich. Um Umsatzkurven verschiedener Länder vergleichen zu können, wird die Neigung bei jeder Phase in standardisierte Koeffizienten umgewandelt. So werden die Kurven statistisch vergleichbar, und der Grad der Umsatzänderung in verschiedenen Ländern, der durch Einflussfaktoren in diesen Ländern hervorgerufen wird, kann gemessen werden.

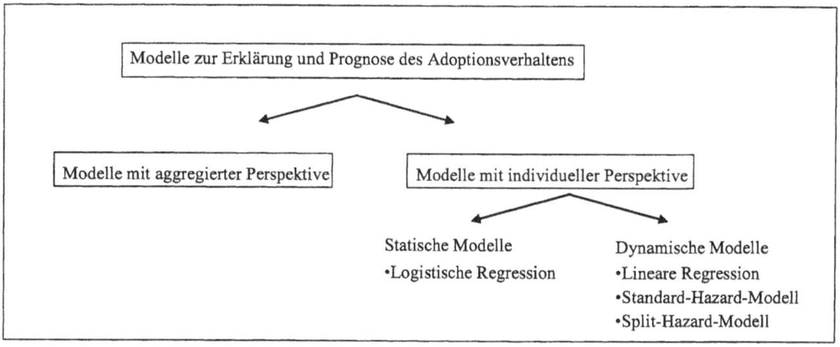

Abbildung 4-14: Modellkategorisierung zur Erklärung und Prognose der Adoption (in Anlehnung an Litfin 2000)

Im Innovationsmanagement existieren zwei Ansätze zur Erklärung und Prognose des Adoptionsverhaltens und des Diffusionsverlaufs (Abb. 4.14): In den meisten Fällen wird eine aggregierte Marktperspektive genutzt. Hierbei steht nicht die individuelle Adoptions-entscheidung im Mittelpunkt, sondern die Anzahl der Adopter über die Zeit sowie die beeinflussenden Faktoren. Diese Ansätze berücksichtigen die Heterogenität der potenziellen Nachfrager nur unzureichend (vgl. Bass 1969; Mansfield 1961). Eine Übersicht zu den aggregierten Diffusionsmodellen geben Mahajan et al. (1990, S. 1 ff.). Im Gegensatz dazu wird bei den disaggregierten Modellen die individuelle Marktperspektive genutzt. Hierbei wird versucht, die Determinanten zu identifizieren, die die Adoption auf der Ebene des tatsächlichen Adopters erklären und prognostizieren. Diese Modelle berücksichtigen damit die Heterogenität des Individuums. Eine ausführliche Analyse findet sich bei Litfin

(2000, S. 54 ff.). Diese wiederum werden in statische und dynamische Modelle unterteilt. Statische Modelle erklären das Adoptionsverhalten nur zu einem Zeitpunkt, dynamische Modelle ermöglichen Erklärung und Prognose zu beliebigen Zeitpunkten.

In der Adoptions- und Diffusionsforschung werden die zeitlichen Verbreitungen von Innovationen meist mit Hilfe von aggregierten Modellen erklärt, die auf dem Bass-Modell basieren und einen S-förmigen Verlauf haben. Dieser ergibt sich durch zunächst steigende Adoptionsraten in Abhängigkeit von der bisherigen Übernahme und später durch abnehmende Adoptionsraten in Abhängigkeit des Restmarktpotenzials. Bass (1969) übersetzte die einige Jahre früher von Rogers (1962) dargestellte Adoptionstheorie in ein mathematisches Modell. Der Ansatz von Bass (1969) dient der Prognose. Er stellt den Verlauf der Nachfrage zu einer Innovation dar, indem auf bestimmte Modalitäten im Diffusionsprozess zurückgeführt wird. Ausgangspunkt ist eine Innovation, die für einige Zeit nur von Neukunden gekauft wird, so dass es keinen Ersatzbedarf gibt. Der Umsatz einer Periode ($N_t^{'}$) ergibt sich aus dem noch unbelieferten Kundenreservoir ($N^* - N_{t-1}$), multipliziert mit der Kaufwahrscheinlichkeit der Periode (h_t): $N'_t = h_t (N^* - N_{t-1})$.

Für h_t unterstellt Bass: $h_t = \left(p + q \frac{N_{t-1}}{N^*} \right)$

Die weiteren Symbole bedeuten:

N^* = Marktpotenzial

N_{t-1} = bisherige Gesamtkäufe (Adoptionen) = $\sum_{\tau=1}^{t-1} N_\tau^{'}$

p, q = Parameter

h_t = bedingte Wahrscheinlichkeit, dass der Nachfrager die Innovation übernimmt. Das gilt unter der Voraussetzung, dass dies im Zeitraum t = 0 bis einschließlich t = 1 nicht der Fall war.

Die Kaufwahrscheinlichkeit hängt von diffusionsendogenen und diffusionsexogenen Einflussgrößen ab. Diffusionsendogene Stimuli beruhen in der Regel auf einer positiven Eigendynamik der Nachfrage und werden über den Term $\left(\frac{N_{t-1}}{N^*} \right)$ erfasst, welcher den Marktsättigungsgrad zum Zeitpunkt t bezeichnet. Je mehr Käufer die Innovation bereits erworben haben, umso stärker wird der Druck auf das noch unbelieferte Kundenreservoir, den Käufern nachzueifern. Jedoch ist auch der umgekehrte Fall möglich: je stärker eine Innovation verbreitet ist, desto geringer wird der Kaufanreiz für bestimmte Kundengruppen. Diffusionsexogene Faktoren können Anbietervariablen oder ökonomische Rahmenbedingungen sein. Sie werden durch die Parameter p und q dargestellt. Während p (Innovationskoeffizient) alle Komponenten umfasst, die nicht mit dem sozialen Einfluss in Verbindung stehen, steuert q

(Imitationskoeffizient) die Wirkung endogener Stimuli. Zusätzliche Einflussgrößen, wie die Stärke der Kommunikationsbeziehungen, sind zu erfassen. Dem Bass-Modell liegt ein homogen strukturiertes Kundenreservoir zu Grunde, was gleichzeitig Hauptkritikpunkt ist. Insbesondere wird nicht zwischen Innovatoren und Imitatoren unterschieden (Tanny/Derzko 1988, S.225 ff.). Jedoch hat der Ansatz seine Bewährungsprobe bei einer Reihe von langlebigen Gebrauchsgütern (Klimaanlagen, Kühlschränke, elektrische Rasenmäher) bestanden (vgl. Nieschlag et al. 2002). Das Modell ist in verschiedener Hinsicht erweitert worden. Zusätzliche Parameter wurden eingeführt, um Gewichtungen der Innovatoren und Imitatoren oder mehrere Produktgenerationen zu berücksichtigen (vgl. Übersicht bei Guan/Brockhoff 1995, S. 255).

Bei den aggregierten Modellen ist es jedoch nicht möglich, Gründe für die Adoption einer Innovation zu berücksichtigen (Litfin 2000). Es kann dazu führen, dass sich die Diffusion naturgesetzlich ergibt, während auf individueller Ebene diverse Gründe die Verbreitung der Innovation stören können. Bei den traditionellen Diffusionsmodellen steht nicht das Individuum, das über Annahme oder Ablehnung einer Innovation entscheidet im Vordergrund, sondern die zeitliche Verteilung der Adoptionsentscheidungen in Abhängigkeit von Variablen des Innovationsmanagements. Diese sind in ihrer Aussagekraft jedoch beschränkt. Unternehmen benötigen zudem für ihr Innovationsmanagement Informationen über ihre Zielkunden und deren entscheidungsrelevanten Faktoren. Besser geeignet sind daher so genannte Hazard-Modelle, die im Innovationsmanagement jedoch noch keine weite Verbreitung gefunden haben. Sie erklären und prognostizieren den Adoptionsprozess auf individueller Ebene.

Litfin (2000, S. 50 ff.) stellt folgende Anforderungen an ein Erklärungs- und Prognosemodell: Das Individuum trifft die Adoptionsentscheidung aufgrund der Abwägungen von Vor- und Nachteilen auf der Basis der eigenen Wahrnehmung. Daher muss die Untersuchungsebene auf individueller und nicht auf aggregierter Ebene erfolgen, da sonst die Heterogenität der einzelnen Entscheidungsträger nicht erfasst wird. Weiterhin müssen der Prozesscharakter und die Zeit berücksichtigt werden. Bis es zur Adoption kommt, vergeht Zeit mit dem Bewusstwerden der Innovation, der Informationssuche und dem Abwägen von Vor- und Nachteilen. Statische Modelle, die nur zwischen Adoption und Nicht-Adoption unterscheiden, können zudem nicht das erreichbare Marktpotenzial vorhersagen und sind daher nicht geeignet. Des Weiteren sind die wesentlichen Einflussfaktoren des Adoptionsprozesses zu erfassen. Relevant sind hierbei die subjektiven Wahrnehmungen und individuellen Charakteristika der Entscheidungsträger. Schließlich ist die Heterogenität der Entscheidungs-träger bezüglich der Ergebnisse der Übernahmeprozesse zu berücksichtigen. Wie bereits in der Analyse der Adoptionsphasen im Kapitel 4.2 festgestellt, variieren die Adoptionszeit-punkte und Resultate des Prozesses. Da nicht alle Nachfrager zu einer positiven Adoptionsentscheidung gelangen, kann so eine Überschätzung des Marktpotenzials verhindert werden. In der Tabelle 4.5 werden die statischen und dynamischen Modelle bewertet.

Bei der **logistischen Regression** wird ein Zusammenhang zwischen der Wahrscheinlichkeit der Innovationsübernahme durch ein Individuum und verschiedenen Einflussfaktoren untersucht. Dabei ist eine Abbildung auf der Ebene des Individuums möglich. Individuelle Einflussgrößen, so auch die subjektive Wahrnehmung der Innovation und die individuellen Eigenschaften der Adopter, können berücksichtigt werden. Die logistische Regression berücksichtigt jedoch nur das Ergebnis und nicht den Prozess der Adoption. Wird die Innovation nach diesem Zeitpunkt übernommen, zählt das Individuum noch zu den Nicht-Adoptern. Es können also nur die Ursachen für die Adoption bzw. Nicht-Adoption untersucht werden. Nicht abgebildet werden die Differenzierung der Adopter in Bezug auf den Adoptionszeitpunkt sowie die Unterscheidung der bisherigen Nicht-Adopter in Bezug auf die zukünftig zu erwartende Adoptionsentscheidung. Es handelt sich daher nur um einen Ausschnitt zum Befragungszeitpunkt. Resultat der Analyse ist die individuelle Adoptionswahrscheinlichkeit zu einem bestimmten Zeitpunkt sowie die Wirkung der Determinanten auf diese Wahrscheinlichkeit. Eine differenzierte Analyse der bisherigen Adopter in Bezug auf den Adoptionszeitpunkt ist nicht möglich. Weiterhin kann keine Prognose des zukünftigen Adoptionsverhaltens und des zu erreichenden Marktpotenzials gegeben werden. Damit werden die Anforderungen an ein Erklärungs- und Prognosemodell des Adoptionsverhaltens und des Diffusionsverlaufs nur bedingt erfüllt.

Die **lineare Regression** gehört zu den dynamischen Modellen, d.h. das Adoptionsverhalten kann über einen Zeitraum betrachtet werden. Bei der linearen Regression ist ebenfalls eine Abbildung auf der Ebene des Individuums möglich. Individuelle Einflussgrößen, so auch die subjektive Wahrnehmung der Innovation und die individuellen Eigenschaften der Adopter, können berücksichtigt werden. Es erfolgt eine genaue Zeitpunkterfassung der Adoptions-entscheidungen der bisherigen Adopter sowie deren individuelle Beurteilung der Produkt-eigenschaften zum Datenerhebungszeitpunkt. Die Einflussfaktoren können bei dieser Methode jedoch nur berücksichtigt werden, wenn sie über die Zeit konstant sind.

Sowohl die logistische als auch die lineare Regression erfüllen nur bedingt die oben dargestellten Anforderungen an ein Erklärungs- und Prognosemodell des Adoptionsverhaltens.

Im Folgenden sollen die so genannten Hazard-Modelle vorgestellt werden. Sie analysieren die Zeitdauer bis zur Adoption in Abhängigkeit der Determinanten. Es erfolgt eine genaue Zeitpunkterfassung der Adoptionsentscheidungen der bisherigen Adopter sowie deren individuelle Beurteilung der Produkteigenschaften zum Adoptionszeitpunkt. Es handelt sich also um eine zeitraumbezogene und nicht zeitpunktbezogene Analyse. Neben der Frage, ob es zur Adoption gekommen ist, ist auch die Dauer bis zur Adoption zu erheben. Mit diesem Ansatz können die Adoptionswahrscheinlichkeiten zu einem bestimmten Zeitpunkt angegeben sowie diese Wahrscheinlichkeiten für jedes Individuum zu einem beliebigen Zeitpunkt berechnet werden. Die Einflussfaktoren können bei dieser Methode auch berücksichtigt werden, wenn sie sich über die Zeit verändern. Zukünftiges Adoptionsverhalten kann prognostiziert und das erreichbare Marktpotenzial ermittelt werden. Das **Standard-Hazard-Modell** unterscheidet sich insofern vom **Split-Hazard-Modell**, als dass beim letzteren eine Modell-Erweiterung in Bezug auf die Heterogenität der Adopter getroffen wird. Hierbei wird nicht wie im Standard-Modell davon ausgegangen, dass der Nachfrager irgendwann die Innovation übernimmt, sondern es wird auch ein Nicht-Eintreten der Adoption erlaubt. Die Möglichkeit der Ablehnung einer Innovation in einem sozialen System bildet die Realität ab, im Gegensatz zur Annahme des Standard-Modells. Das Split-Hazard-Modell kann für die Erklärung und Prognose des Adoptionsverhaltens und des Diffusionsverlaufs als geeignet angesehen werden (vgl. Sinha/Chandrashekaran 1992, S. 116 ff.). Mit Hilfe des Split-Hazard-Ansatzes sind das Adoptionsverhalten und der Diffusionsverlauf einer Innovation erklärbar und prognostizierbar, wenn die Rogers-Kriterien genutzt werden (Litfin 2000, S. 305).

	Logistische Regression	Lineare Regression	Standard-Hazard-Modelle	Split-Hazard-Modelle
Untersuchungsebene Individuum	X	X	X	X
Erfassung der Dynamik		(X)	X	X
Berücksichtigung der Einflussfaktoren	X	X	X	X
Erfassung der Heterogenität bzgl. des Adoptionsergebnisses				X

Tabelle 4-5: Modellbeurteilung zur Erklärung und Prognose der Adoption

X = Anforderung erfüllt; (X) = Anforderung wird teilweise erfüllt (in Anlehnung an Litfin 2000, S. 89)

5 Empirische Untersuchung zur Adoption deutscher Innovationen im US-Markt

5.1 Innovative Performance deutscher Unternehmen im US-Markt

Die empirische Untersuchung zur Adoption internationaler Innovationen wird sich auf den US-amerikanischen Markt beziehen, da dieser auf der einen Seite für deutsche Unternehmen von besonderer Bedeutung ist und auf der anderen Seite aber viele dieser Unternehmen in ihrem oft wichtigsten Auslandsmarkt scheitern. Im Folgenden werden die Gründe, die für die Bedeutung des US-Marktes, insbesondere für deutsche Unternehmen, sprechen, aufgeführt. Anschließend werden Gründe für das Scheitern deutscher Unternehmen im US-Markt dargestellt.

Die Vereinigten Staaten von Amerika stellen mit einem Bruttosozialprodukt von elf Billionen US-Dollar (2003) den größten Einzelmarkt der Welt dar. Das ist mehr als die Wirtschaftsleistung von Deutschland, Frankreich, Großbritannien, Italien und Japan zusammen. 41 der weltweit 100 umsatzstärksten Unternehmen haben ihren Hauptsitz in den USA, unter den 100 weltweit wertvollsten Marken kommen 65 aus den USA. Jeder zweite Dollar im weltweiten Gesundheitswesen wird in den USA ausgegeben, jedes dritte Automobil weltweit in den USA verkauft, und im Maschinenbau nehmen die USA einen Weltmarktanteil von 40% ein. Die USA stellen in ihren Einzelmärkten jedoch vielfach die härtesten Märkte der Welt dar (Neukirchen 2001, S. 88 ff.). Es herrscht das Motto „survival of the fittest“ und nur der Schnellste, Beste und Stärkste scheint überleben zu können. Was die amerikanische Wirtschaft charakterisiert, ist harter Wettbewerb (vgl. Droege & Comp. 2001b, S. 5 ff.; Gersemann 2003, S.22 ff.).

Deutschland ist nach den USA die größte Waren-Exportnation der Welt (Koopmann/Franzmeyer 2003, S. 16). Der amerikanische Markt ist, neben Frankreich, Deutschlands entscheidender Exportmarkt. Für viele deutsche Unternehmen sind die USA nicht nur der wichtigste Markt, sondern auch jener, der am stärksten wächst. Deutschland ist nach Japan, Großbritannien und den Niederlanden der viert größte Investor in den USA. Allein die 2500 deutschen Unternehmen in den USA beschäftigen mehr als 800000 Mitarbeiter, der Gesamtumsatz deutscher USA-Töchter lag im Jahr 2000 bei 320 Milliarden US-Dollar. Die wirtschaftliche Verflechtung beider Staaten zeigt sich auch in dem Austausch von Waren. So wurden im Jahr 2002 Güter im Wert von 60 Milliarden US-Dollar von Deutschland in die USA ausgeführt und Waren im Wert von 40 Milliarden US-Dollar von den USA nach Deutschland eingeführt (Droege & Comp. 2001b, S. 17; Gersemann 2003, S.22 ff; Knower et al. 2000, S. 9).

Die Tabelle 5.1 fasst die Stärken und Schwächen der Innovationsaktivität bezüglich des US-Marktes und des deutschen Marktes zusammen. Die Stärken und Schwächen ergeben sich jeweils in Relation zum anderen Markt. Auf einige wies bereits Honko (1993, S. 1 ff.) hin.

	Stärken der Innovationsaktivität	Schwächen der Innovationsaktivität
US-Markt	▪ Eine leistungsorientierte, dynamische und mobile Gesellschaft ▪ Großer homogener Markt ▪ Eine Mischung aus verschiedenen Kulturen mit einer gemeinsamen Sprache ▪ Große Bedeutung von sechs Millionen kleinen und mittleren Unternehmen ▪ Gute Kooperationen zwischen Universitäten und der Wirtschaft	▪ Erfordernis von sehr kurzen Amortisationszeiten und hohen Return on Investment Raten ▪ Bevorzugung von Produkt- gegenüber Prozessinnovationen ▪ Volumen hat mehr Bedeutung als Qualität
Deutscher Markt	▪ Lang bewährte Industriekultur und Traditionen ▪ Gut entwickeltes Ausbildungssystem ▪ Hohe Anforderungen der Kunden ▪ Innovationen gehen mit hoher Qualität einher ▪ Umfangreiche Grundlagenforschung	▪ Fehlendes Marketing in der Forschung ▪ Übertriebene Vorsicht bei Innovationsvorhaben ▪ Veränderungen brauchen lange Zeit ▪ Geringe Mobilität ▪ Begrenzte Kooperationen zwischen Universitäten und der Wirtschaft

Tabelle 5-1: Stärken/Schwächen von Innovationsaktivitäten in Deutschland und den USA

(eigene Darstellung, in Anlehnung an Honko 1993)

Die Präsenz deutscher Unternehmen im US-Markt wird immer wichtiger. In Zukunft können Opportunitätskosten der Abwesenheit oder schwachen USA-Präsenz entstehen. Der Weg zur Weltmarktführerschaft führt heutzutage über die USA (Simon in Otte 2000, S. 25). Obwohl der US-Markt als einer der größten und wichtigsten Märkte beschrieben wird, können die USA auch als das Land der „unbegrenzten Hindernisse" gesehen werden (Droege & Comp. 2001b, S. 5 ff.). Denn die USA erscheinen dem eigenen (deutschen) Kulturraum sehr ähnlich und nicht „Exotisch" und werden daher selten als andersartig gesehen. Flüchtige Kontakte mit Amerikanern legen oft die Vermutung der

Gleichartigkeit nahe. Erst bei intensiver Beschäftigung wird die kulturelle Differenz deutlich (vgl. Schmitt/Scholtys 2001, S. 12 ff.). Der US-Markt wird von Experten als einer der schwierigsten Auslandsmärkte eingeschätzt. Jedes dritte deutsche Unternehmen scheitert mit seiner US-Tochter. Die meisten deutschen Unternehmen in den USA, unabhängig von Branche und Größe, haben mehr oder weniger große Schwierigkeiten im US-Markt (Droege & Comp. 2001b, S. 21). Viele in Deutschland erfolgreiche Innovationen werden im US-Markt zum Misserfolg. Durch eine teure „Learning-by-doing"-Phase der deutschen Unternehmen gehen viel Zeit und Geld verloren, gleichzeitig stehen den US-Aktivitäten große Erwartungen des deutschen Managements gegenüber (Simon 2001, S. 52). Es stellt sich die Frage, welche Fehler deutsche Unternehmen im US-Markt machen, die zum Scheitern ihrer Aktivitäten führen.

Der Bundesverband der Deutschen Industrie untersuchte in einer Studie (BDI 1998) die Schwierigkeiten der transatlantischen Wirtschaftbeziehungen aus deutscher Sicht. Genannt wurden US-Sanktionen, Verrechnungspreise, Antidumping, Produkthaftung, Standards und Prüfverfahren, Aufenthaltsgenehmigungen und Zollverfahren.

Die Unternehmensberatung Droege & Comp. (Droege & Comp. 1998, S. 3 ff; Droege & Comp. 2000, S. 29 ff.; Droege & Comp. 2001b) und Zeutschel (2002, S. 1 ff.) untersuchten typische Fehler deutscher Unternehmen im US-Markt und kamen zu folgenden Ergebnissen:

Obwohl die meisten deutschen Unternehmen in den USA bereits in den 1970er und 1980er Jahren gegründet worden sind, kommt es bei dem Grossteil zum **Mangel an kritischer Masse**, um langfristig im US-Markt überleben zu können. So erwirtschaften fast 70% der deutschen Tochtergesellschaften Umsätze unter 25 Millionen US-Dollar, nur 17% haben mehr als 50 Millionen US-Dollar Umsatz. 61 % der deutschen Tochtergesellschaften haben weniger als 50 Angestellte. Dementsprechend klein fallen die Marktanteile aus. 45% der deutschen Tochterunternehmen halten einen Marktanteil von weniger als 10% in ihrem Marktsegment. Der durchschnittliche Marktanteil liegt bei 14%. Nur 7% dominieren ihr Marktsegment mit einem Marktanteil von über 50%.

Weiterhin zeigt sich bei deutschen Unternehmen ein **Fokus auf Märkte mit geringem Wachstum**. Da sich die deutsche Industrie hauptsächlich in traditionellen Industrien mit weltweit geringem Wachstum wie Chemie, Automobil und Maschinenbau engagiert, liegt hier ein hausgemachtes Problem vor. So sind 44% der deutschen Tochterunternehmen in Märkten mit weniger als 4% Wachstum zu finden. Nur 10% sind in Märkten mit einem jährlichen Wachstum von über 20% aktiv.

Von Anfang an nur geringe Investitionen tätigen die meisten der deutschen Unternehmen. 56% investieren zu Beginn weniger als eine Million US-Dollar, 25% sogar weniger als 100000 US-Dollar. Nur 5% investieren mehr als 10 Millionen US-Dollar. Amerikaner erwarten, trotz ihrer nachgesagten kurzfristigen Denkweise, dass sich ausländische Hersteller im US-Markt langfristig und mit hoher Priorität engagieren.

Geringe Anfangsinvestitionen gehen Hand in Hand mit dem Nichterreichen der kritischen Masse und der gewählten Markteintrittsstrategie. So bauen 79% der deutschen Unternehmen ihre eigene Infrastruktur in den USA auf, **Wachstumsbeschleuniger werden nicht genutzt**. Nur 9% nutzen Joint Ventures oder strategische Allianzen. 12% akquirieren ein Unternehmen im US-Markt.

Geringe Anfangsinvestitionen und die Vernachlässigung von Wachstumsbeschleunigern hängen eng mit der **mangelnden Vorbereitung auf den US-Markt** zusammen. 70% der deutschen Unternehmen nutzen frühere Exporterfahrungen und Reisen in die USA als Hauptinformationsquelle für den Markteintritt. Unterstützung von außen, durch Handelskammern oder Studien, wird kaum in Anspruch genommen. Selbst die kostenfreie staatliche Wirtschaftsförderung wird nur in 20% aller Fälle genutzt. Viele Unternehmen haben dementsprechend weder eine Vision noch ein Konzept, wie sie den US-Markt erfolgreich bearbeiten wollen.

Im Zusammenhang mit der Marktvorbereitung taucht meist die Frage nach einem geeigneten Standort auf. Dabei ist das **nicht wo, sondern wie** in den USA entscheidend. Der Standort ergibt sich meist aus der notwendigen Nähe zu strategisch wichtigen Kunden.

In den USA angekommen, wollen viele ihr Geschäft wie in Deutschland aufziehen. Nationale Strategien werden oft 1:1 auf den US-Markt übertragen. Das macht sich insbesondere in der **unangepassten Produktpolitik** bemerkbar. So passen 94% aller deutschen Unternehmen ihre Produkte für den US-Markt überhaupt nicht (58%) oder nur geringfügig (36%) an. Nur 3% bieten grundlegend verschiedene Produkte an. Es wird fälschlicherweise angenommen, dass der US-Markt dem deutschen sehr ähnlich ist. Fehler, die wie Kleinigkeiten erscheinen mögen, so z.B. direkt übersetzte Werbung, britisches Englisch, die Zusendung nicht an US-Anforderungen angepasster Produktinformationen, die Verwendung nicht in den USA gebräuchlicher Maßeinheiten oder europäische Papierformate lassen Amerikaner an der Ernsthaftigkeit des ausländischen Anbieters zweifeln.

Ein weiterer Nachteil ergibt sich aus den **geringen Innovationsraten** deutscher Unternehmen. Im Durchschnitt erzielen deutsche Tochtergesellschaften 24%

ihrer Umsätze mit neuen Produkten, US-Unternehmen im Vergleich 36%. Die Innovationszyklen werden von Deutschland aus gesteuert, die US-Tochterunternehmen übernehmen in der Regel nur die vom Mutterunternehmen entwickelten Produkte, ohne eigene Innovationsanstrengungen vorzunehmen. Im US-Markt muss jedoch nicht unbedingt das Kernprodukt erneuert werden, sondern ein Produkt lässt sich schon als neu verkaufen, wenn es mit neuen Sonderausstattungen, Garantieleistungen oder Finanzierungsmodellen angeboten wird.

Sehr ausgeprägt bei der US-Marktbearbeitung ist die **starke Qualitätsorientierung** deutscher Unternehmen. So geben 95% der deutschen Tochtergesellschaften Qualität als Differenzie-rungskriterium an, gegenüber 65% der US-Unternehmen. Nur 17% der deutschen Tochtergesellschaften differenzieren sich über den Service gegenüber 82% der US-Unternehmen. Der Preis stellt für nur 9% der deutschen Tochtergesellschaften ein Differenzierungskriterium dar, für US-Unternehmen jedoch 74%. Die starke Qualitätsorientierung an sich stellt keinen Nachteil dar, sondern die fast einseitige Orientierung und die dabei vernachlässigten Aspekte Preis und Service. Das Produzieren von hoch technischen Produkten in einzigartiger Qualität führt in den USA häufig zum Over-Engineering und den damit verbundenen Kostennachteilen. Die sehr gute Qualität hat dann oft zur Folge, dass die Produkte überteuert sind. Den eventuell besseren Produkten sowie dem guten Ruf in Deutschland stehen oft viele Bedenken von US-Kunden gegenüber. Daher sollten die eigenen produktbezogenen Stärken nicht überschätzt werden. Möglicherweise wird ein einfacheres, qualitativ geringwertigeres Produkt von US-Kunden eher in Kauf genommen, wenn schneller und guter Service sowie Kostenvorteile dieses kompensieren.

Kleine Marketing Budgets und komplizierte Werbebotschaften machen es deutschen Unternehmen weiterhin schwer, sich in den USA, wo aggressives und marktschreierisches Marketing gelebt wird, zu behaupten. Im Durchschnitt verwenden deutsche Firmen etwa 16% ihrer Ausgaben für Marketing, US-Unternehmen etwa 28%. Zudem herrscht oft die Einstellung vor, dass das Produkt gut ist und das nicht jedem gesagt werden muss. Um in den USA jedoch aufzufallen, muss den Nachfragern permanent gesagt werden, dass das Produkt innovativer, besser und günstiger ist.

Schwächen bei den Erfolgsgrößen sind die Folge unangepasster, wenig innovativer Produkte und geringer Marketingausgaben. So kommt es zu einem geringen Lagerumschlag, Außenstände werden nur langsam eingetrieben und die Vertriebseffizienz leidet an mangelnder Größe.

Die Probleme deutscher Unternehmen scheinen in den USA unter Spitzen-Managern bekannt zu sein. **Deutsche Unternehmen sind kaum attraktiv für**

Top-Leute. Nur weniger als 10% der deutschen Unternehmen gelingt es, Management Talente von führenden US-Unternehmen oder Elite-Universitäten zu rekrutieren. Die fehlenden erfolgsorientierten Vergütungen sowie die Unternehmenskultur, die in deutschen Strukturen und Gewohnheiten verhaftet bleibt, sind Gründe hierfür.

Deutsche Stärken werden in den USA zu Restriktionen

Stärken	Schwächen
•Technologische Führungsrolle	•Over-Engineering, Kostennachteile
•Vorsicht und Risikovermeidung	•Fehlende kritische Masse
•Kurzfristige Gewinnorientierung	•Langsames Wachstum
•Weltweite Standardisierung	•Fehlende Produktanpassung an den US-Markt
•Dominanz im technischen Anlagenbau	•Konzentration auf langsam wachsende Märkte
•Nutzung interner Ressourcen	•Vernachlässigung von Marketing und Service
•Qualitätsorientierung ohne gleichen	•Langsamer Fortschritt
•Klare Hierarchiestrukturen	•Mangel an Flexibilität

Abbildung 5-1: Die Kehrseite deutscher Stärken in den USA
(in Anlehnung an Droege & Comp. AG 2001b, S. 57)

Obwohl der US-Markt als einer der größten und wichtigsten Märkte beschrieben wird, genießen die US-Aktivitäten immer noch eine niedrige Priorität beim Top-Management. **Wenig Unterstützung durch die Muttergesellschaft** wird vielen deutschen Tochtergesellschaften zuteil, was sich u.a. in der geringen Kommunikationsfrequenz mit der Muttergesellschaft zeigt.

Zusammenfassend stellt die Abbildung 5.1 die deutschen Stärken dar, die aber in den USA zu Restriktionen werden können.

Neben den deutschen Unternehmen wurden auch andere europäische Unternehmen im Vergleich untersucht (Droege & Comp. 2001b, S. 105 ff.). Unternehmen aus Großbritannien können sich aufgrund der historischen Beziehungen und kulturellen Wurzeln besser positionieren. Aber auch Unternehmen aus den Niederlanden, Schweden und Finnland erreichen größere Marktanteile als die Deutschen. Das US-Geschäft hat dort eine größere Bedeutung für das Gesamtgeschäft. Der US-Markt wird klar priorisiert und aggressiv bearbeitet. Diese Länder passen ihre Produkte eher an als die Deutschen, die Marketingausgaben der Briten und Niederländer entsprechen zudem denen der US-Amerikaner. Frankreich hat den US-amerikanischen Markt lange vernachlässigt und sich innerhalb der „Grande Nation" engagiert. In jüngster Zeit sind französische Unternehmen verstärkt im US-Markt vertreten. Ein Grund für die relativ schwache Stellung der Deutschen im US-Markt könnte der stark ausgeprägte Mittelstand in Deutschland sein, den kein anderes europäisches Land in der Form hat. Den mittelständischen Unternehmen fehlt oft die kritische Größe, um sich in den USA mit einem erfolgreichen Markteintritt zu behaupten. Länder wie Spanien, Italien und Portugal sind in den USA kaum aktiv. Aufgrund der kulturellen Nähe treten bei Spanien und Portugal an die Stelle der USA die Länder Mittel- und Südamerikas.

Die aufgeführten Gründe, die zu einem Scheitern deutscher Unternehmen im US-Markt führen können, betreffen die gesamte Unternehmenspolitik. Im Rahmen dieser Arbeit werden jedoch nur die Determinanten untersucht, die den Erfolg einer Innovation und nicht eines gesamten Unternehmens beeinflussen. Von den hier genannten generellen Gründen des Scheiterns betrifft das die unangepasste Produktpolitik, die starke Qualitätsorientierung und die kleinen Marketing Budgets. Augrund der Relevanz werden diese in der empirischen Studie bei den Determinanten Kompatibilität (unangepasste Produktpolitik), Komplexität (starke Qualitätsorientierung) und Marketingkommunikation (kleine Marketing Budgets) weiter untersucht (vgl. Kapitel 4.4).

5.2 Darstellung der empirischen Untersuchung

5.2.1 Ziel der Untersuchung

Ziel der bisherigen Ausführungen war es, den Adoptionsprozess und die Determinanten im internationalen und US-amerikanischen Kontext theoretisch zu beschreiben.

Ziel der empirischen Untersuchung ist es nun, auf der Basis dieser theoretischen Ausführungen weitere Erkenntnisse aus Expertengesprächen und Fallstudie zu erlangen, um dann ein interkulturelles Adoptionsmodell aufstellen zu können. Die empirische Untersuchung dient somit der Ergänzung und Vertiefung der Literaturrecherche. Insbesondere sollen die drei ursprünglichen Fragestellungen beantwortet werden:

1. Lässt sich die Adoption internationaler Innovationen erklären und verbessern?
2. Wenn ja, welche Determinanten beeinflussen die Adoption internationaler Innovationen?
3. Welche Determinanten sind für den US-Markt relevant?

Im vierten Kapitel wurden aus der Vielzahl der Determinanten die relevanten ermittelt, die in der empirischen Studie weiter überprüft werden. Dieses sind die Kompatibilität, die Komplexität und die Kosten bei den produktbezogenen Determinanten, das Risikoempfinden bei den adopterbezogenen Determinanten, weiterhin die Berücksichtigung von Kundenbedürfnissen, das Timing des Markteintritts, der Service und die Marketingkommunikation bei den anbieterbezogenen Determinanten sowie die Werte und das Country-of-origin Phänomen bei den kulturbezogenen Determinanten (Abb. 5.2).

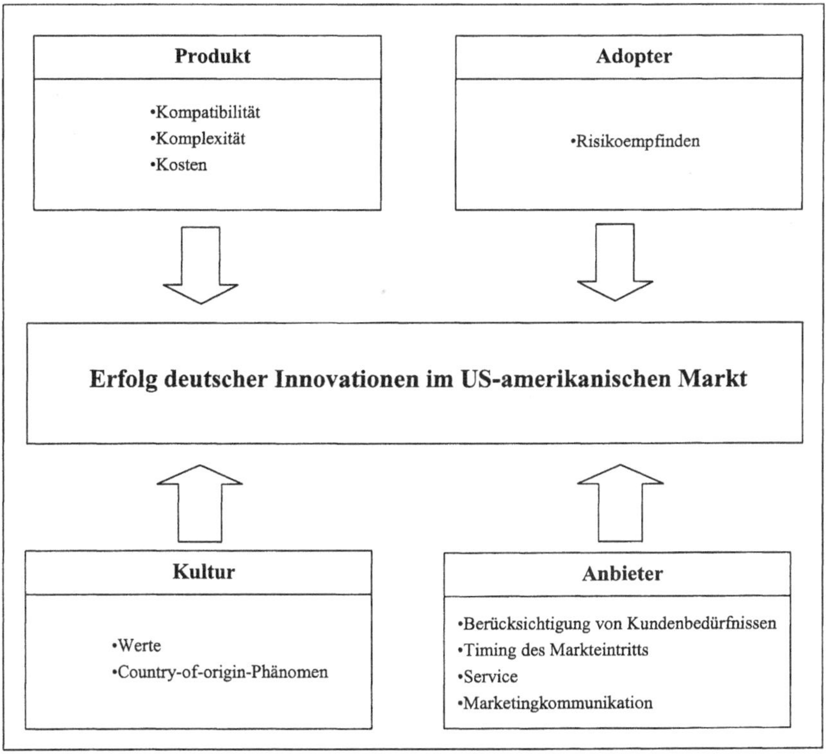

Abbildung 5-2: Determinanten der empirischen Untersuchung zur Adoption deutscher Innovationen im US- Markt

(eigene Darstellung)

5.2.2 Forschungsdesign und Durchführung der Untersuchung

Die Untersuchung verfolgt einen explorativen und qualitativen Ansatz. Für die empirische Untersuchung wurden als Erhebungsmethode das Experteninterview und die Fallstudie gewählt. Gründe für die Wahl dieser Methoden liegen vor allem in der Komplexität der verfolgten Fragestellungen und Ziele und in der sich daraus ergebenden Möglichkeit, Antworten weiter zu hinterfragen. Weitere Gründe für die Wahl der Methoden Literaturrecherche, Experteninterview und Fallstudie sind die vorwiegend gestellten „Wie" und „Warum"-Fragen (Tab. 5.2). Aufgrund der geringen Stichprobe der qualitativen Untersuchung werden die Daten nicht quantitativ ausgewertet.

Methode	Forschungsfragen	Kontrolle über Verhalten	Fokus auf aktuelle Ereignisse
Literaturrecherche	Wie, Warum	Nein	Nein
Experteninterview	Wie, Warum, Wer, Was, Wo, Wie viel	Nein	Ja
Fallstudie	Wie, Warum	Nein	Ja

Tabelle 5-2: Merkmale der angewandten Forschungsmethoden

(eigene Darstellung)

Wie bereits im Kapitel 2.1 dargestellt, sollen hier nochmals die betrachteten Innovationen zusammengefasst werden (Tab. 5.3).

Relativität der Innovation	„echte" Innovationen
Innovationsgrad	Verbesserungsinnovationen
Innovationsart	Produktinnovationen
Innovationsauslöser	Market Pull Innovationen
Komplexitätsgrad	komponierte Innovationen
Art der Güter	Investitionsgüter
Marktabdeckung	Massenmarkt

Tabelle 5-3: Untersuchungsobjekte

(eigene Darstellung)

Bezüglich der Ausrichtung der Innovationen werden solche betrachtet, die zunächst im deutschen Markt und dann im US-amerikanischen Markt eingeführt wurden.

Für die empirische Arbeit ergibt sich folgendes Untersuchungsdesign (Tab. 5.4):

Kaufentscheidungen im Investitionsgüterbereich laufen aufgrund der beteiligten Fachleute und des größeren Wissens meist professioneller ab als im Konsumgüterbereich. Es handelt sich jedoch um eine derivate Nachfrage. Des Weiteren ist die Multipersonalität der Nachfrager, z.B. in Form von Buying Centern, kennzeichnend. Beide Punkte wirken sich erschwerend auf die empirische Untersuchung aus, denn je mehr Personen und Stufen bis zum Endabnehmer durchlaufen werden, umso schwerer ist es, qualitativ wertvolle

Informationen zu bekommen. Die Endkunden wurden im Rahmen dieser Untersuchung nicht befragt; Informationen von ihnen flossen durch bereits erhobene Sekundärdaten ein. Dennoch sollten möglichst wenige Informationen der Adopter verloren gehen. Die engere Hersteller-Kundenbeziehung im Investitionsgüterbereich sowie die größere Effizienz der Prozesse lassen vermuten, dass die Hersteller von Investitionsgütern die Bedürfnisse und kaufentscheidenden Aspekte ihrer Kunden besser kennen und Adoptionsvorgänge und -determinanten eher nachvollziehen können als im Konsumgüterbereich.

Grundgesamtheit	Mitarbeiter der Siemens AG, die in Innovationsgeschäfte im US-amerikanischen Markt involviert waren bzw. konkret an der im Rahmen der Fallstudie betrachteten Innovation arbeiteten
Untersuchungsprinzip	Teilerhebung
Untersuchungsmethode	Experteninterviews
Stichprobe	21
Bezugszeitraum	Einmalige Erhebung
Art der Informationsgewinnung	Primärdaten und zur Verfügung gestellte Sekundärdaten
Ort der Untersuchung	Deutschland (Nürnberg) USA (Norcross, GA)
Zeitraum der Untersuchung	Juni/Juli 2003
Interviewer	Shirley Bortfeldt-Herkendell

Tabelle 5-4: Untersuchungsdesign

(eigene Darstellung)

5.3 Experteninterviews

5.3.1 Zur Methode der Experteninterviews

In der Adoptionsforschung kann das Interview als zentrales Erhebungsinstrument betrachtet werden (Manz 1983, S. 266 ff.). Die Methode wurde gewählt, da durch die persönliche Durchführung, neben der Hinterfragung von Antworten, auch längere Befragungen möglich sind sowie das Verhalten der Experten beobachtet werden kann. Durch die persönliche Führung der Interviews wird ebenfalls das Problem einer geringen Rücklaufquote umgangen. Dadurch, dass die Konzeption des Fragebogens und die Durchführung der Interviews in einer Hand lagen, waren auftretende Rückfragen der Befragten schnell zu klären. Nachteilig kann sich eine Beeinflussung durch den Interviewer auswirken. Zudem handelt es sich um eine teure und zeitaufwendige Form der Untersuchung. Die oben genannten Vorteile dieser Methode hingegen rechtfertigen deren Einsatz.

Die Interviews wurden als strukturierte Interviews anhand eines Gesprächsleitfadens geführt und dauerten etwa eine Stunde. Der Originalfragebogen befindet sich im Anhang der Arbeit und resultierte aus dem Studium und der Auswertung der Literatur. Anschließend wurde der Fragebogen von Experten auf Bewertung des Inhalts, Verständlichkeit und Eindeutigkeit der Fragen überprüft. Der Fragebogen unterteilt sich in vier Abschnitte. Diese beziehen sich auf die Adoptionsdeterminanten Produkt, Adopter, Anbieter und Kultur. Da es sich um einen qualitativen Ansatz handelt, wurden die meisten Fragen als offene Fragen konzipiert. Diese eröffnen die Möglichkeit, mehr Informationen von den Experten zu erhalten. Eine quantitative Auswertung erfolgte nicht, daher wurde von geschlossenen Fragen weitestgehend abgesehen.

Fast alle angesprochen Personen erklärten sich zur Teilnahme an der Untersuchung bereit (Tab. 5.5). So wurden in Deutschland mit 11 der 12 kontaktierten Experten Interviews durchgeführt, in den USA konnten mit allen 10 kontaktierten Experten Interviews geführt werden. Die hohe Rücklaufquote resultierte insbesondere daraus, dass die Untersuchungs-leiterin selbst Mitarbeiterin des Unternehmens ist.

	Deutschland	USA
Anzahl der kontaktierten Experten	12	10
Anzahl der durchgeführten Gespräche	11	10

Tabelle 5-5: Der Rücklauf bei den Expertengesprächen

(eigene Darstellung)

Die ausgewählten Gesprächspartner wurden zunächst telefonisch kontaktiert, und es wurde ein Gesprächtermin vereinbart. Die Gesprächspartner waren sehr interessiert an dem Forschungsprojekt und den Ergebnissen, insbesondere betonten sie den großen Nutzen der Untersuchung für ihre eigene Tätigkeit. Sie gaben in der Regel umfassende Auskünfte und tiefgehende Informationen. Die Untersuchung ist als nicht repräsentative Stichprobe anzusehen.

5.3.2 Ergebnisse der Experteninterviews

Im folgenden Kapitel wird auf die Ergebnisse der Experteninterviews eingegangen. Die für die Experten relevanten Determinanten werden in abnehmender Wichtigkeit, wie sie von ihnen dargestellt wurden, ausgewertet. Diese werden dann den im theoretischen Teil ermittelten Determinanten zugeordnet (Abb. 5.3).

Als Hauptgrund für den geringen Erfolg deutscher Innovationen im US-Markt wurde die **Komplexität** der Produkte genannt. Es fehlt an der Einfachheit der Bedienung und an der Nutzerfreundlichkeit. Die Produkte sind overengineered, sie haben zu viele Funktionen. Teilweise bedingt jedoch, nach Meinung der Experten, die Produktion hochwertiger Produkte diese Komplexität. So wird beispielsweise der Markt der komplexen Werkzeug- oder Verpackungsmaschinen in den USA von Nicht-Amerikanern dominiert. Die Prozesse sind sehr komplex, und erfahrenes, ausgebildetes Personal ist in den USA nicht in ausreichendem Maße vorhanden, bzw. wechselt öfters den Arbeitsplatz. Die zu starke Qualitätsorientierung deutscher Produkte stellt jedoch generell in Bezug auf deren Komplexität einen Nachteil dar.

Die Aussagen der Experten erhärten die theoretischen Überlegungen. Die Einfachheit der Geräte und der Bedienung wird als entscheidender Erfolgsfaktor für deutsche Innovationen im US-Markt angesehen.

Weiterhin wird von den Experten beklagt, dass Produktausprägungen nicht auf die **US-Anforderungen** abgestimmt sind. Es wird nicht darauf eingegangen, was in Deutschland und was in den USA wichtig ist. So werden die Kundenbedürfnisse nicht differenziert betrachtet, Produkte zum Teil vorher nicht getestet, Zulassungen, technische Normen oder internationale Standards nicht berücksichtigt. Fehlendes Marktverständnis, insbesondere in Bezug auf die Kultur, zeigt sich darin, dass die Produkte in Deutschland und für Deutsche gemacht werden, aber nicht für US-amerikanische Kunden. Das geht mit der fehlenden Integration der ausländischen Nachfrager und Geschäftseinheiten einher. So könnte der Eindruck des arroganten Überstülpens von Konzepten vermieden werden, was ein höheres Commitment der Amerikaner zur Folge haben kann. Die Innovationen sollten, nach Meinung der Experten, Demand pull Innovationen sein, d.h. aus konkreten Kundenbedürfnissen generiert werden. Dafür ist das lokale Herangehen an das US-Geschäft notwendig. Marktforschung sollte vor Ort betrieben werden, um für die Analyse und Prognose die Gegebenheiten und Unterschiede des ausländischen Marktes zu berücksichtigen. Dazu gehören auch im Zielmarkt durchgeführte Akzeptanzuntersuchungen.

Die Expertenmeinungen stützen die theoretischen Überlegungen. Die Berücksichtigung von Kundenbedürfnissen wird als ein entscheidender Erfolgsfaktor für deutsche Innovationen im US-Markt angesehen.

Ein weiterer Punkt ist der mangelnde **Support**. Für amerikanische Nachfrager spielt der Service mit entsprechender Vertriebspräsenz eine bedeutende Rolle. Man kauft nicht nur das Produkt, sondern erwartet den entsprechenden Service mit dazu. Die Verfügbarkeit der Innovation, die den Service tangiert, wird von den Experten als nicht sehr kritisch angesehen.

Die theoretischen Annahmen werden durch die Expertenmeinungen gestützt. Der Service kann als ein bedeutender Erfolgsfaktor für deutsche Innovationen im US-Markt angesehen werden.

Die Produktpreise spielen in den USA eine wichtige Rolle und Amerikaner gelten als preisempfindlich. Bei den **Preisen** liegt, nach Meinung der Experten, ein weiterer Grund für das Scheitern deutscher Innovationen im US-Markt. Die Anpassung an die lokalen Anforderungen ist auch in der Preispolitik von großer Bedeutung. Bedingt durch die Produktion in Deutschland und das Verschiffen in die USA sowie durch die qualitativ hohe Ausstattung der Produkte sind die Preise oft zu hoch für amerikanische Nachfrager. Der amerikanische Kunde zahlt zudem nicht für Funktionen in den Produkten, die er nicht braucht. Um dem zu begegnen, können modulare Produkte mit entsprechender Preisstaffelung angeboten werden. Die Betonung des Kundennutzens kann auch bei den Kosten stattfinden. Der Preis des Produktes stellt nur einen Teil dar, den der Kunde ausgibt. Ein größeres Ausmaß haben oft Folgekosten und Kosteneinsparungen, die entstehen, wenn der Kunde das neue Produkt einsetzt.

Die theoretischen Überlegungen werden durch die Expertenmeinungen erhärtet. Daher wird weiter davon ausgegangen, dass die Preise für Innovationen im US-amerikanischen Markt eine entscheidende Rolle spielen.

Die **Dokumentation** stellt einen weiteren Mangel dar. Handbücher sind zu wenig anwendungsorientiert, oft kommt es zu falschen Übersetzungen oder zu unverständlichem Englisch. Dieser Punkt wird im Folgenden unter der Determinante Marketingkommunikation untersucht.

Marketing spielt in den USA eine viel größere Rolle als in Deutschland. Die Anpassung auf lokale Bedürfnisse ist auch im Bereich der Kommunikation notwendig. Das reine Übersetzen von Werbung oder Handbüchern reicht nicht aus. Deutscher Humor in der Werbung oder die Genauigkeit von deutschen Handbüchern mit eventuellen Übersetzungsfehlern sind Amerikanern nicht vertraut und werden nicht angenommen. Zudem wird von den Experten eine verstärkte Kommunikation mit dem Kunden z.B. zum Markenaufbau oder zur Positionierung gefordert. Weiterhin stellt die nutzenorientierte Kommunikation einen Erfolgsfaktor dar. Deutsche Firmen stellen oft nur die technischen Neuheiten ihrer Produkte dar, der amerikanische Kunde will jedoch wissen, welchen Nutzten ihm diese Neuheiten bringen. Die Kommunikation sollte daher verstärkt auf die Vorteile des Kunden eingehen. Lobbyarbeit und das Vertretensein in Branchenvereinen und -organisationen stellen ebenfalls einen Erfolgsfaktor dar. Ebenso das Internet, das in den USA wesentlich weiter entwickelt ist als in Deutschland. Der amerikanische Kunde greift erst zum Telefon, wenn er die gewünschte Information nicht im Internet findet. Prinzipiell will er jedoch alles schnell und einfach aus dem Netz ziehen können.

Eine veraltete, komplizierte und langsame Homepage stellt somit eine erste Hürde im Kundenkontakt dar. Gerade im Bereich der Kommunikation muss, nach Meinung der Experten, von deutschen Firmen viel investiert werden. Dabei darf nicht der eventuell geringe Umsatz in den USA zur Grundlage genommen werden. Der Umsatz kann nur steigen, wenn hier massiv investiert wird.

Die theoretischen Annahmen können durch die Expertenaussagen gestützt werden. Daher wird der Marketingkommunikation weiterhin ein entscheidender Einfluss auf den Adoptionserfolg deutscher Innovationen im US-Markt zugeschrieben.

Ein weiteres Kriterium ist die amerikanische **Vertriebsorganisation**. Andere Vertriebswege werden wenig berücksichtigt. Deutsche sehen den amerikanischen Vertrieb als ineffizient an. Unter anderem führt die fehlende Produkt-Identifikation der Vertriebsleute, die häufig den Job wechseln, dazu. Dieser Punkt wurde unter der Determinante Service behandelt.

Eine schlechte **Einführungsstrategie** für den US-Markt wird von den Experten als weiterer Grund für einen Misserfolg angegeben. Es herrscht die Meinung vor, dass die Produkte gut sind, sie aber nicht richtig in den Markt gebracht werden. Insbesondere stellen sich die Vorteile für den Kunden nicht klar dar. Das Marketing wird unterschätzt und ist oft zu produktorientiert. Im Gegensatz dazu stellt der amerikanische Wettbewerb seine Produkte eher gewinn- und nutzenorientiert dar. Dieser Punkt wurde unter der Determinante Marketingkommunikation behandelt.

Die fehlende **Kompatibilität** ist ein weiterer Grund, warum deutsche Produkte im US-Markt scheitern können. Die Übereinstimmung der Innovation mit den vorhandenen Werten, Erfahrungen, Normen und Bedürfnissen des Kunden ist oft nicht gegeben. Insbesondere eine unangepasste Produktpolitik ist ausschlaggebend dafür, dass die Innovationen nicht angenommen werden. Das betrifft sowohl die technische als auch die kulturelle Kompatibilität.

Die Expertenaussagen stützen die theoretischen Annahmen. Die Kompatibilität wird als relevante Determinante der Adoption deutscher Innovationen im US-Markt angesehen.

Als letzter Punkt wurde von den Experten das **Timing** genannt. Produkte werden nach ihrer Meinung zu spät in den Markt eingeführt. Oft ist Unentschlossenheit die Ursache. Das wirkt sich dann nachteilig aus, wenn in der Zwischenzeit der Wettbewerb aktiv wird oder die Nachfrager schon von der Innovation erfahren und sie aber nicht in ihrem Markt kaufen können.

Die theoretischen Überlegungen werden durch die Expertenmeinungen erhärtet.

Daher wird weiter davon ausgegangen, dass das Timing der Markteinführung für Innovationen im US-amerikanischen Markt eine entscheidende Rolle spielt.

Die folgenden drei Determinanten Risikoempfinden, Werte und Country-of-origin Phänomen wurden von den Experten nicht zu den relevantesten Einflussgrößen gezählt. In der empirischen Untersuchung wurden sie dennoch hinterfragt und werden im Folgenden ausgewertet.

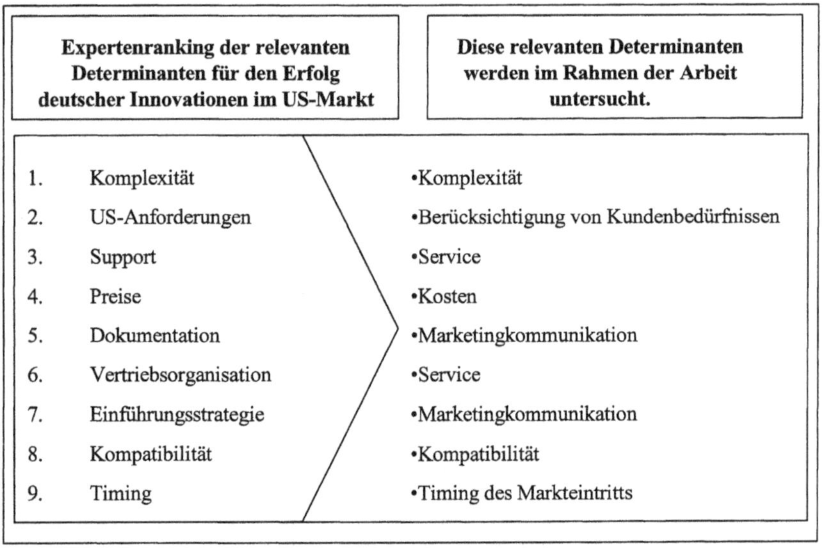

Abbildung 5-3: Expertenranking der relevanten Determinanten für den Erfolg deutscher Innovationen im US-Markt und Berücksichtigung dieser in der Untersuchung

(eigene Darstellung)

In Bezug auf das **Risikoempfinden** amerikanischer Kunden, gelten diese generell risikobereiter als Deutsche. Sie sind begeisterungsfähiger für neue Themen und willens, Risiken einzugehen, wenn sie davon ausgehen können, dass es sich für sie lohnt. Sie sind ein gewisses Risiko im Geschäftsleben gewohnt und haben kein Problem damit, wenn dieses richtig präsentiert wird. Amerikaner teilen eher die Meinung „Nobody is perfect." und geben Innovationen und jungen Unternehmen eine Chance. Sie gehen davon aus, dass Innovationen noch nicht ausgereift und ausreichend getestet sind. Anders sieht es in Deutschland aus. Kunden kaufen eher von namhaften Unternehmen mit Referenzen und einer guten Reputation, um ihr eigenes Risiko zu verringern.

Die Rolle des Vertrauensaufbaus spielt insbesondere bei ausländischen Aktivitäten eine große Rolle. Bezüglich der Frage, ob Amerikaner bei deutschen Produkten ein höheres Kaufrisiko wahrnehmen als bei einheimischen Produkten, kam es zu unterschiedlichen Antworten. Befürworter gehen davon aus, dass die deutsche Firma im US-Markt nicht zu den Marktführern gehört, daher weniger bekannt ist und somit das Vertrauen der Kunden nicht gegeben ist. Deutschland ist in den Köpfen der Amerikaner weit entfernt. Zudem kommt Unwissenheit hinzu, ob es eventuell zu Lieferproblemen kommt. Man hat keine Erfahrungen mit den Kontakten vor Ort oder weiß nicht wo gefertigt wird. Oft hat sich ein amerikanischer Anbieter als Marktführer etabliert und somit Standards eingeführt, die für alle anderen, insbesondere für die ausländischen Anbieter, zur Markteintrittsbarriere werden können. Wenn das Gerät des Marktführers beim Kunden nicht funktioniert, wird das von ihm eher hingenommen als wenn ein „No Name“-Produkt nicht funktioniert. Oft kommt es auch zu Vorgaben des Endkunden, der ein bestimmtes Produkt haben möchte. Insbesondere im Investitionsgüterbereich sind auch in den USA eher langfristige Geschäftsbeziehungen bedeutend. Bei einem ausländischen Unternehmen, das sich in den USA engagiert, ist die Bereitschaft, langfristig im Land präsent zu sein, jedoch noch unsicher. Das Risiko ist oft nicht das Produkt, welches bei Amerikanern meist ein sehr gutes Qualitätsimage hat, sondern der Support, die Handbücher, das Finden von verantwortlichen Personen und das Netz, welches gebraucht wird, wenn etwas passiert. Die Gründe, die für ein höheres wahrgenommenes Risiko sprechen, haben aber wenig damit zu tun, dass es sich um deutsche Produkte handelt, sondern dass bei ausländischen Produkten aufgrund verschiedener Unsicherheiten generell ein höheres Risiko wahrgenommen wird.

Auf der anderen Seite gab es zahlreiche Stimmen, die von keinem höheren wahrgenommen Risiko ausgehen. So können z.B. Liefermengen vorab gesichert und Referenzen eingeholt werden. Wenn das Paket aus Normen und Zertifizierungen für die Produkte steht, wird ebenfalls davon ausgegangen, dass das Produkt kein Risiko darstellt.

Die theoretischen Überlegungen werden durch die Experten nur zum Teil gestützt. Es konnte nicht klar bestätigt werden, dass Amerikaner bei deutschen Innovationen ein höheres Kaufrisiko wahrnehmen als bei ihren nationalen Innovationen und sie sich dadurch weniger auf sie einlassen.

In den Expertengesprächen wurde weiterhin die Bedeutung von **Werten** in der amerikanischen Kultur und der deutschen Kultur hinterfragt. Aufgrund der Stichprobe von 21 soll hier keine quantitative Auswertung vorgenommen, sondern nur Tendenzen aufgezeigt werden. Die Werte mit der größten Bedeutung in den USA waren Freiheit, Erfolg, Wettbewerb, Suche nach Status und Anerkennung, Selbstvertrauen, Fortschritt, persönliche Beziehungen, Leistungsorientierung, Jugendlichkeit und Bequemlichkeit. In Deutschland zählten zu den wichtigsten Werten Effizienz, Loyalität, Unsicherheits-vermeidung, Bildung und Erfolg. Die Werte Gleichheit, Humanität, Leistungsorientierung und Fortschritt wurden als etwa gleichbedeutend in den USA und Deutschland bewertet. Die größten Differenzen gab es bei den Werten Loyalität, Konformität, Freiheit und Unsicherheitsvermeidung, die bis auf den Wert Freiheit alle wesentlich bedeutender in Deutschland eingeschätzt wurden. Neben den Werten wurden die Kulturdimensionen Individualismus und Unsicherheitsvermeidung bei den Werten mit untersucht. Sie bestätigen die Ergebnisse des theoretischen Teils.

Eine weitere kulturbezogene Determinante ist das **Country-of-origin Phänomen**. Die Herkunft des Produktes spielt generell eine Rolle im Bewusstsein amerikanischer Kunden. Im Bereich der Industriegüter ist das jedoch weniger ausgeprägt als im Bereich der Konsumgüter. Ein Käufer entscheidet sich generell eher für Anbieter, die ihm bekannt sind. Amerikanische Anbieter sind meistens etabliert und bekannter im Markt als deutsche, so dass bei diesen bevorzugt gekauft wird. Die amerikanischen Produkte werden somit nicht wegen der Nationalität gekauft, sondern weil das Vertrauen in den amerikanischen Anbieter größer ist. Wenn ein Amerikaner ein gutes amerikanisches Produkt bekommt, wird er das dem ausländischen vorziehen. Wenn das ausländische jedoch einen relativen Vorteil gegenüber dem amerikanischen bietet, wird er sich dem nicht verschließen. Bei den Kunden, bei denen das Country-of-origin Phänomen stärker ausgeprägt ist, haben deutsche Produkte gute Chancen in die engere Auswahl zu kommen, da sie generell ein gutes Image besitzen. Der Käufer hat jedoch selbst bei einem Produkt eines amerikanischen Anbieters nicht die Gewissheit, dass es auch in den USA gefertigt wurde. Oft sind die Produktionsstandorte in so genannte Billiglohnländer verlagert worden. In den 1990er Jahren spielte der von der amerikanischen Regierung kommunizierte Patriotismus mit Kampagnen wie „Buy American“ oder „Made in USA“ eine größere Rolle und hatte mehr Einfluss auf Kaufentscheidungen der Konsumenten als heute.

Im Rahmen dieser empirischen Untersuchung wurden auch die Images der Deutschen, der deutschen Produkte und der deutschen Unternehmen abgefragt. Die Deutschen haben in den USA ein unterschiedliches Image. Einerseits strahlt das Qualitätssiegel "Made in Germany“ auch auf seine Menschen über. Kompetenz, Verlässlichkeit, Korrektheit, Detailorientierung, Disziplin, Genauigkeit, technische Versiertheit, Engagement, Gewissenhaftigkeit und Fleiß werden den Deutschen von den Amerikanern nachgesagt. Neben diesen „preußischen Tugenden“ werden sie aber auch als humorlos, langweilig, stur, hochnäsig und kompliziert eingeschätzt. Diese Eigenschaften spiegeln sich auch im Geschäftsleben wider. Deutsche wollen mit genauen Daten für Ihre Pläne und Strategien arbeiten, Amerikaner dagegen begnügen sich auch mit Abschätzungen. Im Gegensatz zu den USA wird bei Produkten in Deutschland gern an Altbewährtem festgehalten und wirtschaftliche Aspekte werden hinter technischen verdrängt. Das Bild der Deutschen variiert jedoch auch regional in den USA. Deutsche und ihre Kultur sind bekannt und haben ein gutes Image an der Ostküste. In den westlichen Regionen der USA sind die Deutschen eher unbekannt. Dort hat die spanische und asiatische Kultur einen größeren Einfluss. Generell sind Amerikaner jedoch aufgeschlossen gegenüber den Deutschen. Nicht wenige haben irgendwo noch familiäre Wurzeln in Deutschland. Es kann jedoch auch passieren, dass sie Deutschland gar nicht auf der Landkarte einordnen können.

Auf die Frage, welches Image deutsche Produkte in den USA haben, so ist dieses fast ausschließlich von guter Qualität, Hochwertigkeit, Innovation, Zuverlässigkeit und Gründlichkeit gekennzeichnet. Überschattet wird das Image von einem komplexen, hochpreisigen, anwenderunfreundlichen und overengineerten Eindruck.

Deutsche Unternehmen werden bei Amerikanern als kompetent, erfolgreich, innovativ und stabil wahrgenommen. Sie sind respektiert, weil sie schon lange im Markt etabliert sind. Auf der anderen Seite gelten sie als bürokratisch, unflexibel, komplex und langweilig in der Werbung. Sie werden als technologie- und nicht marktgetrieben gesehen. Größtenteils sind sie jedoch unbekannt bzw. werden nicht als deutsch wahrgenommen.

Die theoretischen Ausführungen zur Relevanz des Country-of-origin Phänomens im internationalen als auch im USA Kontext konnten durch die Experten erhärtet werden.

5.4 Fallstudie

5.4.1 Zur Methode der Fallstudie

Als Fallstudie ist ein Untersuchungsdesign zu betrachten, das sich auf die Erhebung und Analyse der Daten einer Untersuchungseinheit in einem abgeschlossenen Untersuchungsfeld bezieht (vgl. Manz 1983, S. 250 ff.; Yin 1994). Goode/Hatt (1962, S. 300) betrachten Fallstudien als eine bestimmte Art, das Forschungsmaterial so zu ordnen, dass der einheitliche Charakter des untersuchten Gegenstandes erhalten bleibt. Der mit den Fallstudien verbundene „Totalitätsgedanke" wird deutlich. Eine Fallstudie schildert in der Regel eine Unternehmens-situation und ist eine rückblickende Darstellung von Geschäftserfolgen und -misserfolgen. Sie gibt wirklichkeitsgetreu einen sich entwickelnden Geschäftsablauf wieder (Perlitz 1979, S. 5 ff.). Die Fallstudie untersucht wenige Fälle, oft nur einen. Sie sammelt und analysiert umfangreiche Informationen. Es werden keine Variablen und deren Einfluss gemessen, der Fall wird genommen, wie er „in Natur" vorkommt. Quantitative Daten haben keine Priorität, sondern qualitative (Hammersley/Gomm 2000, S. 1 ff).

Die Entwicklung der Fallmethode in der Betriebswirtschaft wurde seit Beginn des 20. Jahrhunderts entscheidend durch die Harvard Business School bestimmt (vgl. Kleine 1980, S. 187 f.; Schmidt 1958, S. 12). Die Ansichten über Kriterien, Inhalte und Funktionen von Fallstudien sind in der Literatur aber bis heute nicht eindeutig definiert und variieren je nach Kulturraum. Fallstudien werden oft in der Lehre eingesetzt; hier soll sie jedoch der empirischen Untersuchung dienen.

Im Rahmen dieser Arbeit wird die Fallstudie als deskriptives Erkenntnis- und Analyseinstrument eingesetzt. Sie ist in diesem Fall geeignet, da es sich vorwiegend um „wie" und „warum" - Fragen handelt, da der Untersucher so gut wie keinen Einfluss auf die Ereignisse hat, und weil sich der Fokus auf ein aktuelles Phänomen des realen Lebens bezieht. Durch die Fallstudie ist eine Kontext- und Prozessbetrachtung möglich, die notwendig ist, um Erfahrungswissen zu erlangen und verarbeiten zu können. Die vorliegende Fallstudie soll sich an dem „typischen" Harvardfall orientieren, der, wie im vorliegenden zu untersuchenden Fall, ein Unternehmensproblem darstellt, mit dem Mitarbeiter und Führungskräfte tatsächlich befasst waren und der mit einem Beiwerk von Fakten, Meinungen und (Vor-)urteilen umgeben ist, die den Entscheidungen zugrunde liegen. Der Fall stellt eine Problemsituation der Praxis wahrheitsgetreu, umfassend und ohne Bewertung dar (vgl. Kleine 1980, S. 189 f.; Schmidt 1958, S. 14).

Die weiteren Vorteile der Fallstudie sind darin zu sehen, dass sich dem Leser ein Lernprozess eröffnet und die Möglichkeit zur Transferleistung gegeben wird. Der Forscher kann unterschiedliche Wirkungen gleichzeitig betrachten, verschiedenen Vermutungen über Wirkungszusammenhänge unmittelbar und gleichzeitig nachgehen, weitere Verknüpfungen herstellen, ihre Untersuchungsräume kurzfristig ändern, weitere Akteure, Betroffene und Informationsquellen heranziehen (Wollmann/Hellstern 1977, S. 44 f.). Diese Flexibilität ist besonders dann wünschenswert, wenn es über den Untersuchungsbereich erst wenig theoretische Erkenntnisse gibt. Die Fallstudie ermöglicht ein ganzheitliches Systemverständ-nis. Wertvolle Erfahrungen des Einzelnen werden wiedergeben. Der Zugang zu Fallstudien durch den Leser ist in der Regel einfach.

Titel	SIMATIC Mobile Panel 170
Themengebiet	Marktakzeptanz internationaler Innovationen
Quellen	Experteninterviews, Dokumente, Beobachtungen
Branche	Automatisierung
Ort	Deutschland, USA
Monat/Jahr	7/2003

Tabelle 5-6: Fallstudiendesign

(eigene Darstellung)

Der gravierende Nachteil von Fallstudien liegt darin, dass die Ergebnisse keinen Anspruch auf Generalisierbarkeit erheben (vgl. Donmeyer 2000, S. 45 ff.; Gomm et al. 2000, S. 98 ff.; Lieberson 2000, S. 208 ff.; Lincoln/Guba 2000, S. 27 ff.; Schofield 2000; S. 69 ff.). Fallstudien müssen jedoch nicht den Anspruch an Generalisierbarkeit stellen. Wichtig sind die Transferleistung und der Nutzen, die der Leser aus der Studie zieht.

Für diese Arbeit ergibt sich folgendes Fallstudiendesign (Tab. 5.6).

5.4.2 Fallstudie „SIMATIC Mobile Panel 170“

Die Inhalte der folgenden Fallstudie, insbesondere Jahres- und Geschäftszahlen, sind unternehmenseigene Darstellungen bzw. den durchgeführten Interviews und Dokumenten entnommen.

5.4.2.1 Das Unternehmen Siemens AG

Die Siemens AG bietet Produkte, Systeme und Dienstleistungen auf den Gebieten der Information und Kommunikation, Automatisierung, Kraftwerke, Medizintechnik, Verkehrstechnik und Licht an. Sie hat ihren Hauptsitz in München und Berlin, Deutschland. Das Unternehmen ist 158 Jahre alt (2005) und in 190 Ländern vertreten. Innovationen werden in der Siemens AG als Grundpfeiler des Erfolgs und als überlebenswichtig angesehen. Im gesamten Unternehmen gibt es Geschäftsfelder mit hoher und mit weniger hoher Innovationsrate. Ziel ist es, die Innovationsaktivitäten in einigen Geschäftsfeldern zu beschleunigen. Technologisch führende Geschäftsfelder erzielen bei Siemens doppelt so hohe EBIT-Renditen wie solche, die hinter dem Wettbewerb stehen. Zur Steigerung der Innovationsaktivitäten im Konzern initiierte das Unternehmen das „top+ Programm“. Dieses soll insbesondere durch das Setzen von Trends, das Fokussieren auf Ressourcen, die Förderung von Mitarbeitern und den Ideenaustausch sowie das Etablieren neuer Geschäfte erreicht werden. Das Programm fokussiert Innovationen und unterstützt alle Geschäfte dabei, messbare Erfolge zur nachhaltigen Wettbewerbsfähigkeit zu erzielen. Das Programm basiert dabei auf drei Prinzipien:

- Klare Ziele: Jährliche Vereinbarungen legen fest, welchen Beitrag zur Steigerung des Unternehmenswertes die Geschäftseinheiten zu erbringen haben. Dafür schließen Führungskräfte mit den Mitarbeitern individuelle Zielvereinbarungen ab.
- Konkrete Maßnahmen: Die Maßnahmen werden aus der spezifischen Situation des Geschäfts abgeleitet. Dazu stehen dokumentierte Methodik-Anwendungsbeispiele zur Verfügung, die das Ergebnis interner Praxis widerspiegeln.

- Eindeutige Konsequenzen: Regelmäßig wird die Wirksamkeit der vereinbarten Maßnahmen überprüft. Daraus folgen Konsequenzen.

Zur Wissensweitergabe gibt es Plattformen und Veranstaltungen zum Best Practice Sharing.

Das „Global Network of Innovation“, wie sich das Unternehmen selbst in der Öffentlichkeit präsentiert, besteht im Jahr 2004 aus 45000 Forschern und Entwicklern an über 150 Standorten in mehr als 30 Ländern. Knapp 5,1 Milliarden Euro werden jährlich für die Forschung & Entwicklung aufgewendet, das entspricht fast sieben Prozent vom Umsatz. Mehr als drei Viertel des Umsatzes werden mit Produkten, die jünger als fünf Jahre sind, erzielt.

Das Geschäftsportfolio der Siemens AG ist in die Arbeitsgebiete Information and Communications, Automation and Control, Transportation, Power, Medical und Lighting gegliedert (Abb. 5.4). Innerhalb dieser Arbeitsgebiete haben die Bereiche weltweite Verantwortung für das operative Geschäft. Dabei werden sie von den regionalen Einheiten in den Ländern unterstützt. In Deutschland wird das Geschäft unter dem Dach der Zweigniederlassungen geführt. In den anderen Ländern wird das Unternehmen einheitlich vertreten.

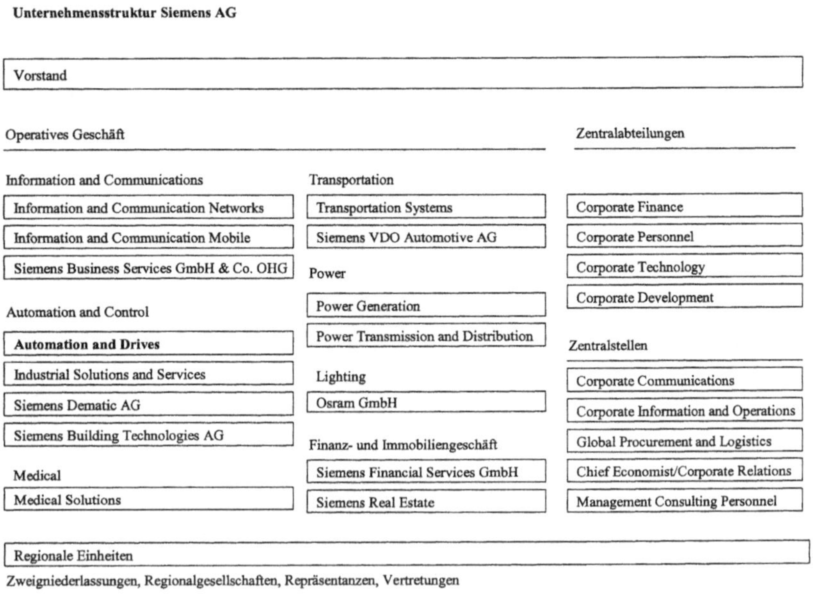

Abbildung 5-4: Die internationale Organisationsstruktur der Siemens AG

Die Unternehmenskennzahlen der Siemens AG für das Jahr 2004 sind in Tab. 5.7 abgebildet.

Umsatz	75,167 Milliarden Euro
Gewinn nach Steuern	3,405 Milliarden Euro
Forschungs- und Entwicklungskosten	5,063 Milliarden Euro
Mitarbeiter	430000

Tabelle 5-7: Unternehmenskennzahlen der Siemens AG im Jahr 2004

Der hier betrachtete Siemens-Bereich „Automation and Drives" ist Komplettanbieter in der Automatisierungs-, Antriebs-, Schalt- und Installationstechnik. Das Angebot umfasst Standardprodukte für die Fertigungs- und Prozessindustrie sowie die elektrische Installationstechnik, System- und Branchenlösungen (Abb. 5.5). Ergänzend dazu werden Software Tools für die informationstechnische Verbindung von Produktion und Betriebswirtschaft sowie zur Optimierung von Produktionsprozessen angeboten. Die Plattformlösungen bieten dem Kunden die Möglichkeit, seine Produktion vom Wareneingang über den Fertigungsprozess bis zur Warenauslieferung ohne Systembrüche zu automatisieren. Das Geschäftsgebiet erzielte im Jahr 2004 mit 51800 Mitarbeitern 8,829 Milliarden Euro Umsatz und einen EBIT von 1,077 Milliarden Euro. Die Ausgaben für F&E betrugen 554 Millonen Euro, das entspricht 6,3 % vom Umsatz.

Industrieautomatisierungssysteme	Installationstechnik
Prozessautomatisierung	Kombinationstechnik
Motion-Control-Systeme	Gemeinsame Produkte
Antriebstechnik	Training
Niederspannungsschalttechnik	Projekte Automobilindustrie

Abbildung 5-5: Angebotsspektrum von Siemens Automation and Drives

Die USA sind der weltgrößte Markt für Elektrotechnik, ihr Anteil macht etwa ein Drittel des Weltgeschäfts aus. Das US-Geschäft der Siemens AG wird durch die 1892 gegründete USA-Tochter der Siemens AG geführt. Die Siemens Corporation hatte im Jahr 2004 65000 Mitarbeiter, 30 Kompetenzcenter, zehn Geschäftsgebiete, 120 Fertigungsstätten, mehr als 500 Standorte für Verkauf und Service und erzielte 15,4 Milliarden US-Dollar Umsatz.

Traditionell war die Leitung der US-Sparte mit wenigen Befugnissen ausgestattet. Wichtige Entscheidungen wurden in Deutschland getroffen. Nach einem Management-Wechsel 2001/2002 forderte man die Geschäftsgebiete auf, ein positives Ergebnis zu liefern. So wurden unwirtschaftliche Bereiche geschlossen oder verkauft, wodurch die Anzahl der Siemens-Mitarbeiter um 10000 sank. Die Hauptziele waren die Wirtschaftlichkeit von Siemens USA durch Einzelprogramme in den Operating Companies zu verbessern und

Siemens in der Öffentlichkeit und bei den Kunden als „Ein“ Unternehmen zu positionieren. Um die Siemens Bereiche zusammen zu schweißen, wurde „Siemens One“ gegründet. So sollte die Zusammenarbeit der verstreuten Bereiche gefördert werden. Zudem wurde verstärkt in die Kommunikation investiert, um das Unternehmen bekannter zu machen und das Unternehmensimage zu verbessern. Man nutzte u.a. Fernsehspots oder großflächige Außenwerbung. 2001 schrieben noch 24 der 92 US-Siemens-Töchter rote Zahlen und drückten das Ergebnis der US-Sparte auf ein Minus von 553 Milliarden US Dollar. Nach dem Management-Wechsel erzielten diese Bereiche im Jahr 2002 einen Überschuss von 810 Millionen US-Dollar. Siemens konnte das Geschäftsvolumen in den USA (u.a. durch Akquisitionen) steigern. In der Münchener Zentrale kam der US-Sparte mehr Aufmerksamkeit zu teil. Der Chef der US-Sparte wurde in den Siemens-Vorstand gewählt und übernimmt im Jahr 2005 die Leitung der Siemens AG. Seine Erfolge im US-Markt gaben den Ausschlag für diese Entscheidung. Seit 2001 ist das Unternehmen an der New Yorker Börse gelistet. Die Entwicklung des US-Geschäfts konnte von 1993 bis 2003 zwar eine Umsatzsteigerung von 11% auf 21% vom Siemens Gesamtumsatz verzeichnen. Vom

1854	Siemens & Halske erhalten den ersten Auftrag für die Telegraphen Ausstattung der Pennsylvania Eisenbahn.
1881	Werner von Siemens und Thomas Edison nehmen Geschäftskontakte auf.
1892	Die Siemens & Halske Electric Company wird in Chicago gegründet.
1894	Das Unternehmen erleidet finanzielle Verluste aufgrund eines Fabrikbrandes.
1908	Ein Büro wird in New York eröffnet, welches 1917 wegen des 1. Weltkrieges wieder schließt.
1919	Ein Büro wird in New York eröffnet, welches 1941 wegen des 2. Weltkrieges wieder schließt.
1924	Mit Westinghouse wird ein Vertrag geschlossen, der den Austausch von Patenten und Know-How beinhaltet.
1954	Siemens of America wird gegründet, Eröffnung von Büros in New York.
1960	Ein Umsatz von 60 Millionen US Dollar wird erreicht.
1970	Siemens of America und Siemens Medical of America fusionieren zur Siemens Corporation.
1982	Die Siemens Corporation wird als Holding geführt, operative Unternehmen werden gebildet.
1990	Ein Umsatz von 4 Milliarden US Dollar wird mit 35000 Mitarbeitern erreicht.
2000	Ein Umsatz von 16,2 Milliarden US Dollar wird mit 76000 Mitarbeitern erreicht.
2001	Listing der Siemens Aktie an der New Yorker Börse

Tabelle 5-8: Geschichte von Siemens USA

Weltelektro- und -elektronikmarkt entfielen auf die USA im Jahr 2003 jedoch 32%, was noch ein enormes Potenzial für das deutsche Unternehmen bedeutet. Die Geschichte von Siemens USA ist in Tab. 5.8 abgebildet.

Die in der Fallstudie betrachtete Innovation ist in den USA dem Bereich Siemens Energy & Automation zugeordnet. Dieser ist im Jahr 2004 mit 9400 Mitarbeitern an 31 Orten vertreten und hat mehr als 100 Verkaufsbüros in den USA. Der Hauptsitz ist in Alpharetta, Georgia. Die Ausgaben für F&E betrugen im Jahr 2004 32 Millionen US-Dollar.

5.4.2.2 Das „SIMATIC" Produktspektrum

Bei der betrachteten Produktgruppe handelt es sich um Bedien- und Beobachtungsgeräte (Panels). Für das maschinennahe Bedienen und Beobachten bietet die Produktlinie SIMATIC HMI einfache Text Displays bis hin zu PC-basierten Systemen (Abb. 5.6). Die Lösungen aus Hard- und Software sind in Preis und Leistung sowie im Grad ihrer Offenheit und Erweiterbarkeit skalierbar. Die Geräte sind weltweit und in verschiedenen Branchen und Anwendungen im Einsatz, wobei die meisten Kunden aus der Maschinenbaubranche kommen. Folgende Produktgruppen werden angeboten:

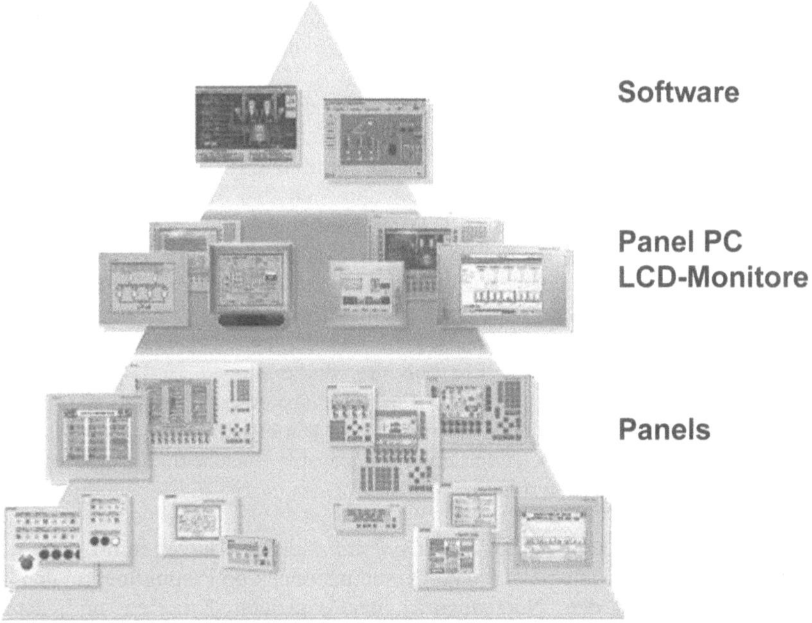

Abbildung 5-6: Produktspektrum von SIMATIC HMI

- SIMATIC Push Button Panels stellen die Alternative zu konventionellen Tasten-bedienfeldern dar.
- SIMATIC Micro Panels sind die kostengünstigen Bedienterminals für das Micro-system SIMATIC S7-200.
- SIMATIC Panels sind für die effiziente Maschinenbedienung und -überwachung in verschiedenen Leistungsklassen - entweder textbasiert oder grafikfähig mit Folientastatur oder Touchbedienung.
- SIMATIC Multi Panels in Varianten mit Bedienung per Touchscreen oder Folientastatur können wie die Panels zum Bedienen und Beobachten eingesetzt werden. Darüber hinaus erlauben Multi Panels die Installation von zusätzlichen Applikationen und bieten PC-typische Flexibilität.

Die Panels und Multi Panels der 170er - 370er Serien basieren auf dem Betriebssystem Windows CE von Microsoft. Für diese Produkte wurde Siemens zum zweiten Mal hintereinander als „Microsoft Windows Embedded Partner of the year" ausgezeichnet. Mit dieser Auszeichnung würdigt Microsoft die Innovationskraft, Technologieführerschaft und den Beitrag zur Weiterentwicklung des Betriebssystems.

5.4.2.3 Die Entstehung der Innovation

Im Markt für Bedien- und Beobachtungsgeräte wurde ein Trend für mobile Geräte verzeichnet. Das galt sowohl für den deutschen als auch den US-amerikanischen Markt. Marktstudien, Kundenanforderungen und Wettbewerbsaktivitäten deuteten darauf hin, dass dieser Markt in Zukunft wachsen würde und Potenzial hat. Der Wettbewerb wurde mit eigenen Produkten aktiv. Siemens hat eine starke Position im Segment für stationäre Bedien- und Beobachtungsgeräte und wollte nun den Trend zu Mobilität im industriellen Umfeld mitbestimmen. Daher sollte erstmalig ein mobiles Bedien- und Beobachtungsgerät entwickelt werden. Anderthalb Jahre vor Beginn der eigentlichen Marktuntersuchung wurde bereits eine Primäranalyse mit Fragebogen und Kundenbesuchen hinsichtlich der Kundenwünsche, Produktmerkmale und Wettbewerbsaktivitäten durchgeführt. Die Kaufrelevanz wurde jedoch nicht bestimmt. Ergebnis der Studie war ein Bedarf im Bereich der mobilen Bedien- und Beobachtungsgeräte. Aufgrund eines Ressourcenengpasses in dem Bereich und eines längeren Ausfalls des Produktmanagers blieb es jedoch zunächst bei der Entscheidung, dass man in dem Bereich aktiv werden müsste.

Einige Monate später wurde eine Conjoint Analyse durchgeführt, um die Kundenpräferenzen unterschiedlicher Kombinationen von Produktmerkmalen zu ermitteln und so den Nutzenbeitrag der einzelnen Kriterien und deren Ausprägungen zu erfassen. Ebenfalls brauchte man fundierte Befunde für die Preisfindung. Aufgrund der Ergebnisse der Conjoint Analyse sollten dann das

Anforderungsprofil und im Anschluss das Lastenheft entstehen.

Das Projektteam setzte sich interdisziplinär aus je einem Vertreter/einer Vertreterin des Produktmanagements, des strategischen Marketing, des Vertriebs, der Hardwareentwicklung, der Softwareentwicklung und einer Unternehmensberatung zusammen. Das Team erarbeitete in mehreren Workshops die Merkmale für die technischen Ausprägungen. Im Projektteam waren Mitarbeiter vom deutschen Standort, ein Personalaustausch mit Auslandsgesellschaften erfolgte nicht. Dem Projektteam wurde ein Lenkungsausschuss beigestellt, dessen Aufgabe es war, den Projektfortschritt in festgelegten Zeitabschnitten zu überwachen und Entscheidungen über grundsätzliche, vom Projektteam erarbeitete Lösungsalternativen herbeizuführen.

Die Conjoint Analyse dauerte sechs Monate und war computergestützt. Die Befragung wurde gleichzeitig zur Ermittlung von Trends und Entwicklungen im Markt für mobile Bedien- und Beobachtungsgeräte genutzt. Die Probanden setzten sich aus Industriekunden mit Interesse und konkretem Bedarf zusammen. Die Adressen wurden den Vertriebsbeauftragten in den Regionen zur Verfügung gestellt; diese führten die Befragungen mit ihren Kunden vor Ort durch. Die ausländischen Vertriebsbeauftragten in 22 Ländern wurden gebeten, infrage kommende Unternehmen auszuwählen und zu kontaktieren, da im Stammhaus keine Informationen über diese Kunden zur Verfügung standen. Aus den USA kamen Rückmeldungen von drei Kunden. Eine weitere Markt- und Risikoanalyse in den USA erfolgte nicht.

Folgende Produktmerkmale eines mobilen Bedien- und Beobachtungsgerätes mit seinen unterschiedlichen Ausprägungen gingen dann in die Conjoint Analyse ein:

- Mengenbedarf an Rezepturdaten
- Reaktionszeit der Funktionstasten beim Bitsetzen
- Applikationsverwaltung
- Displayfarbe
- Typ des Eingabemediums
- Am Gerät zugängliche Schnittstellen zur Datenübertragung
- Anzahl benötigter Optionen für handheldspezifische Bedienelemente
- Kabelverbindung zwischen Handheld und Steuerung
- Schutzart
- Art der Zustimmtaste
- Preis

Aus den weltweiten Befragungsergebnissen ging hervor, dass für die Kunden beim Kauf eines mobilen Bedien- und Beobachtungsgerätes der Preis die größte

Rolle spielte. Die nachfolgenden fünf Merkmale (Kabelverbindung, Schutzart, Reaktionszeit der Funktionstasten, Eingabemedium und Displayfarbe) waren ebenfalls von Bedeutung bei der Kaufentscheidung. Die Abnahme der Wichtigkeit der einzelnen Merkmale erfolgte in jeweils ähnlich großen Schritten. Die Art der Zustimmtaste und die Applikationsverwaltung hatten eine mittlere Bedeutung bei der Kaufentscheidung. Die dann folgenden Merkmale (handheldspezifische Bedienelemente, Schnittstellen zur Datenübertragung und Rezepturmengen) spielten eine untergeordnete Rolle und waren nicht mehr so relevant für die Kaufentscheidung.

Die befragten amerikanischen und kanadischen Unternehmen zeigten sich preissensibler. Der Preis war für sie noch bedeutender. Für ein preiswertes Gerät nahmen sie einfachere Geräte durchaus in Kauf. In Bezug auf das zweitwichtigste Merkmal, die Displayfarbe, wurde, wenn ein Farbdisplay angeboten wurde, eines mit 256 Farben gewünscht. Ein monochromes Display stiftete aber ebenfalls einen relativ hohen Nutzen. Bei dem drittwichtigsten Merkmal, der Art der Zustimmtaste, herrschte, im Gegensatz zu Europa, in den USA keine Indifferenz bei der Zustimmtaste vor. Es wurde eindeutig die dreistufige Zustimmtaste präferiert, wahrscheinlich aufgrund von Sicherheitsbestimmungen.

Die Produktkonzepte wurden dann unter Wirtschaftlichkeitsaspekten betrachtet, Marktvolumen, -anteile und -wachstum wurden abgeschätzt, Produktpreise wurden über den Target Costing Ansatz ermittelt.

Entstanden ist dann das SIMATIC Mobile Panel 170 (Abb. 5.7). Es kann zum Einsatz kommen, wenn Mobilität beim "vor-Ort"-Bedienen von Maschinen und Anlagen erforderlich ist, beispielsweise bei größeren Produktionsanlagen, komplexen oder abgekapselten Maschinen, langen Transfer- oder Fertigungsstrecken oder in der Fördertechnik. Mit den tragbaren Bediengeräten kann von verschiedenen Stellen aus bedient werden. Der Maschinenbediener oder Inbetriebsetzer ist am eigentlichen Ort des Geschehens. Dadurch sind Einsicht und Zugriff auf das Werkstück bzw. auf den Prozess gegeben. Das ermöglicht schnelles und präzises Einrichten und Positionieren bei der Inbetriebnahme und sorgt bei Umrüstung, Wartung oder Fehlerbehebung für kürzere Stillstandszeiten. Das SIMATIC Mobile Panel 170 ist mit einem vollgrafischen 5,7"-Color-STN-Touchscreen und 14 Folientasten sowie zwei Dreistufen-Zustimmtasten ausgestattet. Es werden zuverlässige Datenübertragungen und kurze Reaktionszeiten erreicht. Die Bedienung erfolgt über den Touchscreen oder über die Folientasten, welche beim Betätigen - auch mit Handschuhen - fühlbare Rückmeldung geben. Mit dem optionalen Gerätehalter kann das Mobile Panel sicher aufbewahrt oder auch stationär bedient werden. In der Gerätevariante 2 verfügt das Mobile Panel 170 über einen Stop-Taster. Wird dieser in einen Not-Aus Kreis eingeschleift, so entspricht seine Funktion einem

"Not-Aus". Die Gerätevariante 3 verfügt zusätzlich noch über einen Leuchtdrucktaster, ein Handrad und einen Schlüsselschalter. Die Produkte werden einheitlich für den Weltmarkt angeboten mit ebenfalls weltweitem Siemens-Service. Das Gerät stellt eine Innovation gegenüber den stationären Geräten dar, da mehrere Anlagen durch ein Gerät einzurichten sind. Das spart Personal- und Hardwarekosten. Bisher wurden solche Lösungen nur durch Eigenbau der Anwender erreicht.

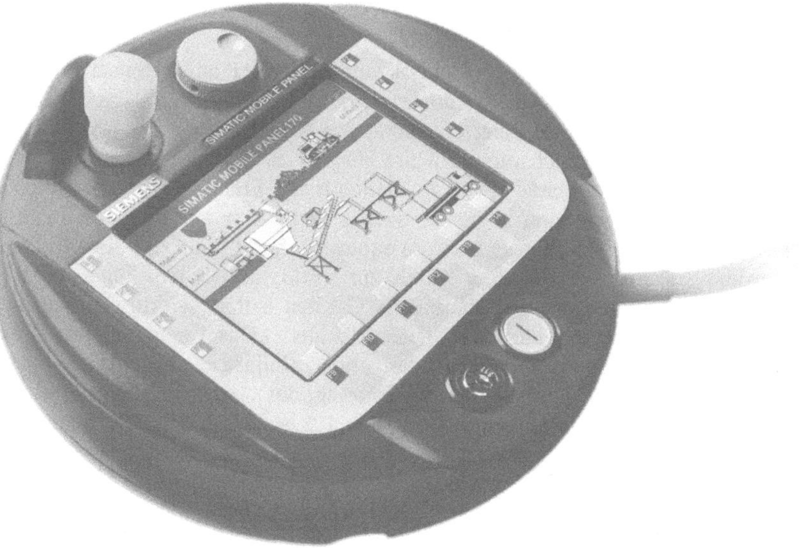

Abbildung 5-7: SIMATIC Mobile Panel 170

5.4.2.4 Die Markteinführung in den USA

Im Februar 2003 erfolgte die Markteinführung der Geräte in Deutschland, einige Monate später im US-Markt. Es gab dort zunächst Kontakt zu einigen interessierten Kunden. Die große Nachfrage nach einem Vorabtesten des Gerätes blieb jedoch aus. „Early adopters" erschienen nicht. Das Feedback vom Markt drückte sich zunächst in Misstrauen aus, da es sich um ein neues Gerät handelte. Viele deutsche Produkte und so auch das SIMATIC Mobile Panel 170 gelten in den USA als overengineered mit zu vielen Features und einer schwierigen Bedienung. Selbst dem amerikanischen Vertrieb erschien die Funktionsweise des Gerätes teilweise zu komplex.

Vom Wettbewerb wurde das Produktkonzept allmählich nachgeahmt. Es gab seinerzeit jedoch kein anderes deutsches Unternehmen, das ein ähnliches Produkt bereits in den USA abgesetzt hatte. Gegenüber dem Wettbewerb wurde das Gerät als technisch überlegen positioniert. Wirtschaftliche Vorteile, insbesondere geringere Hardware- und Personalkosten, ergaben sich deshalb, weil durch den Einsatz eines SIMATIC Mobile Panel 170 mehrere stationäre Geräte ersetzt werden konnten. Preislich wurde das mobile Gerät 60%-70% über den stationären Geräten gleicher Leistungsklasse positioniert. Der Preis lag über dem ausländischen Wettbewerb und wurde von den Nachfragern als zu hoch empfunden. Zudem wollte der Kunde nicht für Features zahlen, die er nicht brauchte.

Generell hatte das Produkt das „Look and Feel“ der amerikanischen Kunden getroffen. Das Produkt wurde jedoch als mobil kommuniziert, was die Kunden erstaunen ließ, wenn sie dann ein Gerät mit Kabel vorfanden. Das heißt, das Gerät war nicht wirklich mobil. Weiterhin war es langsam zu booten und die Funktionstasten am Gerät etwas zu klein für US-Standard. Zudem waren die Kommunikationsoptionen begrenzt, da das Kabel nur zur Siemens Steuerung passte und beim Anschluss an ein Wettbewerbsgerät ein extra Kabel benötigt wurde. Dieses musste dann der Kunde zur Verfügung stellen. Für Kunden, die bereits Erfahrungen mit den stationären Geräten hatten, wirkte sich besonders die gleiche Bedienoberfläche positiv aus. Das ersparte zusätzliche Projektierungsarbeit. Weiterhin bot die Industrietauglichkeit positive Verkaufsargumente beim Kunden. So war das Gerät vibrationsbeständig, schockfest und konnte aus einer Höhe von 1,5 Metern fallen. Die Schutzart IP 65 bot Schutz vor Strahlwasser bei eventuellen Leckagen oder der Reinigung der Anlage.

Zudem warb Siemens mit dem weltweiten Service. Falls die zuständige Person gefunden wird, bekommt der Service gute Noten für seine Arbeit. Für die Kunden wird es jedoch oft zum Ärgernis, die Person zu finden, die verantwortlich ist. Der Wettbewerb verwendete das gezielt gegen Siemens. Trainings bezüglich des SIMATIC Mobile Panel 170 wurden in den USA nicht angeboten.

Bei der Produktkommunikation wurde beklagt, dass Übersetzungen falsch und nicht umgangssprachlich waren. Zudem wurde die Website als sehr schlecht empfunden. Der Kunde will schon allein aus Kostengründen nicht lange recherchieren. Produktinformationen in Papierform waren genug vorhanden, jedoch wurde der Produktkatalog als zu dick und unübersichtlich empfunden. Kunden und Mitarbeiter wünschten eher eine dünnere Broschüre, die die Highlights der Produkte hervorhob. Die deutsche Herkunft der Innovation konnte durch das Siemens Logo assoziiert werden, wurde aber in der Kommunikation nicht besonders betont. Die Produkteinführung fand im Jahr

2003, während des 2. Golfkrieges statt, der die deutsch-amerikanischen Beziehungen stark belastetet hatte. Es gab Fälle, wo gezielt Nicht-Deutsch gekauft wurde, diese waren jedoch sehr selten und schlugen sich in den Verkaufszahlen nicht nieder. Die Marke Siemens wurde im letzten Jahr sehr stark bekannt gemacht. Früher war sie im amerikanischen Markt eher unbekannt und führte zu Verwechslungen mit dem Möbelhersteller „Seamans“. Von den Siemens Mitarbeitern vor Ort wurde die Kampagne sehr begrüßt und als nützlich empfunden.

Das Distributionssystem funktioniert in den USA bei der betrachteten Produktgruppe anders als in Deutschland. Dort geht man über Distributoren, die sowohl die eigenen als auch die Wettbewerbsprodukte verkaufen. Siemens Produkte werden so über einen nationalen Händler verkauft. Das heißt jedoch noch nicht, dass es sich auch um einen nationalen Werbeträger handelt. Der Anreiz des Händlers, ein Produkt zu verkaufen, liegt in der Gewinnspanne, die das Produkt bringt. In Deutschland wird dagegen erfolgreich ohne Distributoren verkauft. Die Distributoren in den USA beklagen, dass es an Unterstützung durch den Hersteller mangelt und ihnen das Leben durch z.B. zu lange Bestellnummern oder verspätete Informationen schwer gemacht wird. Zu Lieferschwierigkeiten kam es in der Einführungsphase nicht.

Akzeptanztests wurden beim amerikanischen Verbraucher nicht durchgeführt. Zu einer Überprüfung des Marketingkonzeptes und einer eventuellen Anpassung von Strategie und Instrumenten kam es noch nicht. Das Team in den USA besteht fast ausschließlich aus Amerikanern.

Laut den USA Verantwortlichen wurde bei der Markteinführung bisher ein „schlechter Job“ gemacht. Der Marketing Mix ist schwach. Daraus wird in den USA geschlossen, dass weniger verkauft wird. Zudem wurde die Rolle des Marketing in den USA unterschätzt. Oft kommen Leute mit einer technischen Ausbildung ins Marketing. Der Grossteil des Marketing wird zudem in Deutschland gemacht und kann dann von den USA nur noch übernommen werden. Einen Austausch über den Fit des Marketing Konzeptes gab es nicht. Eine Anpassung an amerikanische Verhältnisse betrifft oft nur formale Dinge wie Übersetzungen.

Die verkauften Geräte liegen in Deutschland etwa 10% über dem Plan, was im Unternehmen für einen Erfolg der Innovation spricht.

5.4.2.5 Ergebnisse der Fallstudie

Im Folgenden wird die Fallstudie anhand der im Kapitel 4.4 ermittelten zehn Determinanten (vgl. Abb. 5.2) ausgewertet und überprüft inwiefern die theoretischen Annahmen gestützt werden.

Kompatibilität

Die betrachtete Innovation stellt ein standardisiertes Produkt dar, welches weltweit verkauft wird. Die für die Amerikaner drei wichtigsten Produktmerkmale wurden jedoch in der Konzeption berücksichtigt. Das für US-Nachfrager wichtigste Merkmal, der Preis, erscheint ihnen in seiner Ausprägung allerdings immer noch zu hoch. Positiv wirkten sich das für die Amerikaner passende „Look and Feel" und die Industrietauglichkeit aus. Weiterhin ersparte die gleiche Bedienoberfläche, wie bei anderen Geräten aus dem SIMATIC Produktspektrum, bei bisherigen Kunden zusätzliche Projektierungsarbeit.

Nicht kompatibel mit den Bedürfnissen der amerikanischen Nachfrager war die Kommunikation als mobiles Gerät, da dieses mit einem Kabel versehen war. Lange Bootzeiten und zu kleine Funktionstasten für den US-Standard sowie die fehlende technische Kompatibilität beim Anschluss des Gerätes an Wettbewerbsgeräte wirkten sich ebenfalls nachteilig aus. Im Bereich der Produktkommunikation erfolgten die Anpassungen an die Bedürfnisse der Nachfrager ebenfalls in geringem Maße. So kam es zu falschen Übersetzungen, einer langsamen und nicht aktuellen Website und zu komplexen Produktinformationen.

Die technische und kulturelle Kompatibilität der betrachteten Innovation beinhaltet zwar kein K.O.-Kriterium, welches die Anwendung durch den Verbraucher ausschließt. Der wahrgenommene Grad der Übereinstimmung der Innovation mit den vorhandenen Werten, Erfahrungen, Normen und Bedürfnissen des Nachfragers war im vorliegenden Fall jedoch nur bedingt gegeben und kann weiterhin als mitverantwortlich für geringere Adoptionsraten in den USA angesehen werden.

Komplexität

Die Innovation stellte ein relativ komplexes technisches Gerät dar, welches in den Augen amerikanischer Nachfrager als overengineered galt. Viele technische Features gingen mit einer schwierigen Bedienung einher, so dass bereits der Vertrieb Schwierigkeiten hatte, diese zu verstehen und dem Kunden zu erklären. Die amerikanischen Nachfrager waren eher bereit einfachere Geräte zu nehmen, was sich natürlich dann auch im Preis niederschlagen müsste. Für Kunden, die sich bereits im Produktsortiment auskannten, wurde die Komplexität dadurch reduziert, dass die Bedienoberfläche herkömmlichen Geräten entsprach. Weiterhin konnte der einheitliche Marktauftritt des Unternehmens („Siemens One") zur Reduzierung der wahrgenommenen Komplexität beitragen.

Der wahrgenommene Grad der Vielfältigkeit bzw. der Schwierigkeitsgrad, die Innovation zu verstehen und zu nutzen, scheinen im vorliegenden Fall hoch zu sein. Fraglich ist, ob der zusätzliche psychische und wirtschaftliche Lernaufwand, der mit der Innovation verbunden ist, geringer ist als die sonstigen Vorteile und Ersparnisse der Innovation. Die Fallstudie stützt die theoretischen Überlegungen und die Aussagen der Experten, so dass die fehlende Einfachheit der Bedienung nach wie vor als einer der Hauptgründe für den Misserfolg deutscher Innovationen im US-Markt angesehen wird.

Kosten

Die durchgeführte Conjoint Analyse zeigte, dass Amerikaner die Bedeutung des Preises höher bewerten als der durchschnittliche Nachfrager weltweit und somit zu den eher preissensiblen Nachfragern gehören. Obwohl man die Bedeutung des Preises für den Kunden im Unternehmen nun kannte und auch die Preisfindung kundenorientiert über den Target Costing Ansatz gestaltete, wurde im US-amerikanischen Markt der Preis als zu hoch empfunden. Als störend empfanden die Nachfrager insbesondere, dass sie das komplette Produkt abnehmen mussten, welches viele Features beinhaltete, die sie eigentlich nicht brauchten, dafür aber zahlen mussten. Dass sich, trotz des höheren Preises gegenüber den stationären Geräten, letztendlich wirtschaftliche Vorteile, insbesondere geringere Hardware- und Personalkosten durch die Innovation ergaben, wurde in zu geringem Maße thematisiert. Ob der hohe Preis als Qualitätsindikator wahrgenommen und daher eher von den Nachfragern angenommen wurde, ist fraglich.

Die Fallstudie erhärtet die theoretische Annahme sowie die Expertenmeinungen, dass die Kosten der Innovation im US-amerikanischen Markt eine entscheidende Rolle spielen. Sind sie nicht wettbewerbsfähig und lokal angepasst, kann die Adoption scheitern.

Risikoempfinden

Ob amerikanische Nachfrager beim Kauf der deutschen Innovation ein höheres Risiko wahrnehmen als beim Kauf einer nationalen Innovation ist aufgrund der Fallstudie schwer zu beantworten. Dafür spräche, dass die ersten Marktreaktionen sehr verhalten waren. Die Nachfrage nach einem Vorabtesten des Gerätes, um das subjektive Risiko zu senken, blieb jedoch ebenfalls aus. Da es sich um ein Suchgut handelt, wäre die Erprobbarkeit vor dem Kauf möglich gewesen. Weiterhin kann das Risikoempfinden größer sein, da es sich um ein relativ kompliziertes Produkt handelt und die Entscheidung für die Innovation meist einen kompletten Lieferantenwechsel bedeutet, was die Rückgängigmachbarkeit beschränkt und gravierende Folgen für den Nachfrager haben kann. Dagegen spräche, dass die Marke „Siemens“ im US-Markt immer bekannter wird und der Unternehmensbereich der Innovation in den USA u.a. mit mehr als 100 Verkaufsbüros präsent ist. Weiterhin wird der weltweite Siemens Service angeboten. Zudem waren Referenzen des Anbieters von bisherigen weltweiten Aktivitäten vorhanden. Fraglich ist, ob diese risikoreduzierenden Möglichkeiten gezielt eingesetzt und kommuniziert wurden. Die mangelnde Nachfrage nach einem Vorabtesten der Innovation kann jedoch daran gelegen haben, dass Amerikaner generell nicht so viel planen und testen wie Deutsche, sondern das bereits gekaufte Gerät bei Nichtgefallen zurückgeben.

Generell kann davon ausgegangen werden, dass es für amerikanische Kunden sehr gute Gründe geben muss, den Anbieter zu wechseln, d.h. sich in diesem Fall auf den deutschen Anbieter einzulassen. Amerikaner sind zwar gegenüber Lieferanten und Geschäftspartnern wechselbereit und nicht sehr loyal, aber ein Anbieterwechsel betrifft mehr als nur das neue Produkt. Insbesondere müssen die wirtschaftlichen Vorteile für den Nachfrager klar gegeben sein.

Die Fallstudie gibt kein klares Bild über das Risikoempfinden der amerikanischen Nachfrager. Die theoretischen Annahmen, dass Amerikaner bei deutschen Innovationen generell ein höheres Kaufrisiko wahrnehmen als bei ihren nationalen Innovationen und sie sich dadurch weniger auf sie einlassen, können nicht gestützt werden.

Berücksichtigung von Kundenbedürfnissen

Vor dem Management Wechsel wurden die amerikanischen Kundenbedürfnisse aufgrund der nicht einheitlichen US-Strategie sowie der geringen Befugnisse der US-Sparte nur unzureichend berücksichtigt. Nach dem Wechsel ging man kundenorientierter vor. Im vorliegenden Fall wurden Marktstudien, Kundenanforderungen und Wettbewerbsaktivitäten ausgewertet um den erkannten Trend zu Mobilität im industriellen Umfeld mitzubestimmen. Im Rahmen der weiteren Marktforschung (Conjoint Analyse, Fragebögen) wurden dann konkrete Kundenpräferenzen und Zahlungsbereitschaften ermittelt. Trotz der Entwicklung eines standardisierten Produktes für den Weltmarkt, wurden die für die amerikanischen Nachfrager wichtigsten Merkmale berücksichtigt.

Nachteilig wirkte sich jedoch die Zusammensetzung des Projektteams aus, bei dem es sich nur um Mitarbeiter vom deutschen Standort handelte. Amerikaner waren nicht dabei. Ein gravierender Nachteil war zudem die geringe Integration von Kunden, insbesondere von amerikanischen, in den Innovationsprozess. So konnte der Nachfrager weder in seinem Meinungsbildungsprozess beeinflusst noch konnten seine Bedürfnisse und Anforderungen in entsprechendem Umfang berücksichtigt werden. Aufgrund mangelnder Ressourcen und geringem

Interesse auf amerikanischer Seite flossen amerikanische Anforderungen nur im Rahmen der Rückmeldungen dreier US-Kunden ein. Zudem wurden nach der Markteinführung keine Akzeptanztests durchgeführt und das Marketingkonzept nicht überprüft.

Die Berücksichtigung von Kundenbedürfnissen wurde im vorliegenden Fall nicht genügend vollzogen. Es gab zwar kein K.O.-Kriterium, welches die Adoption ausschloss, aber es mangelte z.B. an der fehlenden Mobilität, die das Produkt versprach, an den langen Bootzeiten, den zu kleinen Funktionstasten und den begrenzten technischen Kommunikationsoptionen. Neben nicht passenden Produktmerkmalen wurden auch Anforderungen in der Marketingkommunikation und dem Service nicht genügend berücksichtigt.

Die Fallstudie stützt die theoretische Annahme und die Expertenaussagen, dass die Berücksichtigung von Kundenbedürfnissen entscheidend für den Erfolg der Innovation ist.

Timing des Markteintritts

Mit der Innovation verfolgte man u.a. das Ziel, Trends im Markt der mobilen Bedien- und Beobachtungsgeräte zu setzen. Das spricht für die Timingstrategie des Pioniers, der zuerst im Markt ist und so durch eine temporäre Monopolstellung Markteintrittsbarrieren setzen und zunächst Preise festlegen kann. Da die Produktentwicklung im deutschen Stammhaus jedoch sehr lange dauerte, konnte man nur noch als früher Folger auftreten. Der internationale Wettbewerb wurde inzwischen mit eigenen Produkten aktiv. Die Markteinführung erfolgte in Deutschland und den USA zeitversetzt. Der spätere Markteintritt, insbesondere im US-amerikanischen Markt, kann sich negativ auf die Adoptionsraten ausgewirkt haben. Inländische Wettbewerber, die im selben Segment ihre Innovationen anbieten, konnten eher Wettbewerbsvorteile genießen.

Im Gegensatz zu den theoretischen Ausführungen und den Expertenmeinungen, ist aus der Fallstudie der Einfluss des Timing des Markteintritts nicht klar zu erkennen. Da das Produkt jedoch nicht mit „Kinderkrankheiten" versehen war, wird angenommen, dass sich höhere Adoptionsraten ergeben hätten, wenn die Innovation früher im US-Markt eingeführt worden wäre.

Service

Der großen Bedeutung des Service im US-Markt konnte Siemens seinen angebotenen weltweiten Service entgegensetzen. Da dieser jedoch sehr bürokratisch arbeitete und oft den Kundenanforderungen nicht gerecht wurde, nutzte das der Wettbewerb in Kamapgnen gezielt gegen das Unternehmen. Dass

Serviceleistungen erhebliches Potenzial bieten, zeigt, dass in den USA etwa 20% des Siemens Umsatzes auf Serviceleistungen entfallen, diese zum Gewinn jedoch ungefähr die Hälfte beisteuern.

Die Verfügbarkeit der Innovation, die auch die Determinante Service tangiert, war gegeben, es kam nicht zu Lieferschwierigkeiten. Die Verfügbarkeit des Servicenetzes war nur bedingt gegeben, so dass auch der für Amerikaner wichtige persönliche Kontakt, nicht ohne weiteres möglich war. So war es schwierig, bei Problemen eine schnelle und unkomplizierte Lösung zu finden.

Die theoretische Annahme und die Expertenaussagen zur Bedeutung des Service im US-amerikanischen Markt konnten gestützt werden. Dem Service in den USA wird nach wie vor eine entscheidende Rolle bei der Adoption deutscher Innovationen zugesprochen.

Marketingkommunikation

Die Unternehmenskommunikation wurde in den letzten Jahren verstärkt, insbesondere sollte Siemens in der Öffentlichkeit und bei den Kunden bekannter gemacht und als „Ein“ Unternehmen wahrgenommen werden. Dieses wurde von den Mitarbeitern sehr positiv und geschäftsfördernd für die tägliche Arbeit mit Nachfragern bewertet.

Die Marketingkommunikation in Bezug auf die Innovation wurde mangelhaft betrieben. So kam es zu falschen Übersetzungen sowie unübersichtlichen und zu komplexen Produkt-informationen. Gegenüber dem Wettbewerb wurde das Gerät zwar als technisch überlegen positioniert, die für die Amerikaner interessanten wirtschaftlichen Vorteile wurden jedoch kaum kommuniziert. Die nutzenorientierte Kommunikation stand nicht im Vordergrund. Das Internet, ein für Amerikaner sehr wichtiges Marketinginstrument, wurde unterschätzt. Langsame und nicht aktuelle Websites sorgten bei den Nachfragern für Unzufriedenheit.

Die bedeutende Rolle des Marketing in den USA wurde nicht erkannt. Zum einen sind in den USA lauteres und aggressiveres Marketing üblich, zum anderen muss dieses auf den Markt angepasst und mit entsprechenden Budgets versehen sein.

Die Fallstudie bestärkte die Annahme aus Theorie und Expertenmeinungen, dass ein hohes Maß an effizienter Marketingkommunikation entscheidenden Einfluss auf den Adoptions-erfolg der Innovation hat und beim deutschen Anbieter noch große Reserven vorhanden sind.

Werte

Im Kapitel 4.4.4 wurden für amerikanische Nachfrager bedeutende Werte herausgearbeitet und Annahmen über ihre Konsumrelevanz gemacht. Im Folgenden wird überprüft, inwiefern diese im vorliegenden Fall jeweils berücksichtigt wurde und somit zum Adoptionserfolg beigetragen hat.

Den für Amerikaner wohl wichtigsten Werten des Individualismus und der Freiheit wurde einerseits entsprochen, da die Lösungen des Gesamtproduktspektrums aus Hard- und Software in Preis und Leistung sowie im Grad ihrer Offenheit und Erweiterbarkeit skalierbar sind. Die Innovation wurde in drei Gerätevarianten angeboten, so dass der Nachfrager wählen konnte. Andererseits kam es trotzdem zur Unzufriedenheit, da auch für im Gerät vorhandene Produktfeatures gezahlt werden musste, die der Kunde nicht brauchte. In Bezug auf die Werte Gleichheit und Erfolg wurden Qualitäts- und Preisdifferenzierungen so gut wie nicht angeboten. Dem Wert der Unsicherheitsvermeidung wurde entsprochen, da die Produkte die Basis-Sicherheitsanforderungen erfüllten. Der Wert des Wettbewerbs kam zur Geltung, da Wettbewerbsprodukte bei der Produktgestaltung berücksichtigt wurden. Ob die angebotenen Produkte jedoch für den Nachfrager einen Wettbewerbsvorteil darstellten, ist fraglich. Die Innovation selbst steht für die Werte der Veränderung und des Fortschritts. Das Angebot von neuen Produkten entspricht auch dem Wert der Persönlichen Beziehungen. Da das „Look and Feel" der amerikanischen Nachfrager getroffen wurde, konnte dem Wert der Jugendlichkeit, mit im Design modern und jugendlich erscheinenden Produkten, entsprochen werden. Bei Kaufentscheidungen wurde der Grad der direkten Beeinflussung gering gehalten, so dass der Wert des Selbstvertrauens Berücksichtigung fand. Dem Wert der Bildung wurde nicht entsprochen, da die Innovation nicht einfach, unkompliziert und ohne großen Lernaufwand ist. Bei dem Wert der Loyalität sollte der Fokus auf kaufentscheidenden Kriterien, wie z.B. dem Preis liegen, was in der Fallstudie jedoch nicht vorlag. In Bezug auf den Wert der Effizienz kann die Innovation als Zeitspar- und Rationalisierungsprodukt angesehen werden. Standardisierte, überall in den USA einsetzbare Produkte mit flächendeckendem Servicenetz entsprechen dem Wert der Mobilität. Zu weiteren relevanten Werten können aufgrund fehlender Informationen in der Fallstudie keine Aussagen gemacht werden. Den meisten, für amerikanische Nachfrager wichtigen Werten, konnte mit der Innovation entsprochen werden. Nur wenige Ausprägungen wurden nicht berücksichtigt. Diese können jedoch ausschlaggebend für geringe Adoptionsraten sein.

Country-of-origin Phänomen

Inwiefern das Country-of-origin Phänomen Einfluss auf die Adoption der Innovation hat, ist aufgrund der Informationen der Fallstudie schwer zu sagen.

Auf dem Produkt war das Siemens Logo vorhanden. Somit konnte die Assoziation zum deutschen Produkt hergestellt werden. Das Bild, welches Amerikaner über Deutsche und ihre Produkte haben, wurde in der Fallstudie nicht thematisiert. Dieses wurde aber neben den theoretischen Ausführungen im Kapitel 4.4.4 auch in den Experteninterviews untersucht. Die Informationen der Fallstudie, dass aufgrund der angespannten deutsch-amerikanischen Beziehungen während des 2. Golfkrieges nur wenige Nachfrager von Käufen absahen bzw. gezielt Nicht-Deutsch kauften, reichen nicht aus, um den Einfluss des Country-of-origin Phänomens auf den Erfolg der Innovation zu bestärken.

6 INTERKULTURELLES ADOPTIONSMODELL MIT IMPLIKATIONEN

6.1 INTERKULTURELLES ADOPTIONSMODELL

Das interkulturelle Adoptionsmodell ist das Ergebnis des theoretischen und des empirischen Teils und stellt zugleich das Resultat dieser Arbeit dar. Die Abbildung 6.1 zeigt zunächst das allgemeine Modell mit den internationalen Determinanten der Adoption. Alle diese beeinflussen den internationalen Adoptionserfolg. Auf die einzelnen Determinanten wurde ausführlich, insbesondere in den Kapiteln 3 und 4, eingegangen.

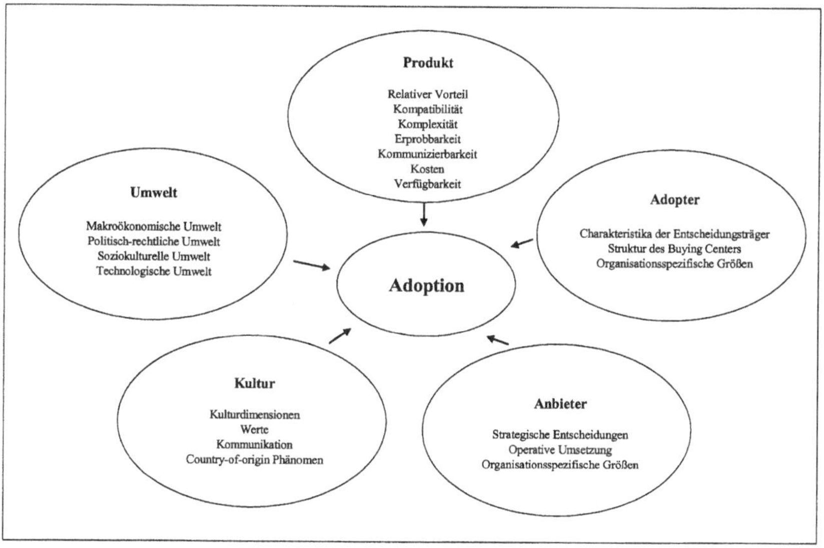

Abbildung 6-1: Determinanten der internationalen Adoption
(eigene Darstellung)

Zu diesen allgemeinen Determinanten wurden dann, insbesondere im Kapitel 4, die US-amerikanischen Ausprägungen ermittelt und auf ihre Relevanz geprüft. Die Abbildung 6.2 zeigt das obige allgemeine Modell mit der Erweiterung der Determinanten für den US-Markt. Alle diese beeinflussen den Adoptionserfolg deutscher Innovationen im US-amerikanischen Markt. Aus diesem Modell geht jedoch noch keine Gewichtung der Einflussfaktoren hervor.

In einem weiteren Schritt wurden dann im Kapitel 5 die für den US-Markt ermittelten relevanten Determinanten in den Expertengesprächen und der Fallstudie weiter untersucht, inwiefern die theoretischen Annahmen gestützt und erhärtet bzw. verworfen werden konnten. Der Tabelle 6.1 ist das Ergebnis der für den US-Markt relevanten Determinanten in Bezug auf den Erfolg deutscher Innovationen zu entnehmen. Die 10 Determinanten wurden als am bedeutendsten in der theoretischen Untersuchung bestimmt. Von den Experten und in der Fallstudie konnten sie dann gestützt und erhärtet (+) oder verworfen (-) werden.

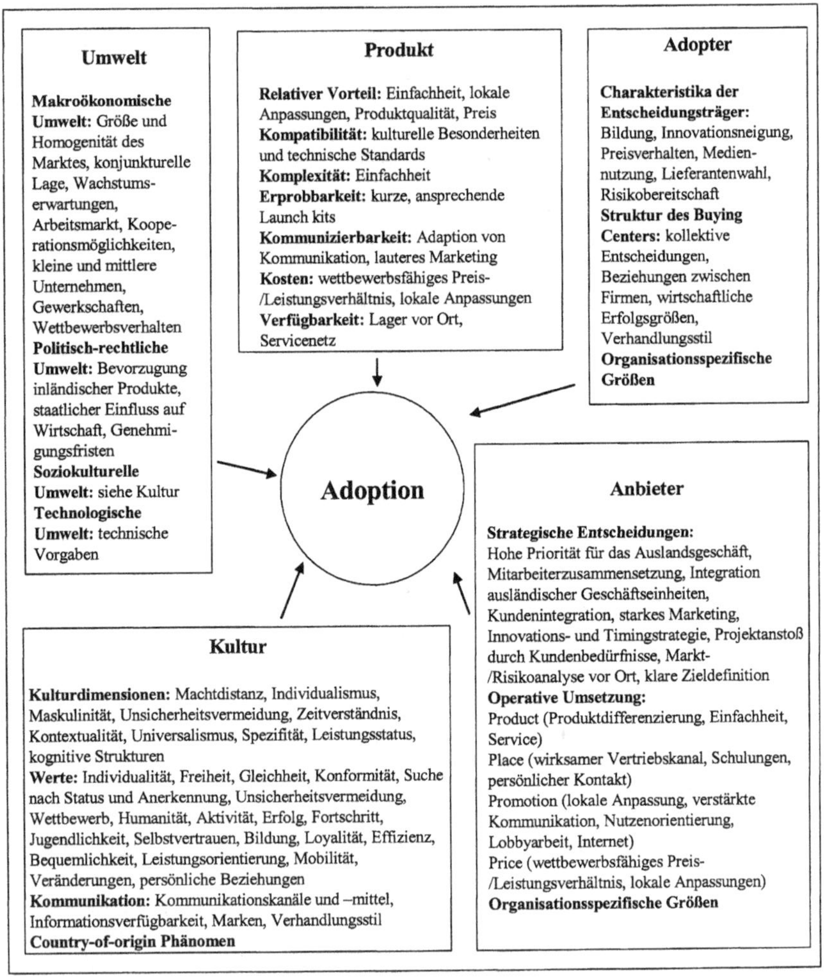

Abbildung 6-2: Adoptionsdeterminanten deutscher Innovationen im US-Markt (eigene Darstellung)

Gruppe	Determinanten	Literatur	Experten	Fallstudie
Produkt	Kompatibilität	+	+	+
Produkt	Komplexität	+	+	+
Produkt	Kosten	+	+	+
Adopter	Risikoempfinden	+	-	-
Anbieter	Berücksichtigung von Kundenbedürfnissen	+	+	+
Anbieter	Timing des Markteintritts	+	+	+
Anbieter	Service	+	+	+
Anbieter	Marketingkommunikation	+	+	+
Kultur	Werte	+	+	+
Kultur	Country-of-origin Phänomen	+	+	-

Tabelle 6-1: Ergebnisse von theoretischer Untersuchung, Expertengesprächen und Fallstudie in Bezug auf die Ermittlung relevanter US-amerikanischer Adoptionsdeterminanten

(„+“ = Determinante wird als relevant für die Adoption deutscher Innovationen im US-Markt angesehen,
„ - “ = Relevanz konnte nicht bestätigt werden), eigene Darstellung

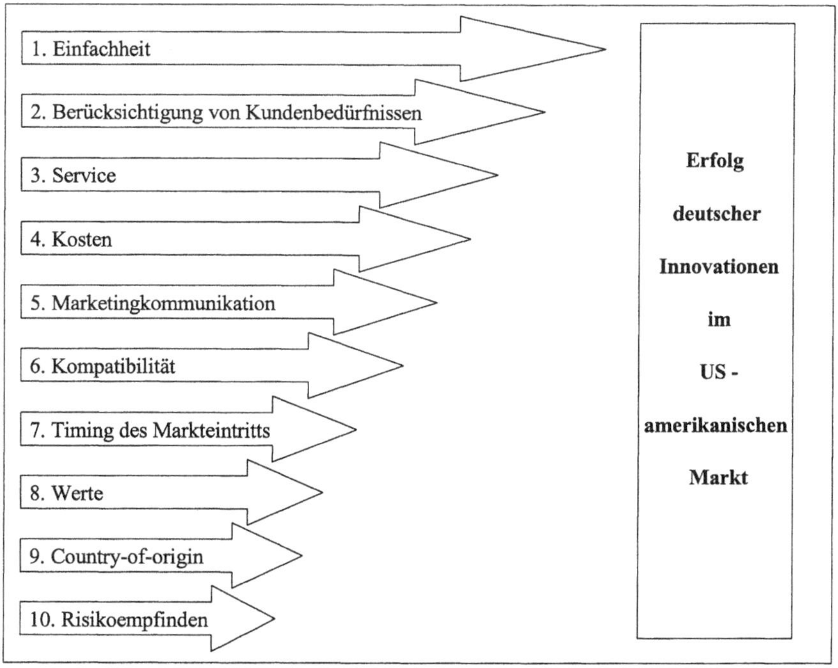

Abbildung 6-3: Gewichtete Determinanten der Adoption deutscher Innovationen im US-Markt

(eigene Darstellung)

Aufgrund der Ergebnisse der theoretischen Untersuchung, der Expertengespräche, der Fallstudie und des Expertenrankings ergaben sich Gewichtungen für die Einflussfaktoren. Die Abbildung 6.3 stellt die relevanten und gewichteten Determinanten des Adoptionserfolgs deutscher Innovationen im US-Markt in abnehmender Wichtigkeit dar. Da die Determinante „Komplexität“ im Sinne von geringer Komplexität zu verstehen ist, wird sie als „Einfachheit“ dargestellt. Das Modell kann als das Ergebnis der Arbeit betrachtet werden.

Wie diese ermittelten Determinanten wirken und wie sie von deutschen Anbietern im US-amerikanischen Markt zu berücksichtigen sind, wird im folgenden Kapitel 6.2 bei den Handlungsempfehlungen dargestellt.

6.2 Handlungsempfehlungen

1. Die angebotenen deutschen Produkte sollten einfach und intuitiv in ihrer Bedienung sein. Diese Einfachheit bezieht sich neben den Produkten auch auf Handbücher, Kataloge und Prozesse, z.B. Bestellvorgänge im Internet. Akzeptanzuntersuchungen in Usability labs können vor der Markteinführung wertvolle Hinweise über die vom Kunden wahrgenommene Bedienfreundlichkeit der Innovation und die damit verbundenen Schwierigkeiten geben.

   Die Qualität deutscher Produkte wird in den USA zwar sehr geschätzt, das Siegel „Made in Germany“ sollte jedoch nicht überschätzt werden. Es gibt nicht wenige Fälle, bei denen gute (Basis)qualität vorausgesetzt und alles, was darüber hinausgeht nicht gebraucht und auch nicht bezahlt wird. Modulare Produkte wären eine Möglichkeit.

2. Die Anforderungen amerikanischer Nachfrager sollten berücksichtigt und Innovationsprojekte durch ihre Bedürfnisse angestoßen werden. Dazu können die Kunden und die ausländischen Geschäftseinheiten in den Innovationsprozesses integriert werden. Gezielte Marktforschung und konkrete Anforderungsprofile der Kunden können ebenfalls die Chancen verbessern, ein marktgerechtes Produkt zu entwickeln und die Adoption zu verbessern. Es vermeidet ebenfalls ein Überstülpen von nicht passfähigen Konzepten und erhöht das Commitment der Mitarbeiter vor Ort.

3. Durch die bislang mangelnde Ausrichtung auf internationale Kunden, ist ein Verständnis für eine Serviceorientierung bei deutschen Unternehmen noch zu gering ausgeprägt. Der Aufbau eines funktionierenden Servicenetzes sollte bei den deutschen Anbietern hohe Priorität haben. 24

Stunden am Tag, 365 Tage im Jahr werden Verfügbarkeit, Freundlichkeit und Unterstützung erwartet. In der Vertriebspolitik muss zudem die Verfügbarkeit der Innovation gewährleistet und der persönliche Kontakt zum Kunden gepflegt werden.

4. Preise spielen für Amerikaner eine wichtige Rolle. Daher sollten deutsche Produkte, die trotz ihrer Qualität, Komplexität und Logistik meist teurer sind als die amerikanischen, noch akzeptable Preise für amerikanische Kunden bieten. In der Preispolitik sind wettbewerbsfähige Preis-/Leistungsverhältnisse und lokale Preisanpassungen erfolgsversprechend. Target Costing als Preisfindungsmethode und modulare Preise könnten eingesetzt werden.

5. Marketing spielt in den USA eine weit größere Rolle als in Deutschland und muss demzufolge intensiv betrieben werden. Um den Kunden kaufentscheidende Vorteile der Innovation zu vermitteln, sollten deutsche Unternehmen verstärkt in ihre Marketingaktivitäten investieren und besonderen Schwerpunkt in die Betonung der Nutzenorientierung legen. Lokale Kommunikationsanpassungen und das Internet sind weitere wesentliche Faktoren.

6. Produkte sollten an lokale Anforderungen angepasst und nicht nur einfach aus Deutschland übernommen werden. Dazu müssen kulturelle und technische Besonderheiten berücksichtigt werden. Das betrifft auch Produktnamen, Werbung oder Handbücher. Um hier gezielter Informationen zu bekommen, sollten Markt- und Risikoanalysen in den USA und nicht nur von Deutschland aus erfolgen. Kooperationspartner vor Ort mit ihren Kenntnissen und Erfahrungen als amerikanische Partner können genutzt werden.

7. Eine Innovationsstrategie mit dem Ziel Technologieführer zu werden und eine Timingstrategie mit dem Fokus der erste, bzw. sehr schnell im Markt zu sein, sind erfolgsversprechend in den USA. Dieses ist in den USA jedoch umso schwieriger, da der amerikanische Markt als einer der härtesten und aggressivsten der Welt gilt. Amerikanische Unternehmen sind mehr vom Profit getrieben, worauf sich deutsche Unternehmen einstellen müssen. Daher ist es für deutsche Unternehmen umso wichtiger, dem US-Markt eine hohe Priorität mit entsprechender Ressourcenbereit-stellung zu geben.

8. Es existieren kulturelle Unterschiede zwischen den USA und Deutschland. Insbesondere die verschiedenen Werthaltungen haben Einfluss auf die Produkt-gestaltung und müssen daher berücksichtigt werden.

9. Amerikanische Nachfrager haben ihr eigenes Bild von Deutschland und von deutschen Produkten. Dieses determiniert ihre Kaufentscheidungen. Deutsche Anbieter müssen das erkennen, in ihrer Innovationspolitik berücksichtigen und zielführend damit umgehen.

10. Amerikaner gelten als risikobereit. Nichtsdestotrotz kann es bei deutschen Produkten zu einer größeren Risikowahrnehmung kommen. Diese hängt dann eher mit dem schlechten Servicenetz als mit den Produkten zusammen. Das Risikoempfinden kann durch ein Vertrauensverhältnis reduziert werden. Daher kommt persönlicher Kommunikation, Referenzmarketing und weiteren vertrauensbildenden Maßnahmen große Bedeutung zu.

7 Fazit und Ausblick

Ziel der vorliegenden Arbeit war es, die Determinanten zu bestimmen, welche die Adoption von internationalen Innovationen beeinflussen. Des Weiteren sollten diese für den US-Markt konkretisiert werden. Dabei wurde von der Tatsache ausgegangen, dass Innovationen, insbesondere im internationalen Kontext, für Unternehmen immer mehr an Bedeutung gewinnen. Andererseits schaffen es viele von ihnen nicht, sich im Markt durchzusetzen. Die wachsende Bedeutung wird durch einen erhöhten Zeit- und Wettbewerbsdruck sowie durch sich verkürzende Produktlebenszyklen begleitet. Somit wird dem Innovationsprozesses umso mehr die Aufgabe zuteil, eine Idee mit den verfügbaren Ressourcen zeitgerecht in ein marktfähiges Produkt umzusetzen. Im Rahmen dieser Arbeit entstand ein idealtypischer Verlauf eines Innovationsprozesses. Dieses „10-S-Modell" wurde mit Inhalten, Methoden und Besonderheiten der internationalen Innovationspolitik entwickelt.

Schwerpunkt der Arbeit war neben dem Innovationsmanagement aufgrund der wachsenden Bedeutung, der internationale und insbesondere der USA Aspekt. Die zunehmende Internationalisierung zeigt sich darin, dass ökonomische und soziale Aktivitäten weltweit vernetzter werden und menschliches Verhalten sowie politische und wirtschaftliche Aktivitäten immer mehr überregionalen Charakter annehmen. Die Besonderheiten im internationalen Innovationsmanagement resultieren jedoch weniger aus den veränderten Aufgabeninhalten gegenüber dem „nationalen" Innovationsmarketing, sondern vielmehr aus ihrer Komplexität. Ein Unternehmen mit internationalen Ambitionen sieht sich neuen soziokulturellen, rechtlich-politischen, technologischen und makroökonomischen Bedingungen gegenübergestellt. Das führt zu einem erhöhten Maß an Ungewissheit, zusätzlichen Risiken und zu erweitertem Informations- und Koordinationsbedarf. Internationales Innovationsmanagement wird meist geprägt durch differenzierte Bedürfnisse der internationalen Märkte. Verschiedene Länder reagieren in unterschiedlicher Weise auf Produktinnovationen. Ein häufiges Problem zeigt sich in dem Rückschluss vom eigenen Markt auf den ausländischen Zielmarkt, da fälschlicherweise oft angenommen wird, dass erfolgreiche Maßnahmen im nationalen Markt auch im ausländischen Markt passen müssen. Im Rahmen dieser Arbeit wurde davon ausgegangen, dass eine zunehmende Standardisierung von Produkten und Konzepten nicht zum weltweiten Erfolg verhilft. Das standardisierte Angebot wird nicht zu einheitlichen Bedürfnissen der Konsumenten führen. Insbesondere kulturelle Eigenheiten sind dafür ausschlaggebend.

Die Determinanten des Adoptionserfolgs internationaler Innovationen wurden untersucht und auf ihre internationale und US-spezifische Relevanz geprüft.

Dabei wurden im Rahmen dieser Arbeit zum einen der anbieterorientierte Ansatz und zum anderen der abnehmerorientierte Ansatz betrachtet. Ersterer untersucht die qualitativen und quantitativen Ressourcen des innovierenden Unternehmens. Sie bestimmen, inwieweit es dem Anbieter gelingt, Aufgaben im Entwicklungs-, Produktions- und Absatzbereich zu bewältigen und die Kosten zu minimieren, um den Misserfolg des Innovationsprojektes zu verhindern. Letzterer betrachtet die Übernahme bzw. Ablehnung einer Innovation durch den Abnehmer als das Ergebnis eines Entscheidungsprozesses und untersucht Einflussfaktoren. Die ausführliche Untersuchung der produkt-, adopter-, anbieter-, kultur- und umweltbezogenen Determinanten ergab 10 relevante Einflussfaktoren deutscher Innovationen auf den Adoptionserfolg im US-Markt. In den Expertengesprächen und der Fallstudie konnten die meisten theoretischen Annahmen bestätigt werden. Im Ergebnis ist ein Modell entstanden, das die gewichteten Determinanten (Einfachheit, Berücksichtigung von Kundenbedürfnissen, Service, Kosten, Marketing-kommunikation, Kompatibilität, Timing des Markteintritts, Werte, Country-of-origin Phänomen, Risikoempfinden), die die Adoption deutscher Innovationen im US-Markt beeinflussen, darstellt. Deutschen Unternehmen konnten Handlungsempfehlungen gegeben werden, um so ihre Innovationen besser im US-Markt absetzen zu können. Das ursprüngliche Ziel der Arbeit, Determinanten zu finden, die die Adoption internationaler Innovationen beeinflussen und diese dann konkret für den US-Markt zu bestimmen, wurde erreicht.

Das Ergebnis der Arbeit macht deutlich, dass eine sehr sensible und aufmerksame Wahrnehmung von Besonderheiten und Unterschieden des ausländischen Marktes erforderlich ist, um mit den eigenen Produktinnovationen im Ausland Erfolg zu haben. Eine 1:1 Übertragung ist in den meisten Fällen frühzeitig zum Scheitern verurteilt. Die genauere Untersuchung des US-Marktes zeigte, dass es gravierende Unterschiede gibt, die auf den ersten Blick nicht zum Tragen kommen. Wir sollten aufhören zu glauben, die Vereinigten Staaten von Amerika seien wie wir. Mehr Interesse und Feingefühl sollten uns bewegen, die US-amerikanische Kultur zu entdecken. Diese Arbeit stellt einen ersten Ansatz dar, um den Erfolg internationaler Innovationen zu untersuchen und in der Praxis letztendlich zu steigern.

Für Arbeiten, die hierauf aufbauen, wäre zum einen die Integration des wettbewerbsorientierten Ansatzes interessant, der den Einfluss der Wettbewerbsstruktur und der Reaktionen des Wettbewerbs auf den Markterfolg untersucht. Hierzu gibt es Erklärungsansätze der Industrieökonomie. Schließlich steht eine quantitative Untersuchung des Problems mit einer entsprechenden Stichprobe aus. Ich würde mich daher freuen, wenn weitere Arbeiten hierauf aufbauen.

ANHANG: INTERVIEWLEITFADEN

No.:	
Date:	
First name/name:	
Company:	
Position:	
Street:	
Zip Code/City:	
Country:	☐ Germany ☐ USA
Telephone:	
E-mail:	

General

1. Do you think German products can fail in the U.S., and if so, why?

____
____
____
____

Product

1. Which requirements do German products have to fulfill in order to be accepted in the U.S.?

____
____

2. In which areas can German products get easiest competitive advantages?

____
____

3. Which role does quality play?

____
____

4. Which role does the price play?

____

____

5. Which role does the simplicity of handling the product play?

____

____

6. Which role does the trialability of the product play?

____

____

7. Which role does the origin of the product play?

____

____

8. Might a poor acceptance be due to the availability or due to supply difficulties?

____

____

Customer

1. Is there a fit between the U.S. customer and the German product? Which personal characteristics of the customer accelerate the acceptance of German products?

____

____

2. Do Americans perceive a higher risk buying German products than buying local products?

____

____

3. How would you describe the attitude of American customers towards risk and innovation?

Supplier

1. What are the (strategic) success factors of German suppliers in the U.S.-market?

2. What can the German supplier do concerning a successful product policy in the U.S.?

3. What can the German supplier do concerning a successful distribution policy in the U.S.?

4. What can the German supplier do concerning a successful communication policy in the U.S.?

5. What can the German supplier do concerning a successful price policy in the U.S.?

Culture

1. Which image do they have in the U.S.?

Germans

German products

German companies

4. Which values play an important role in the German culture and which in the American culture?

Value	Importance in Germany	Importance in the USA
1. Individuality	O O O O O very important very unimportant	O O O O O very important very unimportant
2. Freedom	O O O O O very important very unimportant	O O O O O very important very unimportant
3. Equality	O O O O O very important very unimportant	O O O O O very important very unimportant
4. Conformity	O O O O O very important very unimportant	O O O O O very important very unimportant
5. Search for status and recognition	O O O O O very important very unimportant	O O O O O very important very unimportant
6. Avoidance of uncertainty	O O O O O very important very unimportant	O O O O O very important very unimportant
7. Competition	O O O O O very important very unimportant	O O O O O very important very unimportant
8. Humanity	O O O O O very important very unimportant	O O O O O very important very unimportant
9. Activity	O O O O O very important very unimportant	O O O O O very important very unimportant
10. Success	O O O O O very important very unimportant	O O O O O very important very unimportant
11. Progress	O O O O O very important very unimportant	O O O O O very important very unimportant
12. Youthfulness	O O O O O very important very unimportant	O O O O O very important very unimportant
13. Self-confidence	O O O O O very important very unimportant	O O O O O very important very unimportant
14. Education	O O O O O very important very unimportant	O O O O O very important very unimportant
15. Loyalty	O O O O O very important very unimportant	O O O O O very important very unimportant
16. Efficiency	O O O O O very important very unimportant	O O O O O very important very unimportant
17. Comfort	O O O O O very important very unimportant	O O O O O very important very unimportant
18. Performance orientation	O O O O O very important very unimportant	O O O O O very important very unimportant
19. Mobility	O O O O O very important very unimportant	O O O O O very important very unimportant
20. Changes	O O O O O very important very unimportant	O O O O O very important very unimportant
21. Personal relationships	O O O O O very important very unimportant	O O O O O very important very unimportant

LITERATURVERZEICHNIS

Ackermann, R. (2004): Trügerischer Taumel. Deutschland ist wieder Exportweltmeister vor den USA, in: Wirtschaftswoche, 58. Jg., Nr. 16 (2004), S. 20-23.

Ackermann, R. (2004): Nie im Gleichgewicht. In dieser Woche wird zum neunten Mal der von der WirtschaftsWoche gestiftete Schumpeter-Preis verliehen, in: Wirtschaftswoche, 58. Jg., Nr. 25 (2004), S. 32.

Afhüppe, S./Baumann, M./Gersemann, O./Gorgs, C./Hennersdorf, A./Hohensee, M./Kuhn, T./Rees, J./Salz, J./Ruess, A./Thelen, F. (2002): Nationale Karte. Der Anti-Amerika-Kurs der rot-grünen Bundesregierung gefährdet deutsche Arbeitsplätze und birgt Risiken für Unternehmen, in: Wirtschaftswoche, 56. Jg., Nr. 41 (2002), S. 22-29.

Afhüppe, S./Baumann, M./Kamp, M./Losse, B. (2003): BMW und Biotop. Der einst gute Ruf der Deutschen im Ausland bekommt zunehmend Kratzer – vor allem bei der jungen Generation. Und die Wirtschaft macht sich Sorgen, in: Wirtschaftswoche, 57. Jg., Nr. 9 (2003), S. 21-24.

Afhüppe, S./Koenen, K. (2002): Im Zentrum Europas. Hilmar Kopper, Bundesbeauftragter für Auslandsinvestitionen über den Standort Deutschland, in: Wirtschaftswoche, 56. Jg., Nr. 25 (2002), S. 28.

Akao, Y. (1992): QFD - Quality Function Deployment - Wie die Japaner Kundenwünsche in Qualität umsetzen. Landsberg/Lech: Verlag Moderne Industrie 1992.

Albach, H. (1994): Culture and technical innovation: a cross-cultural analysis and policy recommendations, Berlin: de Gruyter 1994.

Albach, H./Pay, D. de/Okamuro, H. (1990): Der Einfluss kultureller Faktoren auf den Innovationsprozeß, in: Albach, H. (Hrsg.): Innovationsmanagement. Theorie und Praxis im Kulturvergleich, Wiesbaden: Gabler 1990, S. 55-96.

Albach, H./Pay, D. de/Rojas, R. (1990): Der Innovationsprozess bei kulturspezifisch unterschiedlich innovationsfreudigen Konsumenten, in: Albach, H. (Hrsg.): Innovationsmanagement. Theorie und Praxis im Kulturvergleich, Wiesbaden: Gabler 1990, S. 109-129.

Albach, H./Pay, D. de/Rojas, R./ Albruschat, J. (1991): Quellen, Zeiten und Kosten von Innovationen, in: Zeitschrift für Betriebswirtschaft, 61. Jg., Nr. 3

(1991), S. 309-324.

Archibugi, D./Michie, J. (1997): Technological globalisation or national systems of innovation?, in: Futures, Vol. 29, No. 2 (1997), S. 121-137.

Arndt, J. (1967): Role of product-related conversations in the diffusion of a new product, in: Journal of Marketing Research, Vol. 4, No. August (1967), S. 291-295.

asw (1999): Für den Kunden, in: Absatzwirtschaft, 42. Jg., Nr. 6 (1999), S. 110.

asw (2001): Innovationsmanagement, in: Absatzwirtschaft, 44. Jg., Nr. 7 (2001), S. 55-56.

Aust, E. (1996): Simultane Conjointanalyse, Benefitsegmentierung, Produktlinien- und Preisgestaltung, Frankfurt am Main u.a.: Lang 1996.

Backhaus, K. (1999): Industriegütermarketing, 6. Aufl., München: Vahlen 1999.

Backhaus, K./Büschken, J./Voeth, M (2003): Internationales Marketing, 5. Aufl., Stuttgart: Schäffer-Poeschel 2001.

Backhaus, K./Schröder, J./Perrey, J. (2002): B2B-Märkte. Die Jagd auf Marken-Potenziale kann beginnen, in: Absatzwirtschaft, 45. Jg., Nr. 11 (2002), S. 48-54.

Balderjahn, I./Mennicken, C./Berger, M./Minx, E. (1996): Neuprodukt-Marketing: Ein phasenintegriertes und methodengestütztes Konzept, in: Ahsen von, A./Czenskowsky, T. (Hrsg.): Marketing und Marktforschung. Entwicklungen, Erweiterungen und Schnittstellen im nationalen und internationalen Kontext. Festschrift zum 66. Geburtstag von Prof. Dr. Manfred Hüttner, Hamburg: Lit 1996, S. 299-317.

Bantleon, W. (2001): Einsatz der Marktforschung zur Absicherung von Innovationsentscheidungen, in: Pepels, W. (Hrsg.): Launch – Die Produkteinführung, Stuttgart u.a.: Kohlhammer 2001, S. 29-49.

Bass, F. M. (1969): A new product growth model for consumer durables, in: Management Science, Vol. 15, No. 8 (1969), S. 215-227.

Baughn, C. C./Yaprak, A. (1993): Mapping country-of-origin research: Recent developments and emerging avenues, in: Papadopoulos, N./Heslop, L. A. (Hrsg.): Product-country images. Impact and role in international marketing, New York u.a.: Haworth Press 1993, S. 89-115.

BDI (1998): Die Transatlantischen Wirtschaftsbeziehungen aus Sicht der deutschen Industrie, Bundesverband der Deutschen Industrie 1998.

Beise, M. (2001): Lead markets: country-specific success factors of the global diffusion of innovations, Heidelberg u.a.: Physica 2001.

Berger, M. K. (1998): Effiziente Konzeption von Produktinnovationen – Innovationsprobleme und adäquate Methoden, Aachen: Shaker 1998.

Berger, R. (1997): Chancen und Risiken der Internationalisierung aus Sicht des Standortes Deutschland, in: Krystek, U./Zur, E. (Hrsg.): Internationalisierung. Eine Herausforderung für die Unternehmensführung, Berlin u.a.: Springer, S. 19-33.

Bertuglia, C. S./Lombardo, S./Nijkamp, P. (1997): An interpretative survey of innovative behaviour and diffusion, in: Bertuglia, C. S./Lombardo, S./Nijkamp, P. (Hrsg.): Innovative behaviour in space and time. Advances in spatial science series, Berlin u.a.: Springer 1997, S. 3-16.

Bierfelder, W. H. (1994): Innovationsmanagement. Prozeßorientierte Einführung, 3. Aufl., München: Oldenburg 1994.

Bilkey, W./Nes, E. (1982): Country-of-origin effects on product evaluations, in: Journal of International Business Studies, Vol. 13, No. 1 (1982), S. 89-99.

Blake, B./Perloff, R./Heslin, R. (1970): Dogmatism and acceptance of new products, in: Journal of Marketing Research, Vol. 7 , No. November (1970), S. 483-486.

Blind, K. (2001): Innovationen, Normen und internationale Wettbewerbsfähigkeit, in: Wirtschaftswissenschaftliches Studium - WIST, 30. Jg., Nr. 1 (2001), S. 49-50.

Böcker, F./Gierl, H. (1988): Die Diffusion neuer Produkte. Eine kritische Bestandsaufnahme, in: Zeitschrift für Betriebswirtschaftliche Forschung, 40. Jg., Nr. 1 (1988), S. 32-48.

Booz, Allen & Hamilton (1982): New products management for the 1980's, New York: Booz, Allen & Hamilton 1982.

Brockhoff, K. (1994): Forschung und Entwicklung: Planung und Kontrolle, 4. Aufl., München u. a.: Oldenburg 1994.

Brockhoff, K. (1997): Wenn der Kunde stört – Differenzierungsnotwendigkeiten bei der Einbeziehung von Kunden in den Entwicklungsprozess, in: Bruhn, M./Steffenhagen, H. (Hrsg.): Marktorientierte Unternehmensführung, Reflexionen – Denkanstöße – Perspektiven. Festschrift für Heribert Meffert zum 60. Geburtstag, Wiesbaden: Gabler 1997, S. 351-370.

Brück, M (2002): Wal-Mart. Nach über vier Jahren steht der weltgrößte Händler in Deutschland vor einem Scherbenhaufen und vor der Frage: Gehen oder bleiben?, in: Wirtschaftswoche, 56. Jg., Nr. 30 (2002), S. 50-51.

Buchholz, W. (1996): Time-to-market-management. Zeitorientierte Gestaltung von Produktinnovationsprozessen, Stuttgart u.a.: Kohlhammer 1996.

Bunk, B. (2001): Innovationsmanagement als konzentrierte Aktion, in: Absatzwirtschaft, 44. Jg., Nr. 9 (2001), S. 44-51.

Busch, S. (2001): Der internationale Produktlaunch, in: Pepels, W. (Hrsg.): Launch – Die Produkteinführung, Stuttgart u.a.: Kohlhammer 2001, S. 264-280.

Buzzell, R.D. (1968): Can you standardize multinational marketing?, in: Harvard Business Review, Vol. 46, No. 6 (1968), S. 102-113.

Calantone, R. J./Benedetto, C. A. di/Bhoovaraghavan, S. (1994): Examining the relationship between degree of innovation and new product success, in: Journal of Business Research, Vol. 30, No. 2 (1994), S. 143-148.

Calantone, R. J./Cooper, R. G. (1981): New product scenarios. Prospects for success, in: Journal of Marketing, Vol. 45, No. 2 (1981), S. 48-60.

Call, G./Völker, R. (1999): Innovations-Check. Wie Innovationsfähigkeit nachhaltig verbessert werden kann - dargestellt am Beispiel BASF, in: io management, 68. Jg., Nr. 5 (1999), S. 58-63.

Campbell, A. J./Cooper, R. G. (1999): Do customer partnerships improve new product success rates?, in: Industrial Marketing Management, Vol. 28, No. 5 (1999), S. 507-519.

Charnes, A./Cooper, W. W./Voe, J. K. de/Learner, D. B. (1966): Demon: Decision mapping via optimum go-no networks – a model for marketing new products, in: Management Science, Vol. 12, No. 11 (1966), S. 865-888.

Choffray, J. M./Lilien, G. L. (1986): A decision-support system for evaluating sales prospects and launch strategies for new products, in: Industrial Marketing Management, Vol. 15, No. 1 (1986), S. 75-85.

Choi, C. J. (1999): Global competitiveness and national attractiveness, in : International Studies of Management & Organization, Vol. 29, No. 1 (1999), S. 3-13.

Clark, K. B./Fujimoto, T. (1991): Product development performance: strategy, organisation, and management in the world auto industry, Boston: Harvard Business School Press 1991.

Clarke, I./Owens, M./Ford, J. B. (2000): Integrating country of origin into global marketing strategy. A review of US marking statues, in: International Marketing Review, Vol. 17, No. 2 (2000), S. 114-126.

Cleemann, L./Peiffer, S. (1992): Identifikation und Bewertung von Ansätzen zukünftiger Technologien. Ein integriertes Konzept zur systematischen Analyse, in: VDI-Technologiezentrum (Hrsg.): Technologiefrühaufklärung. Identifikation und Bewertung von Ansätzen zukünftiger Technologien, Stuttgart: Schäffer-Pöschel 1992, S. 95-116.

Cochran, B./Thompson, G. C. (1964): Why new products fail, in: The Conference Board Record, Vol. 1, No. October (1964), S. 11-18.

Cooper, J. R. (1998): A multidimensional approach to the adoption of innovation, in: Management Decision, Vol. 36, No. 8 (1998), S. 493-502.

Cooper, R. G. (1980): Project New Prod: Factors in new product success, in: Journal of Marketing, Vol. 14, No. 1 (1980), S. 277-292.

Cooper, R. G. (1990): New products: What distinguishes the winners?, in: Research Technology Management, Vol. 33, No. 6 (1990), S. 27-31.

Cooper, R. G. (2003): Idee+Disziplin+Planung, in: brand eins Wirtschaftsmagazin, 5. Jg., Nr. 10 (2003), S. 166-170.

Crawford, C. M. (1979): New product failure rates – facts and fallacies, in: Research Management, Vol. 22, No. September (1979), S. 9-13.

Croos, G. S./Szostak, R. (1995): Technology and American society: A history, Englewood Cliffs u.a.: Prentice-Hall 1995.

Dahlke, B./Kergaßner, R. (1996): Customer Integration und die Gestaltung von Geschäftsbeziehungen, in: Kleinaltenkamp, M./Fliess, S./Jacob, F. (Hrsg.): Customer Integration. Von der Kundenorientierung zur Kundenintegration, Wiesbaden: Gabler 1996, S. 177-191.

Damanpour, F./Gopalakrishnan, S. (2001): The dynamics of the adoption of product and process innovations in organizations, in: Journal of Management Studies, Vol. 38, No. 1 (2001), S. 45-65.

Daniel G. B. (1961): Management information crisis, in: Harvard Business Review, Vol. 39, No. 5 (1961), S. 111-121.

Dekimpe, M. G./Parker, P. M./Sarvary, M. (2000): Global diffusion of technological innovations: A coupled-hazard approach, in: Journal of Marketing Research, Vol. 37 (2000), No. 1, S. 47-59.

Dichter, E. (1962): The world consumer, in: Harvard Business Review, o. Jg., No. July-August (1962), S. 113-122.

Dickerson, M. D./Gentry, J. W. (1983): Characteristics of adopters and non-adopters of home computers, in: Journal of Consumer Research, Vol. 10. No. 2 (1983), S. 225-235.

Döhl, W. (1983): Akzeptanz innovativer Technologien in Büro und Verwaltung. Grundlagen, Analyse und Gestaltung, Göttingen: Vandenhoeck und Ruprecht 1983.

Dogson, M. (2000): The Mangement of Technological Innovation: An International and Strategic Approach, Oxford u.a.: Oxford University Press 2000.

Donmoyer, R. (2000): Generalizability and the single-case study, in: Gomm, R./Hammersley, M./Foster, P. (Hrsg.): Case Study Method, London u.a.: Sage 2000, S. 45-68.

Dowling, G. R./Walsh P. K. (1990): Describing the new product adoption behavior of countries using a new product growth model, in: Behavioral Science, Vol. 35, No. 4 (1990), S. 269-280.

Droege & Comp. (1998): 1998/1999 Benchmarking USA. Wie erfolgreich sind deutsche Unternehmen in den USA?, Düsseldorf: Droege & Comp. 1998.

Droege & Comp. (2000): Benchmarking USA 2000. Warum sind deutsche Unternehmen in den USA so selten erfolgreich?, Düsseldorf: Droege & Comp. 2000

Droege & Comp. (2001a): Innovation 2001 plus. Neue Themen und Trends im Management von Innovationen, Internationale Best Practice-Studie, Düsseldorf: Droege & Comp. 2001.

Droege & Comp. (2001b): Geschäftserfolge in den USA. Erfahrungen deutscher Unternehmen im Land der ungenutzten Möglichkeiten, Wiesbaden: Gabler 2001.

Dürand, D. (2003): Innovationspreis. Abstieg in die 2. Liga, in: Wirtschaftswoche, 57. Jg., Nr. 4 (2003), S. 64-67.

Dürand, D./Gräf, P. L./Kamp, M. (2004): Innovationen. Alles andere als Spitze, in: Wirtschaftswoche, 58. Jg., Nr. 5 (2004), S. 64-67.

Dürand, D./Kempkens, W. (2001): Quantensprünge lassen sich nicht verordnen, in: Wirtschaftswoche, 55. Jg., Nr. 49 (2001), S. 100-109.

Durth, R. (2000): Die Ausbreitung von Innovationen: Die Bedeutung nationaler Diffusionsysteme, in: Wirtschaftsdienst, 80. Jg., Nr. 10 (2000), S. 633-640.

Eichhorn, J.-P. (1996): Chancen- und Risikomanagement im Innovationsprozeß. Lernen aus Flops zur erfolgreichen Umsetzung von Innovationen, Frankfurt am Main u.a.: Lang 1996.

Elinder, E. (1965): How international can European advertising be?, in: Journal of Marketing, Vol. 29, No. 2 (1965), S. 7-11.

Ernst, H. (1999): Bessere Produkte durch Benchmark, in: Automobil-Produktion, 13. Jg., Nr. 6 (1999), S. 54-56.

Farley, J. U./Lehmann, D. R. (1994): Cross-national „laws" and differences in market response, in: Marketing Science, Vol. 40, No. 1 (1994), S. 111-122.

Fischer, M (2002): Echte Probleme. Die Euro-Aufwertung bremst die deutschen Exporte, in: Wirtschaftswoche, 56. Jg., Nr. 31 (2002), S. 30.

Fischer, M. M. (1989): Innovation, diffusion and regions, in: Andersson, A . E./Batten, D. F./Karlsson, C. (Hrsg.): Knowledge and industrial organization, New York u.a.: Springer 1989, S. 47-61.

Fließ, S./Jacob, F. (1996): Customer Integration – Was ändert sich im Marketing?, in: Kleinaltenkamp, M./Fliess, S./Jacob, F. (Hrsg.): Customer Integration. Von der Kundenorientierung zur Kundenintegration, Wiesbaden: Gabler 1996, S. 25-37.

Fournier, S. M. (2000): Markenbeziehungen – Konsumenten und ihre Marken, in: Esch, F.-R. (Hrsg.): Moderne Markenführung. Grundlagen. Innovative Ansätze. Praktische Umsetzungen, 2. Aufl., Wiesbaden: Gabler 2000, S. 135-163.

Frank, S. (2002): Humor hilft: Andere Länder, andere Geschäftsgebaren, in: Wirtschaftswoche, 56. Jg., Nr. 38 (2002), S. 139-145.

Frenkel, A./Shefer, D. (1997): Technological innovation and diffusion models. A review, in: Bertuglia, C. S./Lombardo, S./Nijkamp, P. (Hrsg.): Innovative behaviour in space and time. Advances in spatial science series, Heidelberg u.a.: Springer 1997, S. 41-63.

Fritz, W. (1986): Determinanten der Produktinnovation, in: Die Unternehmung, 40. Jg., Nr. 2 (1986), S. 134-147.

Gaeth, G. J./Levin, I. P./Sood, S./Juang, C./Castellucci, J. (1997): Consumer's attitude change across sequences of successful and unsuccessful product usage, in: Marketing Letters, Vol. 8, No. 1 (1997) S. 41-53.

Ganesh, J./Kumar, V./Subramaniam, V. (1997): Learning effect in multinational diffusion of consumer durables. An exploratory investigation, in: Journal of the Academy of Marketing Science, Vol. 25, No. 3 (1997), S. 214-228.

Gatignon, H./Eliashberg, J./Robertson, T. S. (1989): Modeling multinational diffusion patterns: An efficient methodology, in: Marketing Science, Vol. 8, No. 3 (1989), S. 231-247.

Gatignon, H./Robertson, T. S. (1985): A propositional inventory for new diffusion research, in: Journal of Consumer Research, Vol. 11, No 4 (1985), S. 849-867.

Gebhardt, A./Hatzold, O. (1978): Numerisch gesteuerte Werkzeugmaschinen, in: Nabseth, L./Ray, G. F. (Hrsg.): Neue Technologien in der Industrie. Eine internationale Studie über die Verbreitung von acht Produktionsverfahren, Berlin u.a.: Duncker und Humblot 1978, S. 26-68.

Gedenk, K. (1999): Die Wirkung von Warenproben, in: Albach, H. (Hrsg.): Innovation und Absatz, Zeitschrift für Betriebswirtschaft, Ergänzungsheft 2 (1999), Wiesbaden: Gabler 1999, S. 89-109.

Geenhuizen, v. M./Nijkamp, P. (1997): Diffusion and acceptance of new products and processes by individual firms, in: Bertuglia, C. S./Lombardo, S./Nijikamp, P. (Hrsg.): Innovative behavior in space and time. Advances in spatial science series, Heidelberg u.a.: Springer 1997, S. 276-290.

Gemünden, H. G./Ritter, T. (1999): Kooperation als Erfolgsfaktor für das Innovationsmanagement, in: Tintelnot, C./ Meißner, D./Steinmeier, I. (Hrsg.): Innovationsmanagement, Berlin u.a.: Springer 1999, S, 259-270.

Gersemann, O. (2002): Deutschland Bild. Ignorante Lustlosigkeit, in: Wirtschaftswoche, 56. Jg., Nr. 25 (2002), S. 23.

Gersemann, O. (2003): Existentielle Verflechtung. Die USA bleiben auf Grund ihrer Wirtschaftsstärke noch lange die militärisch und politisch alles dominierende Vormacht, in: Wirtschaftswoche, 57. Jg., Nr. 15 (2003), S. 22-33.

Gersemann, O. (2004): Konjunktur USA, in: Wirtschaftswoche, 58. Jg., Nr. 5 (2004), S. 34-35.

Gersemann, O. (2004): Konkurrenz für die Mullahs. US-Unternehmen fürchten die Folgen des Antiamerikanismus für ihr Geschäft – und ergreifen nun selbst die Initiative, in: Wirtschaftswoche, 58. Jg., Nr. 25 (2004), S. 30-31.

Gerwin, J./Höcherl, I. (1995): Video 2000: Strategische Produktpolitik bei internationalem Wettbewerb, in: Brockhoff, K. (Hrsg.): Management von Innovationen. Planung und Durchsetzung – Erfolge und Misserfolge, Wiesbaden: Gabler 1995, S. 17-44 u. 217-244.

Gerybadze, A. (1997): Management von Zukunftsgeschäften und radikaler Innovation in internationalen Unternehmen, in: Gerybadze, A./Meyer-Krahmer, F./Reger, G. (Hrsg.): Globales Management von Forschung und Innovation, Stuttgart: Schäffer-Poeschel 1997, S. 38-81.

Gerybadze, A. (1999): Internationales Innovationsmanagement, in: Tintelnot, C./ Meißner, D./Steinmeier, I. (Hrsg.): Innovationsmanagement, Berlin u.a.: Springer 1999, S. 13-28.

Ghemawat, P. (2001): Distance still matters. The hard reality of global expansion, in: Harvard Business Review, Vol. 79, No. 8 (2001), S. 137-147.

Gierl, H. (1987): Die Erklärung der Diffusion technischer Produkte, Berlin: Duncker und Humblot 1987.

Gierl, H. (1997): Neue Technologien und Leapfrogging der Nachfrager, in: Zeitschrift für Betriebswirtschaft, 67. Jg., Nr. 10 (1997), S. 1073-1091.

Ginsburg, H. J./Kamp, M./Koenen, K. (2002): Abschied von Preußen. Das Gütesiegel „Made in Germany" steht zunehmend für Reformunfähigkeit, in: Wirtschaftswoche, 56. Jg., Nr. 25 (2002), S. 20-25.

Gisser, P. (1965): Taking "changes" out of product introduction, in: Industrial Marketing, Vol. 50, No. May (1965), 327-341.

Glaziev, S. Y./Kaniovski, Y. M. (1991): Diffusion of innovations under conditions of uncertainty: A stochastic approach, in: Nakicenovic, N./Grübler, A. (Hrsg.): Diffusion of technologies and social behavior, Berlin u.a.: Springer 1991, S. 231-246.

Gomm, R./Hammersley, M./Foster, P. (2000): Case study and generalization, in: Gomm, R./Hammersley, M./Foster, P. (Hrsg.): Case Study Method, London u.a.: Sage 2000, S. 98-115.

Goode, W.J./Hatt, P.K. (1962): Die Einzelfallstudie, in: König, R. (Hrsg.), Beobachtung und Experiment in der Sozialforschung, 2. Aufl., Köln/Berlin: Kiepenheuer & Witsch 1962.

Gorgs, C./Holzner, M. (2001): Langer Atem. Viele ausländische Handelsunternehmen stellen sich nicht auf die Kaufgewohnheiten der Deutschen ein - und scheitern, in: Wirtschaftswoche, 55. Jg., Nr. 21 (2001), S.82-87.

Graumann, M. (1994): Grundprinzipien des betrieblichen Innovationsmanagement, in: Zeitschrift für Führung und Organisation, 63. Jg., Nr. 6 (1994), S. 396-402.

Griffin, A./Page, A. L. (1993): An interim report on measuring product development success and failure, in: Journal of Product Innovation Management, Vol. 10, No. 4 (1993), S. 291-308.

Griliches, Z. (1957): Hybrid corn: An exploration of the economics of technological change, in: Econometrica, Vol. 25, No. 4 (1957), S. 501-522.

Groothuis, U. (1998): Das war schon immer so. Im internationalen Vergleich mangelt es deutschen Managern an Mut zur Innovation, Wachstumsbarrieren werden nur selten erkannt, in: Wirtschaftswoche, 52. Jg., Nr. 18 (1998), S. 98-102.

Grupp, H. (1997): Messung und Erklärung des technischen Wandels. Grundzüge einer empirischen Innovationsökonomik, Berlin u.a.: Springer 1997.

Gruner, K. E. (1997): Kundeneinbindung in den Produktinnovationsprozess. Bestandsaufnahme, Determinanten und Erfolgsauswirkungen, Wiesbaden: Gabler 1997.

Guan, J./Brockhoff, K. (1995): Das Diffusionsmodell von Bass als Ankunftsprozess-Modell, in: Marketing Zeitschrift für Forschung und Praxis, 17. Jg., Nr. 4 (1995), S. 255-258.

Gutowski, K./Heise, S./Baumann, M./Hohensee, M. (2003): Mit großer Sorge. Das Zerwürfnis mit den USA droht Deutschland nicht nur politisch sondern auch wirtschaftlich Schaden zuzufügen, in: Wirtschaftswoche, 57. Jg., Nr. 8 (2003), S. 52-56.

Hägerstrand, T. (1967): Innovation diffusion as a spatial process, Chicago: University of Chicago Press 1967.

Haenecke, Henrik (2002): Methodenorientierte Systematisierung der Kritik an der
Erfolgsfaktorenforschung, in: Zeitschrift für Betriebswirtschaft, 72. Jg., Nr. 2 (2002), S. 165-183.

Hall, E .T./Hall, M. R. (1991): Understanding cultural differences, 3., Aufl., Houston u.a.: 1991.

Hammersley, M./Gomm, R. (2000): Introduction, in: Gomm, R./Hammersley, M./Foster, P. (Hrsg.): Case Study Method, London u.a.: Sage 2000, S. 1-16.

Hampden-Turner, C./Trompenaars, F. (1993): The seven cultures of capitalism, New York: Currency Doubleday 1993.

Hauschildt, J. (1991): Zur Messung des Innnovationserfolgs, in: Zeitschrift für Betriebswirtschaft, 61. Jg., Nr. 4 (1991), S. 451-476.

Hauschildt, J. (1997): Innovationsmanagement, 2. Aufl., München: Vahlen 1997.

Hauschildt, J. (1999): Widerstand gegen Innovationen – destruktiv oder konstruktiv?, in: Albach, H. (Hrsg.): Innovation und Absatz, Zeitschrift für Betriebswirtschaft, Ergänzungsheft 2 (1999), Wiesbaden: Gabler 1999, S. 1-20.

Heeler, R. M./Hustad, T. P. (1980): Problems in predicting new product growth for consumer segments, in: Management Science, Vol. 26, No. October (1980), S. 1007-1020.

Heimann, A./Muller, E. (1996): Using demonstration to increase new product acceptance: Controlling demonstration time, in: Journal of Marketing Research, Vol. 33, No. 11 (1996), S. 422-430.

Helbig, K. (1997): Methoden der Produktplanung von Investitionsgütern, Frankfurt am Main: Lang 1997.

Helsen, K./Jedidi, K./DeSarbo, W, S. (1993): A new approach to country segmentation utilizing multinational diffusion patterns, in: Journal of Marketing, Vol. 57, No. October (1993), S. 60-71.

Hermanns, A./Flory, M. (1995): Elektronische Kundenintegration im Investitionsgütermarketing – Eine Studie über die Akzeptanz von vertriebsunterstützenden Informations- und Kommunikationstechniken durch Kunden, in: Jahrbuch der Absatz- und Verbrauchsforschung, o.Jg., Nr. 4 (1995), S. 387-406.

Herz, D. (2003): Fremdes Land USA, in: Die politische Meinung, 48. Jg., Nr. 405 (2003), S. 5-12.

Heslop, L. A./ Papadopoulos, N. (1993): "But who knows where or when": Reflections on the images of countries and their products, in: Papadopoulos, N./Heslop, L. A. (Hrsg.): Product-country images. Impact and role in international marketing, New York u.a.: Haworth Press 1993, S. 39-75.

Hilleke, K. (2000): Vorbereitung für einen erfolgreichen US-Markteintritt, in: Knower, D./Spemann, T. F./Würtele, G. (Hrsg): Business Guide USA: So gestalten Sie Ihre US-Aktivitäten erfolgreich, Frankfurt am Main: Frankfurter Allgemeine Zeitung 2000, S. 117-127.

Hippel, E. A. von (1986): Lead users: A source of novel product concepts, in: Management Science, Vol. 32, No. 7 (1986), S. 791-805.

Hirn, W. (2002): Kein guter Einkauf. Wal-Mart: Mit großen Versprechungen betrat der Handelsriese den deutschen Markt, in: Manager Magazin, 32,. Jg., Nr. 1 (2002), S. 58-66.

Höfler, K./Fritschi, I. (1999): PIA bewertet die Erfolgsfaktoren der Produktinnovation. Eine umfassende Assessmentmethode innerhalb der kontinuierlichen Verbesserungsprozesse, in: io management, o.Jg., Nr. 5 (1999), S. 71-75.

Hofstede, G. (1991): Cultures and organizations: Software of the mind, London: McGraw-Hill 1991.

Homburg, C./Grunner, K. (1997): Innovation – für und mit Ihren Kunden gestalten, in: Gabler's Magazin, o.Jg., Nr. 7 (1997), S. 4-9.

Honko, J. (1993): Success factors of innovations: an international comparison, Berlin: Wissenschaftszentrum Berlin für Sozialforschung 1993.

Hooks, I. F. /Farry, K. A. (2000): Customer centered products: Creating successful products through smart requirements management, New York: Amacon 2000.

Hüttel, K. (1998): Produktpolitik, 3. Aufl., Ludwigshafen 1998.

Hultink, E. J./Atuahene-Gima, K. (2000): The effect of sales force adoption on new product selling performance, in: Journal of Product Innovation Management, Vol. 17, No. 6 (2000), S. 435-450.

Hultink, E. J./Hart, S./Robben, H. S. J./Griffin, A. (2000): Launch decisions and new product success. An empirical comparison of consumer and industrial products, in: The Journal of Product Innovation Management, Vol. 17, No. 1 (2000), S. 5-23.

Jakob, R. (2001): Neues um jeden Preis. Sinn und Unsinn des technologischen und technokratischen Innovationsmanagements, in: io management, 70. Jg., Nr. 5 (2001), S. 36-39.

Janiszewski, C./Osselaer, S. M. J. van. (2000): A connectionist model of brand-quality associations, in: Journal of Marketing Research, Vol. 37, No. 3 (2000), S. 331-350.

Jöstingmeier, B./Lessel, M. (1999): Innovationsprojekte erfolgreich durchführen, in: Zeitschrift für Führung und Organisation, 68. Jg., Nr. 5 (1999), S. 292-295.

Johne, F. A./Snelson, P. A. (1988): Success factors in product innovation: A selective review of the literature, in: Journal of Product Innovation Management, Vol. 5, No. 2 (1988), S. 114-128.

Joyce, T./Stivers, B. P. (1999): Knowledge and innovation focus: a classification of US and Canadian firms, in: International Journal of Technology Management, Vol. 18, Nos. 5/6/7/8 (1999), S. 500-509.

Kaas, K. P. (1973): Diffusion und Marketing. Das Konsumentenverhalten bei der Einführung neuer Produkte, Stuttgart: Poeschel 1973.

Karmeshu/Jain, V. P. (1997): Modelling innovation diffusion, in: Bertuglia, C. S./Lombardo, S./Nijkamp, P. (Hrsg.): Innovative behaviour in space and time. Advances in spatial science series, Berlin u.a.: Springer 1997, S. 64-74.

Kaynak,E./ Cavusgil, S. T. (1983): Consumer attitudes towards products of foreign origin. Do they vary across product classes?, in: International Journal of Advertising, Vol. 2, No. 2 (1983), S. 147-157.

Keck, O. (1993): The National system for technical innovation in Germany, in: Nelson, R. R. (Hrsg.): National innovation systems: a comparative analysis, New York u.a.: Oxford University Press 1993, S. 115-157.

Ketels, C.H.M.: (2003): Facetten eines Politikstiles, in: Die politische Meinung, 48. Jg., Nr. 405 (2003), S. 47-50.

King, B. (1994): Quality Function Deployment. Doppelt so schnell wie die Konkurrenz., 2. Aufl., München: Gesellschaft für Management und Technologie 1994.

Kirchmann, E. M. W. (1998): Innovationserfolg durch Innovationskooperation mit Anwendern, in: Marktforschung und Management, o. Jg., Nr. 6 (1998), S. 218-223.

Kleinaltenkamp, M. (1995): Customer Integration. Kundenorientierung und mehr, in: Absatzwirtschaft, 38. Jg., Nr. 8 (1995), S. 77-83.

Kleinaltenkamp, M. (1996): Customer Integration – Kundenintegration als Leitbild für das Business-to-Business-Marketing, in: Kleinaltenkamp, M./Fliess, S./Jacob, F. (Hrsg.): Customer Integration. Von der Kundenorientierung zur Kundenintegration, Wiesbaden: Gabler 1996, S. 13-24.

Kleinaltenkamp, M. (1997): Kundenintegration, in: Wirtschaftswissenschaftliches Studium - WIST, 26. Jg., Nr. 7 (1997), S. 350-354.

Kleinaltenkamp, M. (1998): Kundenbindung durch Kundenintegration, in: Bruhn, M./Homburg, C. (Hrsg.): Handbuch Kundenbindungsmanagement. Grundlagen - Konzepte - Erfahrungen, Wiesbaden: Gabler 1998, S. 255-272.

Kleine, M. (1980): Fallstudien im betriebswirtschaftlichen Hochschulunterricht. Didaktisch-methodische Probleme einer aktiven Lehrmethode, Dissertation, Universität Dortmund 1980.

Kleinschmidt, E./Geschka, H./Cooper, R. (1996): Erfolgsfaktor Markt. Kundenorientierte Produktinnovation, Berlin u.a: Springer 1996.

Knight, G. A./Calantone, R. J. (2000): A flexible model of consumer country-of-orign perceptions. A cross-cultural investigation, in: International Marketing Review, Vol. 17, No. 2 (2000), S. 127-145.

Knower, D./Spemann, T. F./Würtele, G. (2000): Business Guide USA: So gestalten Sie Ihre US-Aktivitäten erfolgreich, Frankfurt am Main: Frankfurter

Allgemeine Zeitung 2000.

Kollmann, T. (1998): Akzeptanz innovativer Nutzungsgüter und -systeme. Konsequenzen für die Einführung von Telekommunikations- und Multimediasystemen, Wiesbaden: Gabler 1998.

Kollmann, T. (1999): Das Konstrukt der Akzeptanz im Marketing. Neue Aspekte der Akzeptanzforschung dargestellt am Beispiel innovativer Telekommunikations- und Multimediasysteme, in: Wirtschaftswissenschaftliches Studium - WIST, 28. Jg., Nr. 3 (1999), S. 125-130.

Kondratieff, N. D. (1984): The long wave cycle, New York: Richardson & Snyder 1984.

Konstroffer, O. F. (2000): So nutzen Sie Ihre Chancen in amerikanischer Unternehmenskultur: erfolgreich arbeiten bei US-Firmen, Landsberg am Lech: mvg-verlag 2000.

Koopmann, G./Franzmeyer, F. (2003): Weltwirtschaft und internationale Arbeitsteilung, in: Informationen zur politischen Bildung. Globalisierung, o.Jg., Nr. 280 (2003), S.12-26.

Kotzbauer, N. (1992): Erfolgsfaktoren neuer Produkte: der Einfluss der Innovationshöhe auf den Erfolg technischer Produkte, Frankfurt am Main u.a.: Lang 1992.

Kricsfalussy, A./Bay, U./Elste, R. (2002): Zentralisierungs-Mix. Wie Organisation den Markenwert stützt, in Absatzwirtschaft, 45. Jg., Nr. 6 (2002), S. 34-37.

Kumar, B. N./Graf, I. (2000): Multinationale Unternehmen und die Herausforderungen einer neuen Weltwirtschaft: Einige Thesen zu Bedeutung, Aufgaben und Strategien für eine nachhaltige Entwicklung mit besonderer Berücksichtigung der chemischen Industrie, in: Knyphausen-Aufseß, D. zu (Hrsg.): Globalisierung als Herausforderung der Betriebswirtschaftslehre, Wiesbaden: Gabler 2000, S.19-48.

Lamnek, S. (1998): Gruppendiskussion. Theorie und Praxis. Weinheim: Beltz/PVU 1998.

Legler, H./Licht, G./Spielkamp, A. (2000): Germany's technological performance, Heidelberg, New York: Physica 2000.

Leipold, H. (2000): Die kulturelle Einbettung der Wirtschaftsordnungen:

Bürgergesellschaft versus Sozialstaatsgesellschaft, in: Wentzel, B./Wentzel D. (Hrsg.): Wirtschaftlicher Systemvergleich Deutschland – USA anhand ausgewählter Ordnungsbereiche, Stuttgart: Lucius & Lucius 2000, S. 1-52.

Leonard-Barton, D. (1985): Experts as negative opinion leaders in the diffusion of a technological innovation, in: Journal of Consumer Research, Vol. 11, No. 4 (1985), S. 914-926.

Lester, D. H. (1998): Critical success factors for new product development, in: Research Technology Management, Vol. 41, No. 1 (1998), S. 36-43.

Levitt, T. (1983): The globalization of markets, in: Harvard Business Review, Vol. 61, No. 6 (1983), S. 92-102.

Lieberson, S. (2000): Small n's and big conclusions: An examination of the reasoning in comparative studies based on a small number of cases, in: Gomm, R./Hammersley, M./Foster, P. (Hrsg.): Case Study Method, London u.a.: Sage 2000, S. 208-222.

Liefeld, J. P. (1993): Experiments on country-of-origin effects. Review and meta-analysis of effect size, in: Papadopoulos, N./Heslop, L. A. (Hrsg.): Product-country images. Impact and role in international marketing, New York u.a.: Haworth Press 1993, S. 117-156.

Lilien, G. L./Yoon, E. (1989): Determinants of new industrial product performance: A strategic reexamination of the empirical literature, in: The Institute of Electrical and Electronics Engineers Transactions on Engineering Management, Vol. 36, No. 1 (1989), S. 3-10.

Lincoln, Y. S./Guba, E. G. (2000): The only generalization is: There is no generalization, in: Gomm, R./Hammersley, M./Foster, P. (Hrsg.): Case Study Method, London u.a.: Sage 2000, S. 27-44.

Litfin, T. (2000): Adoptionsfaktoren. Empirische Analyse am Beispiel eines innovativen Telekommunikationsdienstes, Wiesbaden: Deutscher Universitäts-Verlag 2000.

Loos, P./Schäffer, B. (2001). Das Gruppendiskussionsverfahren. Theoretische Grundlagen und empirische Anwendung, Opladen: Leske u. Budrich 2001.

Lotz, P. (1992): The scope for user – producer interaction in innovation diffusion, in: Rivista internazionale di Scienze sociali, Vol. 100, No. 3 (1992), S. 279-297.

Lundvall, B.-A. (1993): User-producer relationships, national systems of innovation and internationalisation, in: Foray, D./Freeman, C. (Hrsg.): Technology and the wealth of nations: The dynamics of constructed advantage, London: Pinter 1993, S. 277-300.

Macdonald, E. K./Sharp, B. M. (2000): Brand awareness effects on consumer decision making for a common, repeat purchase product: a replication, in: Journal of Business Research, Vol 48., No. 1 (2000), S. 5-15.

Mahajan, V./Muller, E. (1994): Innovation diffusion in borderless global market: will the 1992 unification of the European Community accelerate diffusion of new ideas, products and technologies?, in: Technological Forecasting and Social Change, Vol. 45, No. 3 (1994), S. 221-235.

Mahajan, V./Muller, E. (1998): When is it worthwhile targeting the majority instead of the innovators in a new product launch?, in: Journal of Marketing Research, Vol. 35, No. 4 (1998), S. 488-495.

Mahajan, V./Muller, E./Bass, F. M. (1990): New product diffusion models in marketing. A review and directions for research, in: Journal of Marketing, Vol. 54, No. 1 (1990), S. 1-26.

Mahajan, V./Muller, E./Srivastava, R. K. (1990): Determination of adapter categories by using innovation diffusion models, in: Journal of Marketing Research, Vol. 27, No. 1 (1990), S. 37-50.

Malhotra, N. K./Agarwal, J./Peterson, M. (1996): Methodological issues in cross-cultural marketing research. A state-of-the-art review, in: International Marketing Review, Vol. 13, No. 5 (1996), S. 7-43.

Mansfield, E. (1961): Technical change and the rate of imitation, in: Econometrica, Vol. 29, No. 2 (1961), S. 741-766.

Mansfield, E. (1963): The speed of response of firms to new techniques, in: Quarterly Journal of Economics, Vol. 77, No. 2 (1963), S. 290-311.

Mansfield, E. (1968): Industrial research and technological innovation: An econometric analysis, New York: Norton 1968.

Mansfield, E. (1993): The diffusion of flexible manufacturing systems in Japan, Europe and the United States, in: Management Science, Vol. 39, No. 2 (1993), S. 149-159.

Manz, U. (1983): Zur Einordnung der Akzeptanzforschung in das Programm sozialwissenschaftlicher Begleitforschung. Ein Beitrag zur Anwenderforschung im technisch-organisatorischen Wandel, München: Florentz 1983.

McIntyre, S. H. (1988): Market adaptation as a process in the product life cycle of radical innovations and high technology products, in: The Journal of Product Innovation Management, Vol. 5, No. 2 (1988), S. 140-150.

Meffert, H./Bolz, J. (1998): Internationales Marketing-Management, 3. Aufl., Suttgart u.a.: Kohlhammer 1998.

Meffert, H./Schröder, J./Perrey, J. (2002): B2C-Märkte. Lohnt sich Ihre Investition in die Marke?, in: Absatzwirtschaft, 45. Jg., Nr. 10 (2002), S. 28-35.

Mennicken, C. (2000): Interkulturelles Marketing. Wirkungszusammenhänge zwischen Kultur, Konsumentenverhalten und Marketing, Wiesbaden: Deutscher Universitätsverlag 2000.

Meyer-Larsen, W. (2000): Germany, Inc. The new german juggernaut and its challenge to world business, New York u.a.: Wiley 2000.

Midgley, D. F. (1987): A meta-analysis of the diffusion of innovations literature, in: Wallendorf, M./Anderson, P. F. (Hrsg.): Advances in Consumer Research, Vol. 14, Provo, 1987, Utah: ACR, S. 204-207.

Milling, P./Maier, F. (1996): Invention, Innovation and Diffusion: eine Simulationsanalyse des Managements neuer Produkte, Berlin: Duncker und Humblot 1996.

Montoya-Weiss, M. M./Calantone R. (1994): Determinants of new product performance: A review and meta-analysis, in: Journal of Product Innovation Management, Vol. 11, No. 4 (1994), S. 397-417.

Morello, G. (1993): International Product Competitiveness and the "Made in" Concept, in: Papadopoulos, N./Heslop, L. A. (Hrsg.): Product-country images. Impact and role in international marketing, New York u.a.: Haworth Press 1993, S. 285-309.

Morner, M. (1997): Organisation der Innovation im Konzern. Gestaltung von Konzernstrukturen zur Hervorbringung von Produktinnovationen, Wiesbaden: Deutscher Universitätsverlag 1997.

Mowery, D. C./Rosenberg, N. (1993): The U.S. National innovation system, in: Nelson, R. R. (Hrsg.): National innovation systems: a comparative analysis, New York u.a.: Oxford University Press 1993, S. 29-75.

Müller, R. (1997): Innovation gewinnt. Kulturgeschichte und Erfolgsrezepte, Zürich: Orell Füssli 1997.

Musmann, K./Kennedy, W. H. (1989): Diffusion of innovations. A select bibliography, New York u.a: Greewood Press 1989.

Nabseth, L. (1978): Zusammenfassung und Schlussfolgerungen, in: Nabseth, L./Ray, G. F. (Hrsg.): Neue Technologien in der Industrie. Eine internationale Studie über die Verbreitung von acht Produktionsverfahren, Berlin u.a.: Duncker und Humblot 1978, S. 352-387.

Nabseth, L./Ray, G. F. (1974): The diffusion of new industrial processes. An international study, London: Cambridge University Press 1974.

Nagashima, A. (1970): A comparison of Japanese and US attitudes toward foreign products, in: Journal of Marketing, Vol. 34, No. 1 (1970), S. 68-74.

Nakata, C./Sivakumar, K. (1996): National culture and new product development: An integrative review, in: Journal of Marketing, Vol. 60, No. 1 (1996), S. 61-72.

Naschold, F. (1988): Kommunikationstheorien, in: Langenbucher, W. R. (Hrsg.): Publizistik- und Kommunikationswissenschaft: ein Textbuch zur Einführung in ihre Teildisziplinen, 2. Aufl., Wien: Braumüller 1988, S. 40-81.

Neelamegham, R./Chintagunta, P. (1999): A bayesian model to forecast new product performance in domestic and international markets, in: Marketing Science, Vol. 18, No. 2 (1999), S. 115-136.

Nelkin, D. (1986): Changing attitudes towards technology in the United States, in: Williams, R./Mills, S. (Hrsg.): Public acceptance of new technologies: an international review, London u.a.: Croom Helm 1986, S.46-65.

Neukirchen, H. (2001): Pillenknick. Bayer: Wieder einmal musste ein deutsches Unternehmen schmerzvoll erfahren, was es bedeuten kann, in Amerika Geschäfte zu machen, in: Manager Magazin, Jg. 31, Nr. 10 (2001), S. 88-99.

Neumann, P. (2000): Erfolg 2000: Innovation, Marketing und Wachstum, in: Impulse - Magazin für unternehmerischen Erfolg, o. Jg., Nr. 1 (2000), S. 106-109.

Nieschlag, R./Dichtl, E./Hörschgen, H. (2002): Marketing, 19. Aufl., Berlin: Duncker und Humblot 2002.

Nießen, M. (1977): Gruppendiskussion. Interpretative Methodologie,

Methodenbegründung, Anwendung, München: Fink 1977.

OECD (1968): Gaps in technology – General Report, Paris: OECD 1968.

Olson, E. L./Bakke, G. (2001): Implementing the lead user method in a high technology firm: A longitudinal study of intentions versus actions, in: Journal of Product Innovation Management, Vol. 18, No. 6 (2001), S. 388-395.

Otte, M. (1996): Amerika für Geschäftsleute: das Einmaleins der ungeschriebenen Regeln, Frankfurt am Main, New York: Campus 1996.

Otte, M. (2000): Amerika ist anders. Das Einmaleins der ungeschriebenen Regeln, in: Knower, D./Spemann, T. F./Würtele, G. (Hrsg.): Business Guide USA: So gestalten Sie Ihre US-Aktivitäten erfolgreich, Frankfurt am Main: Frankfurter Allgemeine Zeitung 2000, S. 13-37.

o.V. (2002a): Patentamt im globalen Wettbewerb, in: Absatzwirtschaft, 45. Jg., Nr. 1 (2002), S. 19.

o.V. (2002b): USA sind Spitze. Wettbewerbsfähigkeit ausgewählter Länder, in: Wirtschaftswoche, 56. Jg., Nr. 47 (2002), S. 16.

o.V. (2004a): Wal-Mart. Kein Erfolg in Deutschland, in: Wirtschaftswoche, 58. Jg., Nr. 11 (2004), S. 14.

o.V. (2004b): Forschungsausgaben. Unternehmen sparen, in: Wirtschaftswoche, 58. Jg., Nr. 11 (2004), S. 86.

Papadopoulos, N. (1993): What Product and Country Images are and are not, in: Papadopoulos, N./Heslop, L. A. (Hrsg.): Product-country images. Impact and role in international marketing, New York u.a.: Haworth Press 1993, S. 3-38.

Pay, D. de (1990): Kulturspezifische Determinanten der Organisation von Innovationsprozessen. Ein empirischer Vergleich in deutschen und amerikanischen Unternehmen, in: Albach, H. (Hrsg.): Innovationsmanagement. Theorie und Praxis im Kulturvergleich, Wiesbaden: Gabler 1990, S. 131-175.

Perlitz, M. (1979): Die Einsatzmöglichkeiten der Fallstudienmethode in der Weiterbildung, Frankfurt am Main: Rationalisierungs-Kuratorium der Deutschen Wirtschaft 1979.

Perlitz, M./Löbler, H. (1985): Brauchen Unternehmen zum Innovieren Krisen?, in: Zeitschrift für Betriebswirtschaft, 55. Jg., Nr. 5 (1985), S. 424-450.

Peter, T./Mann, P./Thurn, G. (1986): Public acceptance of new technologies in the Federal Republic of Germany, in: Williams, R./Mills, S. (Hrsg.): Public acceptance of new technologies: An international review, London u.a.: Croom Helm 1986, S. 85-148.

Peterson, M./Malhotra, N. (2000): Country segmentation based on objective quality-of-life measures, in: International Marketing Review, Vol. 17, No. 1 (2000), S. 56-73.

Pleschak, F./Sabisch, H. (1996): Innovationsmanagement, Stuttgart: Schäffer-Pöschel 1996.

Plötner, O./Jacob, F. (1996): Customer Integration und Kundenvertrauen, in: Kleinaltenkamp, M./Fliess, S./Jacob, F. (Hrsg.): Customer Integration. Von der Kundenorientierung zur Kundenintegration, Wiesbaden: Gabler 1996, S. 105-119.

Pohl, A. (1996): Leapfrogging bei technologischen Innovationen: Ein Erklärungsansatz auf Basis der Theorie des wahrgenommenen Risikos, Wiesbaden: Gabler 1996.

Poncelet, E. (1991a): Japan and the United States: A cultural comparison, in: Kingery, W. D. (Hrsg.): Japanese/American technological innovation: the influence of cultural difference on Japanese and American innovation in advanced materials, New York u.a.: Elsevier 1991, S. 3-22.

Poncelet, E. (1991b): Japanese and American approaches to technical innovation: Cultural influences, in: Kingery, W. D. (Hrsg.): Japanese/American technological innovation: the influence of cultural difference on Japanese and American innovation in advanced materials, New York u.a.: Elsevier 1991, S. 23-34.

Porter, M. E. (1980): Competitive strategy: Techniques for analyzing industries and competitors, New York: Free Press 1980.

Porter, M. E. (1990): The competitive advantage of nations, in: Harvard Business Review, Vol. 68, No.2 (1990), S. 73-93.

Plinke, W. (2000): Grundlagen des Marktprozesses, in: Kleinaltenkamp, M./Plinke, W. (Hrsg): Technischer Vertrieb. Grundlagen des Business-to-Business Marketing, 2. Aufl., Berlin u.a.: Sprnger 2000, S. 3-98.

Raeithel, G. (2003): Der amerikanische Traum und wir, in: Die politische Meinung, 48. Jg., Nr. 405 (2003), S. 19-24.

Renn, O. (1997): Risiko- und Technikakzeptanz. Konzept Nachhaltigkeit, Berlin u.a.: Springer 1997.

Ridderstrale, J. (1996): Global innovation. Managing international innovation projects at ABB and Electrolux, Stockholm: Institute of International Business 1996.

Ritz, J. (1998): Stetiges Wachstum durch Innovation, in: Wildemann, H. (Hrsg): Strategien zur Marktführerschaft. Die Kundenanforderungen von morgen gestalten, Frankfurt am Main: Frankurter Allgemeine Zeitung – Bereich Buch 1998, S. 77-84.

Rogers, E. M. (1962): Diffusion of innovations, New York u.a.: Free Press 1962.

Rogers, E. M. (1995): Diffusion of innovations, 4. Aufl., New York u.a.: Free Press 1995.

Rogers, E. M./Shoemaker, F. F. (1971): Communications of innovations. A cross-cultural approach, 2. Aufl., New York: Free Press 1971.

Ronkainen, I. (1985): Using decision-systems analysis to formalize product development processes, in: Journal of Business Research, Vol. 13, No. 1 (1985), S. 97-106.

Ruess, A. (2002): Profil schärfen. Mit dem Listing an der Wall Street startet der Pharmakonzern Altana seine Offensive in den USA, in: Wirtschaftswoche, 56. Jg., Nr. 21 (2002), S. 21.

Ruiz Conde, E./Mas Ruiz, F. J. (2001) : The distribution model in the diffusion of innovations: a comparison of different European countries, in: European Journal of Innovation Management, Vol. 4 , No. 1 (2001), S. 6-19.

Sattler, H./Schirm, K. (1999): Der Einfluss von Marken auf die Glaubwürdigkeit von Produkt-Vorankündigungen. Ein internationaler empirischer Vergleich, in: Albach, H. (Hrsg.): Innovation und Absatz, Zeitschrift für Betriebswirtschaft, Nr. 69 (1999) Ergänzungsheft 2 (1999), Wiesbaden: Gabler 1999, S. 63-87.

Schein, E. H. (1985): Organizational Culture and Leadership, San Francisco u.a.: Jossey-Bass 1985.

Schmalen, H./Pechtl, H. (1996): Die Rolle der Innovationseigenschaften als Determinanten im Adoptionsverhalten, in: Zeitschrift für betriebswirtschaftliche Forschung, 48. Jg., Nr. 9 (1996), S. 816-836.

Schmidt, H. B. (1958): Die Fallmethode. Eine einführende Darstellung, Essen: Girardet 1958.

Schmidt. P. L. (2000): Kulturelle Unterschiede in der amerikanischen und deutschen Geschäftswelt, in: Knower, D./Spemann, T. F./Würtele, G. (Hrsg): Business Guide USA: So gestalten Sie Ihre US-Aktivitäten erfolgreich, Frankfurt am Main: Frankfurter Allgemeine Zeitung 2000, S. 283-297.

Schmitt, J./Scholtys, F. (2001): Schwere Last. DaimlerChrysler, Mitsubishi, Chrysler – jetzt Freightliner: Jürgen Schrempps dritter Sanierungsfall offenbart, dass das Daimler-Reich kaum noch steuerbar ist, in: Manager Magazin, 31. Jg., Nr. 7 (2001), S. 12-14.

Schönecker, H. G. (1980): Bedienerakzeptanz und technische Innovationen. Akzeptanzrelevante Aspekte bei der Einführung neuer Bürotechniksysteme, München: Minerva-Publikation 1980.

Schofield, J. W. (2000): Increasing generalizability of qualitative research, in: Gomm, R./Hammersley, M./Foster, P. (Hrsg.): Case Study Method, London u.a.: Sage 2000, S. 69-97.

Schröder, H.-H. (1998): Erfolgreiche Produktentwicklung aus der Sicht der empirischen Forschung, in: Wildemann, H. (Hrsg.): Strategien zur Marktführerschaft. Die Kundenanforderungen von morgen gestalten, Frankfurt am Main: Frankfurter Allgemeine Zeitung – Bereich Buch 1998, S. 149-166.

Schubert, B. (1991): Entwicklung von Konzepten für Produktinnovationen mittels Conjointanalyse, Stuttgart: Poeschel 1991.

Schumpeter, J. A. (1939): Business cycles. A theoretical, historical, and statistical analysis of the capitalist process, New York u.a.: McGraw-Hill 1939.

Schumpeter, J. A. (1987): Kapitalismus, Sozialismus und Demokratie, 6. Aufl., Tübingen: Francke 1987.

Schuster, H. W. (1994): Prestigegeleitetes Konsumentenverhalten Teil 1: Typologie des Distinktionskonsums, in: Jahrbuch der Absatz- und Verbrauchsforschung, 40. Jg., Nr. 2 (1994), S. 108-121.

Seiwert, M. (2001): Just do it, in: Absatzwirtschaft, 44. Jg., Nr. 7 (2001), S. 14-15.

Shaw, S. J. (1965): Behavioral science offers fresh insights on new product acceptance, in: Journal of Marketing, Vol. 29, No. 1 (1965), S. 9-18.

Sherry, J. F. (1987): Heresy and the useful miracle: rethinking anthropology's contribution to marketing, in: Sheth, H. (Hrsg.): Research in marketing, Vol. 9, No. 1 (1987), Greenwich u.a: JAI Press, S. 285-306.

Simon H./Luby, F. (2001): Spiel auf zwei Kontinenten, in: Absatzwirtschaft, 44. Jg., Nr. Sonderausgabe Oktober (2001), S. 46-52.

Sinha, R. K./Chandrashekaran, M. (1992): A split hazard model for analyzing the diffusion of innovations, in: Journal of Marketing Research, Vol. 29, No. February (1992), S. 116-127.

Skiadas, C. H. (1987): Two simple models for the early and middle stage prediction of innovation diffusion, in: Transactions on Engineering Management, Vol. 34, No. 2 (1987), S.79-84.

Sommerlatte, T./Jonash, R. S. (2000): Innovation: Der Weg der Sieger. Wie erfolgreiche Unternehmen Werte schaffen, Landsberg/Lech: Verlag moderne Industrie 2000.

Song, X. M./Parry, M. E. (1997): A cross-national comparative study of new product development processes: Japan and the United States, in: Journal of Marketing, Vol. 61, No. 2 (1997), S. 1-18.

Specht, G./Beckmann, C. (1996): F&E-Management, Stuttgart: Schäffer-Poeschel 1996.

Stahl, G./Langeloh, C./Kühlmann, T. (1999): Geschäftlich in den USA: ein interkulturelles Trainingshandbuch, Wien: Ueberreuter 1999.

Stewart, E. C./Bennett, M. J. (1991): American cultural patterns – A cross-cultural perspective, Yarmouth: Intercultural Press 1991.

Stewart, S./Chan, E. (1993): Influence of place-of-production on industrial buyers' perceptions, in: Papadopoulos, N./Heslop, L. A. (Hrsg.): Product-country images. Impact and role in international marketing, New York u.a.: Haworth Press 1993, S. 223-244.

Strothmann, K.-H./Kliche, M. (1989): Innovationsmarketing. Markterschliessung für Systeme der Bürokommunikation und Fertigungsautomation, Wiesbaden: Gabler 1989.

Takada, H./Jain, D. (1991): Cross-national analysis of diffusion of consumer durable goods in Pacific Rim countries, in: Journal of Marketing, Vol. 55, No. April (1991), S. 48-54.

Tanny, S. M./Derzko, N. A. (1988): Innovators and imitators in innovation diffusion modelling, in: Journal of forecasting, Vol. 7, No. 4 (1988), S. 225-234.

Tansuhaj, P./Gentry, J. W./John, J./Manzer, L. L./Cho, B. J. (1991): A cross-national examination of innovation resistance, in: International Marketing Review, Vol. 8, No. 3 (1991), S. 7-20.

Tellefsen, T./Hirokazu, T. (1999): The relationship between mass media availability and the multicountry diffusion of consumer products, in: Journal of International Marketing, Vol. 7, No. 1 (1999), S. 77-96.

Terpstra, V./K. H. David (1991): The cultural environment of international business, 3. Aufl., Cincinnati: South-Western Publications 1991.

Thom, N. (1976): Zur Effizienz betrieblicher Innovationsprozesse, Köln: Hanstein 1976.

Törnroos, J.-A. (1991): Relations between the concept of distance and international industrial marketing, in: Palowoda, S. J. (Hrsg.): New perspectives on international marketing, London, New York: Routledge 1991, S. 126-139.

Towner, S. J. (1994): Four ways to accelerate new product development, in: Long Range Planning, Vol 27, No. 2 (1994), S. 57-65.

Trommsdorff, V. (1995): Vorwort und Einleitung, in: Trommsdorff, V. (Hrsg.): Fallstudien zum Innovationsmarketing, München: Vahlen 1995, S. 1-11.

Trommsdorff, V. (1998): Konsumentenverhalten, 3. Aufl., Stuttgart u.a.: Kohlhammer 1998.

Trommsdorff, V./Binsack, M. (1999): Informationsgrundlagen für das Innovationsmarketing. Erfolgsfaktorenforschung und strategische Marktforschung, in: Tintelnot, C./ Meißner, D./Steinmeier, I. (Hrsg.): Innovationsmanagement, Berlin u.a.: Springer 1999, S. 109-121.

Trommsdorff, V./Schneider, P. (1990): Grundzüge des betrieblichen Innovationsmanagement, in: Trommsdorff, V. (Hrsg.): Innovationsmanagement in kleinen und mittleren Unternehemen: Grundzüge und Fälle – ein Arbeitsergebnis des Modellversuchs Innovationsmanagement, München: Vahlen 1990, S. 1-25.

Trompenaars, F. (1993): Handbuch Globales Managen: Wie man kulturelle Unterschiede im Geschäftsleben versteht, Düsseldorf u.a.: Econ 1993.

Urban, G. L. (1967): Sprinter: A tool for new product decision makers, in: Industrial Management Review, Vol. 8, No. 2 (1967), S. 43-54.

Urbaniak, M. (2001): The meaning of technological innovation in business-to-business marketing, in: International Journal of Technology Management, Vol. 21, Nos. 5/6 (2001), S. 628-636.

Vahs, D./Burmester, R. (1999): Innovationsmanagement. Von der Produktidee zur erfolgreichen Vermarktung, Stuttgart: Schäffer-Pöschel 1999.

Vahs, D./Trautwein, H. (2000): Innovationskultur als Erfolgsfaktor des Innovationsmanagements. Ergebnisse einer empirischen Untersuchung, in: io management, 69. Jg., Nr. 7/8 (2000), S. 20-26.

Vernon, R. (1966): International investment and international trade in the product cycle, in: Quarterly Journal of Economics, Vol. 80, No. 2 (1966), S. 190-207.

Voeth, M. (1999): 25 Jahre Conjointanalytische Forschung in Deutschland, in: Albach, H. (Hrsg.): Innovation und Absatz, Zeitschrift für Betriebswirtschaft, Ergänzungsheft 2 (1999), Wiesbaden: Gabler 1999, S. 153-176.

Vogelsang, S. (1999): Der Einfluss der Kultur auf die Produktgestaltung, Köln: Fördergesellschaft Produkt-Marketing 1999.

Wagner, M./Kreuter, A. (1998): Erfolgsfaktoren innovativer Unternehmen. Ein Vergleich zur Bedeutung von "harten" und "weichen" Innovationsfaktoren in der Triade, in: io management, 67. Jg., Nr. 10 (1998), S. 34-41.

Warfel, G. (1984): Consumer acceptance of technology, in: Federal Reserve Bank of Atlanta, Payments to the Financial Services Industry of the 1980s: Conference Proceedings, Westport, London: Greenwood Press 1984, S. 103 – 112.

Webster, F. E./Wind, Y. (1972): Organizational buying behavior, Englewood Cliffs: Prentice-Hall 1972.

Weiber, R./Pohl, A. (1996): Leapfrogging-behaviour – ein adoptionstheoretischer Erklärungsansatz, in: Zeitschrift für Betriebswirtschaft, 66. Jg., Nr. 10 (1996), S. 1203-1222.

Wettach, S. (2003): Feste Beziehung. Ökonomen haben nachgewiesen: Vertrauen ist eine zentrale Voraussetzung wirtschaftlicher Entwicklung, weil es Transaktionskosten senkt, in: Wirtschaftswoche, 57. Jg., Nr. 1 (2003), S. 27.

Wieandt, A. (1994): Die Entstehung, Entwicklung und Zerstörung von Märkten durch Innovationen, Stuttgart 1994.

Wieselhuber, N./Raffel, F.C. (2000): Die Internationalisierung erfordert strategische Innovation, in: Absatzwirtschaft, 43. Jg., Nr. 3 (2000), S. 40-42.

Windhorst, H. W. (1983): Geographische Innovations- und Diffusionsforschung, Darmstadt: Wissenschaftliche Buchgesellschaft 1983.

Winkler, T.: (1999): Entwicklung eines Instrumentariums zur Erfolgsanalyse von Innovationsprojekten, Frankfurt am Main: Lang 1999.

Witt, J. (1996): Grundlagen für die Entwicklung und die Vermarktung neuer Produkte, in: Witt, J. (Hrsg.): Produktinnovation. Entwicklung und Vermarktung neuer Produkte, München: Vahlen 1996, S. 1-109.

Wollmann, H./Hellstern, G.M. (1977): Sozialwissenschaftliche Untersuchungsregeln und Wirkungsforschung – Zur Chance kritischer Sozialwissenschaft im Rahmen staatlicher Forschungsaufträge, in: Haugns, P. (Hrsg.) Res Publica – Festschrift für D. Sternberger, München 1977.

Yin, R. K. (1994): Case study research: designs and methods, 2. Aufl., Thousand Oaks u.a.: Sage 1994.

Zeutschel, B. (2002): Chancen und Risiken des USA-Geschäfts, Tübingen: USAforum 2002.

Kolibri 360 GmbH
Ferdinand-Jühlke-Straße 7
99095 Erfurt, Deutschland
produktsicherheit@kolibri360.de

Druck:
CPI Druckdienstleistungen GmbH
im Auftrag der
Kolibri 360 GmbH
Ferdinand-Jühlke-Str. 7
99095 Erfurt